Tim Meyer

STROM

Tim Meyer

STROM

Über Nostalgie, Zukunft und warum der Markt längst entschieden hat

Bibliografische Information der Deutschen Nationalbibliothek: Die Deutsche Nationalbibliothek verzeichnet diese Publikation in der Deutschen Nationalbibliografie; detaillierte bibliografische Daten sind im Internet über http://dnb.dnb.de abrufbar.

Lektorat: Redaktionsbüro Diana Napolitano, Augsburg
Korrektorat: Elisa Garrett, Mitwitz
Layout und Satz: Daniel Förster, Belgern
Titel-Illustration: Andrea de Santis, über Kombinatrotweiss
Info-Grafiken: Matthias Holz, über Kombinatrotweiss

Verlag: BoD · Books on Demand GmbH, Überseering 33, 22297 Hamburg, bod@bod.de

Druck: Libri Plureos GmbH, Friedensallee 273, 22763 Hamburg

ISBN: 978-3-7693-5122-4

Für Marlena und Benjamin

Inhalt

Vorwort

Von Harald Lesch

Auf dieses Buch können Sie sich wirklich freuen. Wer an konstruktiven Lösungen für die Energieversorgung der Zukunft in Deutschland, in Europa und der Welt interessiert ist, der muss »STROM« lesen.

Genau 20 Jahre vor dem Ziel »klimaneutrales Deutschland 2045« zeigt das Buch, welch starker Verbündeter der Markt ist und wie dynamisch globale Industrielogiken den Durchbruch für eine klimaneutrale Energiezukunft längst geschaffen haben. Es erzählt die große Geschichte menschlicher Energienutzung, warum wir erneuerbare Energien, Speicher, Elektroautos und Wärmepumpen systematisch unterschätzen und uns immer noch so schwertun, uns von der Verbrennung zu verabschieden.

Doch der Markt hat entschieden, auch das zeigen die Zahlen im Buch und wird wunderbar erklärt. Denn egal ob der Präsident der USA nach »Drill, Baby, drill« ruft oder uns irgendwer Kernfusion oder blauen Wasserstoff als Wunderlösung verkaufen will: Die energiewirtschaftlichen, technischen und ökonomischen Zusammenhänge, die Tim Meyer in seinem Buch anschaulich erläutert, lassen keinen Zweifel aufkommen. Die Kraft des Preises und die Wachstums- und Innovationsgeschwindigkeit von »Cleantech« entscheiden das Rennen. Am Ende wird die Wende sein – und sie wird mit erneuerbaren Energien sein. Wie das jetzt schon geht, wo wir in Deutschland zu langsam sind, wie wir schneller werden und sogar endlich mal Vergnügen daran haben können, mit Innovationen zusammen eine gute Zukunft zu schaffen, davon erzählt Tim Meyers Buch.

Ich bin froh, dass er das Buch geschrieben hat, denn seine höchst plausiblen Argumente für den Erfolg einer Energiewende sind so überzeugend, das müssen alle wissen. Vor allem diejenigen, die glauben, das wird nichts. Von wegen! Viel Vergnügen!

… und dass Sie das Buch weiterempfehlen werden, weiß ich jetzt schon.

Harald Lesch
Mai 2025

Einleitung

Technikmuseen sagen uns nicht nur etwas über die Vergangenheit, sondern auch viel über die Zukunft. Sie sind voller Maschinen und Geräte, die in ihrer Zeit als große Errungenschaften gefeiert wurden, das alltägliche Leben auf heute kaum vorstellbare Weise vereinfacht haben, Wachstumstreiber für Unternehmen waren, Lohn, Brot und Identifikation für viele Menschen boten. Kurzum: Wirtschaftsgrundlage und Stolz ihrer Generation. Ob erste Dampfmaschinen, Glühbirnen oder Fluggeräte – sie waren allesamt Revolutionen, nach denen die Welt eine andere war. Denn große Erfindungen prägen umgekehrt die Menschen, Gesellschaften und Industrien ihrer Zeit, wie auch das Auto, der Fernseher oder das Internet.

Doch ein Gang durchs Museum verrät eben auch, wie zukünftige Generationen auf unsere heutige Technologie schauen werden. Öllampen oder Kerzen statt Kienspan, ein eigener Kohleofen, ein Automobil statt dem Kutschwagen, ein eigenes Telefon, irgendwann sogar mit Wählscheibe statt dem Fräulein vom Amt … Allesamt große Fortschritte für die meisten und hartes Schicksal für die Verlierer dieser Entwicklungen. Aus heutiger Sicht aber vor allem: rückständige Technik- und Lebensqualität. So wird Stolz zu Demut. Erinnern Sie sich noch an die Zeit vor Einführung des ersten Smartphones im Jahr 2007? Aus heutiger Sicht kaum noch vorstellbar, wie das Leben ohne war.

Die Revolution ist längst im Gang

Im Technikmuseum von 2050 werden die dort ausgestellten Verbrennungsmotoren oder die Modelle von einhundert Meter hohen Brennkammern moderner Kohlekraftwerke allerdings nicht nur wohlmeinend als technische Wunderwerke ihrer Zeit betrachtet werden. Sondern auch als Verirrungen der Vergangenheit, als Zeichen menschlicher Hybris.

»Haben die Leute damals wirklich in so großem Stil Öl und Kohle verbrannt und dabei fast drei Viertel der Energie ungenutzt durch Schornsteine und Auspuffe gejagt? Obwohl die Wirkung von CO_2 auf das Klima seit über hundert Jahren bekannt war?« Ja, das haben sie – das war eben die gängige Hightech, die man damals hatte. Stolz und Demut auf engstem Raum.

Technik steht nie still. Im Energiesektor sind sogar gleich mehrere Technikrevolutionen parallel in vollem Gange. Wie viele andere technologische Sprünge zuvor werden sie im Hier und Jetzt von vielen noch übersehen, verdrängt oder belächelt. Manche Vertreter der »Oldtech« sind gedanklich schon weiter – sie bekämpfen den Fortschritt aktiv und handfest. Denn wenn Neues das Alte verdrängt, werden zugleich gute Geschäfte und persönliche Lebensleistungen infrage gestellt. Innovation ist immer auch anstrengend. Dennoch setzt sich am Ende die überlegene und günstigere Technik durch.

Die Geschichte ist voller Beispiele für einen solchen Umgang mit großen Umbrüchen. Viele Unternehmen haben auf diese Weise ihre Existenz eingebüßt, andere hatten Glück und haben nur Zukunftsmärkte verpasst. Legendär ist die Fehleinschätzung des damaligen Microsoft-CEO Steve Ballmer: »Das teuerste Telefon der Welt ist wegen fehlender Apps und nur virtueller Tastatur kaum für Geschäftskunden geeignet«, so sein Urteil über das erste iPhone bei der Markteinführung 2007.[1] Im Smartphone-Markt hat es der Weltmarktführer für Betriebssysteme Microsoft bis heute nicht geschafft, ein eigenes Betriebssystem zu etablieren.[2]

»Bahnfahren führt zu Zittern, Ermüdung, Erschöpfung, nervöser Reizbarkeit und Verdauungsstörungen«. So lautete die gängige Diagnose »Eisenbahnkrankheit« ab Mitte des 19. Jahrhunderts für Reisende, die erstmalig statt mit der Kutsche ihre Reise mit der Dampflokomotive unternahmen. Den Markt der Stellmacher und Kutscher hat diese Diagnose nicht gerettet. Diese Berufsstände waren mit Aufkommen des Automobils Anfang des 20. Jahrhunderts vollends in die Nische für historische oder romantische Ausflüge verdammt. Dass der bemitleidenswerte Zustand der Deutschen Bahn heute wieder ähnliche Diagnosen auslöst, steht auf einem anderen Papier. Die Schwäche der deutschen

Automobilindustrie hingegen geht auf ein ähnliches Muster zurück: industrielle Veränderungen ignorieren, kleinreden und mehr Kraft in Autosuggestion und Täuschungsmanöver stecken als in die eigene Neuerfindung.

Gegen den Trend helfen weder Subventionen noch Polemik

»Unsere Autoindustrie schafft Hunderttausende von Jobs und sichert Familien ein gutes Einkommen. Sie trägt ganz wesentlich zum Wohlstand Deutschlands bei. Das soll so bleiben«, lautet die Botschaft einer jüngeren Kampagne der CDU zum Erhalt des Verbrennungsmotors.[3] Als Beschreibung des aktuellen Zustands stimmt die Aussage durchaus. Allerdings versagt sie als Beschreibung der Zukunft – denn schon seit Jahren findet auch im Mobilitätssektor eine Industrierevolution statt. Für neue Pkw gilt längst nicht mehr die Frage, *ob*, sondern nur noch *wie schnell* die Umstellung auf Elektroantriebe erfolgt. Der aktuelle Marktanteil beträgt in China bereits über 50 Prozent, in Norwegen 90 Prozent, weltweit über 20 Prozent.[4] Das sind Marktanteile, die heute vor allem von chinesischen Herstellern gewonnen und von der deutschen Automobilindustrie verloren werden. Viele große Hersteller haben daher die Entwicklung neuer Verbrennungsfahrzeuge eingestellt und konzentrieren ihre Kraft auf die Aufholjagd bei Elektroantrieben.

Im Energiesektor ergibt sich das gleiche Bild: Erneuerbare Energien und Batteriespeicher sind weltweit längst als neue Arbeitspferde gesetzt. Hätten Sie beispielsweise gedacht, dass bereits seit 2019 jedes Jahr die weltweiten Investitionen in erneuerbare Energien diejenigen in fossile Stromerzeugung übersteigen – und mittlerweile sogar die Investitionen in Batteriespeicher diejenigen in neue Atomkraftwerke?[5] Der Abstand wächst in großen Schritten, obwohl fossile Energieträger weiter mit atemberaubenden Summen subventioniert werden: allein im Jahr 2022 mit 7,1 Billionen US-Dollar. Eine Zahl, die vom in Bezug auf Ökofundamentalismus wenig verdächtigen Internationalen Währungsfonds IWF stammt.[6] Und während in deutschen Talkshows noch mit dem Argument gepunktet wird, dass nachts ja die Sonne nicht scheine, deckt Kalifornien bereits bis zu einem Drittel der abendlichen Lastspitze im Stromnetz aus Batterien, die mittags aufgeladen wurden.[7] Und der notorische Ölstaat Texas schickt sich gerade an, Kalifornien beim Solar- und Speicherausbau zu überholen.

Revolutionen kann man nicht aufhalten

Revolutionen schaffen Gewinner und Verlierer – auf welcher Seite wollen wir stehen? Energiewende und Klimaschutz werden in Deutschland oft als grüne Agenda, wirtschaftlicher Verlust oder persönlicher Verzicht missverstanden. Teils, weil sie in der Vergangenheit tatsächlich so kommuniziert wurden und teils, weil politische und mediale Diskussion von Abgrenzung und Polarisierung leben. Dabei wird übersehen, dass die Energiewende, aber auch die Verkehrswende und die Dekarbonisierung der Industrie längst keine rein politischen Vorhaben mehr sind, sondern Ausdruck begonnener industrieller Revolutionen. Diese aufzuhalten wird nicht gelingen. Aber wir haben es in der Hand, ob wir am Ende auf der Gewinner- oder Verliererseite stehen. Klar ist: Je später wir dieser Tatsache ins Auge sehen, desto breiter und tiefer werden die Spuren in Wirtschaft und Gesellschaft sein – und desto stärker und härter trifft uns der Klimawandel. Dabei haben wir die Wahl, die Veränderung anzunehmen und aktiv zu gestalten – und mit neuer Stärke aus ihr hervorzugehen und unseren eigenen Beitrag zum Klimaschutz auch als Geschäftschance zu nutzen.

Es gibt also keinen Grund für Pessimismus. Denn noch lässt sich auch in Deutschland die große Chance ergreifen. Wir können die Flucht nach vorn antreten. Wirtschaftlich und gesellschaftlich, mit Mut zum Aufbruch und Ausgleich. Das heißt auch: mit einer offenen Diskussions- und Fehlerkultur. Und dem unternehmerischen Willen, den notwendigen Umbau zu einem guten Geschäft zu machen. Auch wenn Deutschland traditionell als Verbrennerland bekannt ist, hat es technologisch und unternehmerisch großartige Voraussetzungen, um die anstehenden Aufgaben zu lösen – und die entsprechenden Produkte und Dienstleistungen zu Exportschlagern zu machen. Die Herausforderungen, die die neue Energiewelt stellt, sind weltweit überall gleich. Und die Zeit, in der man technologische Traditionen verklären konnte, ist definitiv abgelaufen. Es ist nicht zu spät für etwas Neues. Warum es Sinn ergibt, es endlich als Chance zu ergreifen, und wie genau das gehen könnte, erkläre ich in diesem Buch.

Noch ein Hinweis in eigener Sache:
Als Autor wünscht man sich natürlich, dass das eigene Buch vom Anfang bis zum Ende durchgelesen wird und so jeder Gedanke, den man selbst für wichtig und anschaulich erklärt hält, alle Leserinnen und Leser erreicht. Doch sollten Ihnen Inhalte eines Kapitels bereits bekannt sein oder sollten Sie sich gerade brennender für andere Fragen und Antworten interessieren, können Sie jederzeit zum nächsten Kapitel springen. Das wäre zwar schade – denn erst zusammen ergeben die sechs Kapitel das ganze Bild in seiner historischen, technischen, ökonomischen und gesellschaftlichen Breite sowie der globalen und der spezifischen Deutschen Einordnung. Das Buch ist so aufgebaut, dass auch jedes der sechs Kapitel in sich geschlossen funktioniert. Und jedes dieser Kapitel hat einen anderen Charakter und eine andere Perspektive.

Ich habe mich bemüht, hauptsächlich genderneutral zu formulieren oder an manchen Stellen mit der sogenannten »Beidnennung« des männlichen und weiblichen Geschlechts zu arbeiten. Wenn es den Lesefluss jedoch zu sehr erschwert hätte, habe ich auch rein männliche Formulierungen verwendet. Wenn Sie also zum Beispiel von »Kunden« lesen und nicht von »Kundinnen und Kunden«, liegt das auch daran, dass »Kunden« eben nicht nur Menschen sind, sondern auch Unternehmen. An diesen Stellen habe ich es vorgezogen, jeweils nur ein Wort zu verwenden als eine Aufzählung aller gemeinten Bedeutungen. Ich hoffe, dass sehen Sie mir nach.

KAPITEL 1

UNSERE WIRTSCHAFTLICHE ZUKUNFT BEGINNT JETZT

Der Startpunkt unserer Reise ist besonders, nicht die Richtung

Spätestens seit der Energiekrise der Jahre 2021 bis 2023 ist die Energiewende eine der Generalverdächtigen bei der Frage, wie die auffällige Schwäche der Deutschen Wirtschaft im internationalen Vergleich zu erklären ist. Gern ist die Rede von »Deindustrialisierung«, vom »Deutschen Sonderweg«, von einer »Geisterfahrt« gar. Tatsächlich steht Deutschland – im Angesicht des Wegfalls russischer Gaslieferungen, gestiegener Energiepreise und des Klimawandels – stärker als viele europäische Nachbarn wirtschaftlich unter Druck. Also ja: Wir spielen eine Sonderrolle. Doch eine andere, als gern behauptet wird. Das Blöde: Mit der falschen Analyse zieht man falsche Schüsse und ergreift die falschen Maßnahmen. Daher brauchen wir zunächst eine ehrliche Bestandsaufnahme des »spezifisch Deutschen« der Energiekrise. Diese fördert drei Hauptgründe für eine tatsächliche Sonderrolle Deutschlands zutage:

Besonderheit #1: hoher Industrieanteil

Erstens lebt die deutsche Wirtschaft im europäischen Vergleich noch relativ stark von industrieller Produktion. Und industrielle Produktion lebt unter anderem von international wettbewerbsfähigen Energiepreisen. Andersherum leidet sie, wenn Energiepreise steigen. Tun sie das dauerhaft und kompensieren andere Standortfaktoren dies nicht ausreichend – also zum Beispiel die Verfügbarkeit von Fachkräften, rechtliche Rahmenbedingungen, Zugang zu Kapital etc. –, werden Produktionsstandorte in andere Regionen und Länder verlegt. So weit die simple betriebswirtschaftliche Logik.

In Deutschland erwirtschaftet die Industrie noch rund 19 Prozent des gesamten Bruttoinlandsprodukts (ohne den Bausektor). In Ländern wie Frankreich, den Niederlanden, Spanien oder Großbritannien liegt der Anteil nur noch zwischen 8 und 11 Prozent, in Italien und Dänemark bei bis zu 16 Prozent.[8] »Nur noch« bedeutet: Früher hatte die Industrie natürlich auch in diesen Ländern eine größere Bedeutung. Doch als Teil der Globalisierung und der weltweiten Verlagerung industrieller Produktion in Länder mit niedrigen Energie- und Lohnkosten, Umweltauflagen etc.

sind unsere europäischen Nachbarn schon stärker »deindustrialisiert« als Deutschland. Und damit auch nicht mehr ganz so stark betroffen, wenn industrielle Fertigung unter gestiegenen Energiepreisen leidet.

Aber wie haben wir es nur geschafft, so viel mehr Industrie in Deutschland zu halten? Sind unsere Unternehmen, das technologische Umfeld, unsere Fachkräfte, Ingenieurinnen und Ingenieure einfach besser? In einigen Branchen gilt das sicherlich: Deutschland ist stark in Technologie und Fertigung. Unzählige »Hidden Champions« gibt es über das Land verstreut, also Marktführer in ihren spezifischen technologischen Nischen. »Made in Germany« hat nicht ohne Grund einen besonderen Klang in der Welt. Doch mit Blick auf die Großindustrie gab es einen weiteren, wichtigen Standortfaktor – der mit dem Angriff Russlands auf die Ukraine zu Staub zerfallen ist: der Zugang zu billigem Gas.

Besonderheit #2: billiges russisches Gas

Anders als beispielsweise die USA oder viele asiatische Länder verfügt Deutschland nicht über eigenes, billiges Erdgas in großen Mengen. Und wir waren nicht bereit, Umweltschäden der Förderung hierzulande zu akzeptieren. Daher hat Deutschland eine immer stärkere Abhängigkeit seiner Wirtschaft von Pipelinegas aus Russland nicht nur in Kauf genommen, sondern als Teil einer wirtschafts- und industriepolitischen Strategie aktiv vorangetrieben – sogar gegen massiven Widerstand seiner internationalen Partner aus Europa und den USA. So konnte Deutschland sozusagen die Zeit anhalten und entgegen dem Trend anderswo in Europa eine hohe Industriequote im Land halten. Das Projekt North Stream 2 ist zugleich Symbol und Menetekel dieser letztendlich gescheiterten Strategie. Jahrelang haben europäische und US-amerikanische Regierungen gegen das Projekt protestiert und Widerstand geleistet. In den Jahren 2019 und 2020 hat der US-Kongress sogar Sanktionen gegen Personen und Unternehmen verhängt, die North Stream 2 unterstützen, sei es durch die Bereitstellung von Schiffen, vorbereitende Arbeiten oder die Versicherung von Risiken. »Juristischen Personen, deren Geschäftsführern und Arbeitnehmern drohen Einreiseverbote, Einfrierungen ihres Vermögens und der Ausschluss von der öffentlichen Auftragsvergabe in den USA«, so das Fazit einer Stellungnahme des wissenschaftlichen Dienstes des Deutschen Bundestags.[9] Nicht nur die Projektgesellschaft North Stream 2 AG und ihr Geschäftsführer, sondern viele Zulieferer und Baufirmen und deren Vertreter waren betroffen. Wohlgemerkt: Wir reden nicht über Sanktionen gegen irgendeinen Despotenstaat, sondern gegen ein von der deutschen Regierung und deutschen Firmen aktiv unterstütztes und betriebenes Projekt. Verhängt von seinem damals noch engen Verbündeten, den USA.

Spätestens nach der Annexion der Krim durch Russland scheint eine solche Haltung der Partner nachvollziehbar. Dennoch wollte im Sommer 2021 der neue US-amerikanische Präsident Joe Biden ein Zeichen der Versöhnung senden und hat seine Zustimmung zu dem Projekt erteilt – unter Auflagen. Sollte Russland erkennbar »Energie als Waffe« einsetzen – so damals schon die Formulierung des deutschen Wirtschaftsministers Sigmar Gabriel –, hat sich die Bundesregierung verpflichtet, unverzüglich zu handeln.[10] Realität wurde jedoch das Gegenteil. Im Herbst 2021 stockten die russischen Gaslieferungen nach Deutschland, die deutschen Gasspeicher, die zuvor an russische Firmen verkauft worden waren, waren leer und russische Truppen wurden an der polnischen Grenze zusammengezogen. »Kriegsvorbereitungen« wäre die richtige Diagnose gewesen: Von langer Hand geplant wurde Energie als Waffe gegen Deutschland und Europa eingesetzt, um harte Reaktionen nach dem Einmarsch in die Ukraine zu verhindern. Doch trotz dieser klaren Symptome lautete die offizielle Diagnose der Bundesregierung am 26. Oktober 2021, dem letzten formalen Tag ihrer Amtszeit, dass die deutsche Gasversorgung gesichert sei. Damit war die letzte rechtliche Hürde für die Inbetriebnahmegenehmigung für North Stream 2 genommen. Energiepolitischer Wunsch und geopolitische Wirklichkeit konnten kaum weiter auseinanderliegen.

Der folgende Lieferstopp russischen Gases und die anschließende Zerstörung der Pipelines von North Stream 1 und 2 in den Tiefen der Ostsee brachten einen der zentralen Stützpfeiler deutscher Energie- und Industriepolitik zum Einsturz. Vor Beginn des russischen Angriffs auf die Ukraine stammten 55 Prozent der Gaslieferungen für Deutschland aus russischen Gasfeldern.[11] Das war weit mehr als der europäische Durchschnitt von 40 Prozent.[12] Mit Versiegen der russischen Lieferungen schossen die Gaspreise in Deutschland daher besonders in die Höhe – um mehr als das 18-Fache.[13] Diese Entwicklung schlug in den Strommarkt durch, denn über das Marktdesign setzen Gaskraftwerke die Preise im Strommarkt (siehe Kapitel 3.6). Ergebnis: Auch Strompreise sind in der Spitze um das 13-Fache gestiegen.[14] Einen solchen Schock musste die deutsche Wirtschaft der Nachkriegszeit noch nie verdauen. Gas und Strom machen zusammen rund zwei Drittel der deutschen Endenergieversorgung aus. Zwei Drittel der Energieversorgung der viertgrößten Volkswirtschaft der Welt, des Exportweltmeisters Deutschland, aller unserer Unternehmen, Häuser und Fahrzeuge standen plötzlich im Feuer. Preise: vervielfacht. Infrastruktur für Ersatzlieferungen aus anderen Ländern? Fehlanzeige. Es fällt schwer, das Ausmaß dieser Krise angemessen in Worte zu fassen.

Im Rückblick ist die deutsche Wirtschaft deutlich besser durch die Krise gekommen, als viele zuvor befürchtet haben – dank zahlreicher Gegenmaßnahmen, gegenseitiger Hilfe europäischer Partner und einem letztendlich gelungenen Kraftakt von Unternehmen, Menschen und Politik. Keine der düsteren Prognosen ist eingetreten – es gab weder Gasrationierungen noch eine Rezession mit bis zu zehn Prozent Verlust an Wirtschaftsleistung. Doch die deutsche Wirtschaft hat stärker gelitten als die in anderen Ländern. Weil ihre Abhängigkeit von billigem russischem Gas größer war und weil Deutschland mehr Industrie und damit Energiepreisabhängigkeit hat als andere Länder.

Auch nach Abklingen der akuten Notsituation der Energiekrise der Jahre 2022 und 2023 bleiben Energiekosten für viele Unternehmen ein Standortfaktor. Die Preise für Gas liegen aktuell immer noch über Vorkrisenniveau aufgrund hoher Einfuhrmengen von teurem Offshore-Gas aus Norwegen und Flüssiggas (LNG) aus Übersee. An die niedrigen Kosten von Pipelinegas kommt per Frachter über die Weltmeere transportiertes verflüssigtes LNG strukturell nicht ran. Und die Preise für Strom? Liegen im Energiehandel ebenfalls noch deutlich über Vorkrisenniveau. Sowohl aufgrund der gestiegenen Gaspreise um den Faktor 2 im Jahr 2024 gegenüber dem Jahr 2018, als auch aufgrund der im selben Zeitraum um den Faktor 3 gestiegenen CO_2-Preise.[15] Im Ergebnis zahlen industrielle Großverbraucher, deren Stromrechnung nicht von staatlichen Abgaben und Umlagen dominiert werden, noch immer deutlich mehr für Strom als früher. Hingegen zahlen die anderen 99 Prozent aller Stromkundinnen und Stromkunden sowie kleinere und mittlere Unternehmen heute für Strom weniger als vor der Krise. Zumindest, wenn sie einen neuen Vertrag abschließen und so verdeckte Preiserhöhungen von Versorgern vermeiden. Grund für diesen gravierenden Unterschied zwischen industriellen Großverbrauchern und allen anderen Stromkunden ist eine Umstellung der Finanzierung des Erneuerbare-Energien-Gesetzes (EEG). Früher wurde diese über die sogenannte EEG-Umlage von allen nicht-privilegierten Stromkunden über eine Umlage auf den Strompreis geleistet. Im Jahr 2023 wurde diese Umlage vollständig abgeschafft und die Finanzierung auf eine Steuerfinanzierung umgestellt. Diese entlastet die Endkundenpreise um immerhin 6,5 Cent pro Kilowattstunde (netto) gegenüber dem Jahr 2021 – in ähnlicher Höhe waren Energie- und Netzkosten seitdem gestiegen.

Für die deutsche Industriepolitik markieren die Krisen und die gescheiterte Gasstrategie einen tiefen Einschnitt. Denn so oder so ist klar: Die Zeiten extrem billigen Gases sind endgültig vorbei. Nicht nur aufgrund der höheren Kosten von Offshore- und LNG-Gas, sondern auch aufgrund steigender Preise für CO_2-Emissionsrechte. Energie- und CO_2-intensive Fertigung in Deutschland steht längerfristig unter großem Kostendruck.

Besonderheit # 3: Deutschland ist Exportnation

Womit wir bei der dritten Sonderrolle Deutschlands im europäischen Vergleich wären: Deutschland ist Exportland. Über 43 Prozent unseres Bruttoinlandsprodukts stammten im Jahr 2023 aus dem Export. Die großen EU-Länder wie Frankreich, Italien und Spanien haben Exportquoten zwischen 33 Prozent und 38 Prozent.[16] Leidet die Welt an Krisen wie Corona oder Energiepreisexplosion, leidet Deutschland besonders. Und sind Unternehmen in anderen Ländern besser in der Lage, Märkte mit neuen Produkten zu erobern, wie zum Beispiel die chinesische Automobilindustrie mit Elektrofahrzeugen, leidet Deutschland gleich doppelt.

Was also tun? Finden wir einen Weg zurück in die »gute alte Zeit« oder macht es mehr Sinn, sich auf eine dauerhaft veränderte Welt einzustellen? Ist die Modernisierung unseres Energie- und Mobilitätssektors Teil des Problems oder vielleicht doch Teil der Lösung?

Spoiler: Weltweit ist die Antwort längst klar. Denn die Welt steckt inmitten einer Industrierevolution bei Energie und Mobilität – in der vollen historischen Bedeutung des Wortes »Revolution«. Die Energiewelt dreht sich global in atemberaubender Geschwindigkeit und in der Menschheitsgeschichte nie da gewesenem Ausmaß. Grund genug also für einen historischen Blick von ganz weit oben auf die Geschehnisse.

AUF DEN PUNKT

- Deutschland hat im internationalen Vergleich eine besondere Ausgangsposition bei der Dekarbonisierung seiner Wirtschaft: hoher Industrieanteil, hohe Exportquote und vormals billiges Pipeline-Gas aus Russland als wichtige industriepolitische Grundlage.
- Der russische Angriffskrieg auf die Ukraine hat in den Jahren 2022/23 eine schwere Energiepreiskrise ausgelöst. Die deutsche Wirtschaft hat diese viel besser gemeistert, als zu Beginn befürchtet. Strukturell höhere Gaspreise belasten sie jedoch weiterhin.

1.1 Die vierte Energierevolution hat längst begonnen

»Am Anfang war das Feuer«. In anderen Worten: Holz war die erste Energiequelle, die sich der Mensch systematisch zur Nutzung erschlossen hat. Als gesichert gilt diese Verwendung von Biomasse für Wärme, Licht und Schutz vor Raubtieren seit rund einer Million Jahren. Erst viel später kam die Wasserkraft als weitere, frei in der Natur verfügbare Energiequelle dazu. Erst diente sie dem Betrieb von Schöpfrädern und damit zur Bewässerung von Feldern, später als Antrieb für alle möglichen Arbeitsmaschinen. Historiker vermuten, dass die Geschichte der Wasserkraft bereits vor etwa 5.000 Jahren in China begann und vor etwa 3.500 Jahren in Europa. Wobei die damaligen Mengen der Biomasse- und Wasserkraftnutzung winzig waren im heutigen Vergleich: Rund um Christi Geburt lebten einige Hundert Millionen Menschen auf der Erde – ohne im globalen Maßstab nennenswerten Energieverbrauch.

Die erste Energierevolution: Kohle überflügelt Biomasse

Bis zum Jahr 1800 wuchs die Weltbevölkerung auf etwa 1 Milliarde Menschen. Wärme, Licht und Kraft wurden unverändert über Biomasse und Wasserkraft gedeckt sowie über Nutztiere. Doch die erste Energierevolution näherte sich. Im historischen Vergleich zu späteren Umbrüchen schlich sie sich auf vergleichsweise leisen Sohlen an. Bereits im Zuge der Vorindustrialisierung wurden immer größere Energiemengen und Leistungen benötigt. Kohle statt Holz war die Lösung. Sie war in großen Mengen verfügbar, hat eine hohe Energiedichte und lässt sich gut transportieren. Mit der immer weiter um sich greifenden Industrialisierung nahm die Kohleförderung und -verbrennung ab etwa 1850 immer schneller zu. Im Ergebnis hatte sich der weltweite Energieverbrauch bis zum Jahr 1900 mehr als verdoppelt.[17] Der Löwenanteil dieses gewachsenen Energiehungers wurde mit der Verbrennung von Kohle gestillt. Ihr Marktanteil lag bereits bei über 45 Prozent des weltweiten Primärenergiebedarfs.[18] Zwar sind auch die absoluten Mengen klassisch genutzter Biomasse und Wasserkraft bis 1900 weiter gewachsen. Sie machten dennoch nur noch knapp über 50 Prozent der weltweiten Energieversorgung aus.[19] Die erste Energierevolution war entschieden, die Kohle blieb als Gewinnerin auf dem Platz. Davon kündete auch der Gestank aus den Fabrikschloten, der sich in den Straßen der Städte zunehmend festsetzte.

Es dauerte ungefähr 40 Jahre, bis sich auf diesem Weg der weltweite Energieverbrauch erneut verdoppelt hatte. Die Kohle blieb in dieser Zeit mit stabil über 50 Prozent Anteil der wichtigste Energieträger. Doch die nächste Energierevolution warf ihre Schatten bereits voraus.

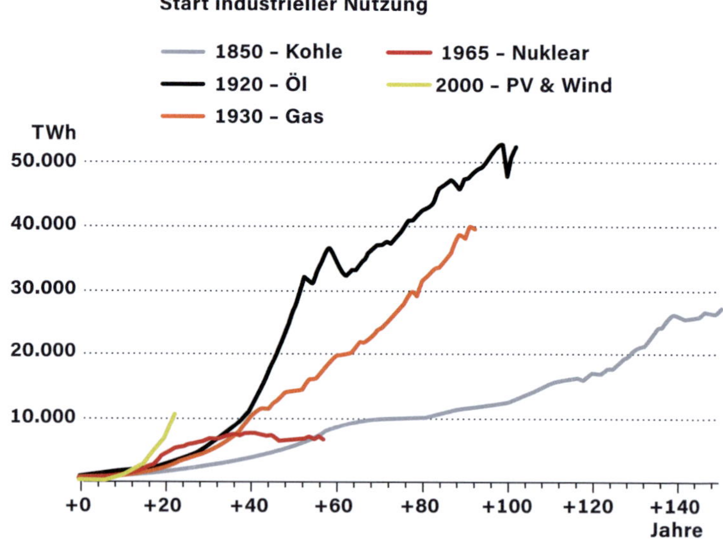

Abbildung 1: Primärenergieverbrauch weltweit nach Energieträger ab dem jeweiligen Zeitpunkt der massenhaften Nutzung und zeitliche Einordnung der vier erfolgreichen Energierevolutionen. In der Menschheitsgeschichte ist noch keine Energietechnologie so schnell gewachsen wie die beiden Erneuerbaren Wind und Sonne[20] (eigene Darstellung).

Stammten im Jahr 1900 nur etwas über 1 Prozent des Weltenergieverbrauchs aus der Verbrennung von Öl, waren es 1940 bereits 11 Prozent.[21] Auch die gegen Ende des 19. Jahrhunderts erfundene Stromerzeugung aus Wasserkraft und die Verbrennung von Gas wuchsen, aber noch auf vernachlässigbarem Niveau.

Die zweite und dritte Energierevolution: Öl und Gas überflügeln Kohle

Nach dem Zweiten Weltkrieg polterte die zweite Energierevolution dann regelrecht durch die Tür – das Ölzeitalter hatte begonnen. Bereits in den 1950er-Jahren verdrängte das Öl die Biomasse von ihrem bisherigen zweiten Platz und klaute auch der Kohle Marktanteile. Um das Jahr 1965 stand Öl mit 34 Prozent Anteil am weltweiten Energieverbrauch schon auf Platz 1 vor der Kohle. Gleichzeitig hatte auch die nächste Verdopplung des Welternergieverbrauchs stattgefunden. Bereits 12 Prozent dieses Verbrauchs wurden zudem über die Verbrennung von Erdgas gedeckt.[22] Dominierte Erdöl den Mobilitätssektor, bahnte sich mit der Nutzung von Erdgas bereits die dritte Energierevolution in der Wärmeversorgung und in der Industrie ihren Weg. Gasheizung und Gasherd statt Kohle, aber auch Gaslampen in der öffentlichen Beleuchtung steigerten den Komfort und die Leistungsfähigkeit der Energieversorgung deutlich. Und auch in großen Industrieprozessen wie etwa der Synthese von Ammoniak für den massenhaften Einsatz von Dünger oder als leistungsfähigerer Ersatz von Kohle wurde Gas schnell unabkömmlich. So kam es, dass seit dem Jahr 1967 Öl und Gas zusammen über 50 Prozent des Energiebedarfs der Menschheit decken.[23]

Die ausgefallene vierte Energierevolution: Atomenergie hebt nicht ab

Es überrascht nicht, dass die vierte Energierevolution zu diesem Zeitpunkt längst ausgerufen war. Denn der immer schneller wachsende Energiehunger der Menschheit rief nach der nächsten, noch gewaltigeren technischen Antwort. Und so begann Anfang der 1960er-Jahre die zivile

Nutzung der Atomkraft. Wobei diese nur ganz zu verstehen ist, wenn man sie gleichzeitig als militärtechnische Grundlage des atomaren Wettrüstens begreift. Denn nur wer über eine eigene Atomindustrie verfügt, hat Zugang zu dem benötigten Know-how und zu waffenfähigem Material zum Bau eigener Atombomben.

»Too cheap to meter«, also zu billig, um sie überhaupt zu messen und abzurechnen, werde die Atomkraft eines Tages werden, hatte der Vorsitzende der US-amerikanischen Atomenergiekommission Lewis Strauss im Jahr 1954 vollmundig angekündigt.[24] Doch anders als ihre revolutionären Vorgänger vermochte es die Atomenergie nicht, wirklich nennenswert ins weltweite Energiegeschehen einzugreifen. Als sich 1984 zum nächsten Mal der weltweite Energieverbrauch verdoppelt hatte – diesmal nach nur noch 19 Jahren –, lag der Anteil der Atomenergie erst bei 4 Prozent. Auch in den folgenden Jahrzehnten kam er nie über 6 Prozent hinaus.[25] Die Atomenergie konnte ihr Versprechen geringer Kosten und Betriebsrisiken schlicht nicht einlösen (siehe Kapitel 5.1). Darüber hinaus war ein weiteres Wachstum für militärische Zwecke nicht mehr erforderlich. Alle Nuklearmächte sahen sich mit ausreichend industrieller Basis für Atomtechnologie und -materialien versorgt. Mehr Atomkraftwerke brauchte es für militärische Zwecke nicht, erst recht nicht nach dem Beginn von Glasnost und Perestroika. Ohne staatliche Unterstützung können aber in keinem Land die hohen Kosten und Risiken neuer Atomkraftwerke im Strommarkt erlöst werden. Daher fand die geplante atomare Energierevolution am Ende nicht statt. Ergebnis: Seit den 2000er-Jahren fällt nicht nur der Anteil, sondern auch der absolute Beitrag der Atomenergie zur weltweiten Energieversorgung, das heißt die reale weltweite Atomstromproduktion. Ihr Marktanteil ist heute wieder unter 4 Prozent gerutscht.[26]

Die längst begonnene vierte Energierevolution: Wind und Sonne überflügeln alles

Eine vierte Energierevolution findet dennoch gerade statt. Aber die dafür verwendeten Nuklearreaktionen sind sichere 150 Millionen Kilometer entfernt und laufen in der Sonne ab. Ihrer Dynamik schadet das nicht: Der Hochlauf der Nutzung erneuerbarer Energien seit den 2000er-Jahren wächst in einer Geschwindigkeit, die noch keine Energierevolution zuvor geschafft hat. Etwa 6 Prozent des Weltenergiebedarfs stammten im Jahr 2023 bereits aus diesen Quellen.[27] In absoluten Zahlen entspricht das etwa 10.000 Terawattstunden. Wohlmeinend gerechnet hat Öl für diese Marke drei Jahrzehnte länger benötigt. Lag der Marktanteil von Öl und Gas im Jahr 2000 noch bei 55 Prozent, ist er im Jahr 2022 erstmalig seit den 1960er-Jahren wieder unter 50 Prozent gefallen.[28]

Und eine weitere gute Nachricht spielt dieser vierten, nunmehr endlich sauberen Energierevolution in die Karten: Die letzte Verdopplung des bis dato unstillbaren Energiehungers der Menschheit war erst im Jahr 2021 erreicht. Zeitkonstante: 37 Jahre. Hohe Dynamik bei der sauberen Energiebereitstellung aus Wind und Sonne und bald sogar sinkende Verbräuche (siehe Kapitel 3.5) bilden eine perfekte Welle. Kam das Kohlezeitalter noch auf leisen Sohlen daher und polterte das Öl- und Gaszeitalter bereits deutlich forscher durch die Tür, werden die erneuerbaren Energien die Nutzung fossiler Energien in den nächsten wenigen Jahrzehnten wie ein Tsunami überrollen.

Das Neue: erstmalig wird nicht nur überflügelt, sondern verdrängt

Historisch ist die Entwicklung der erneuerbaren Energien aber nicht nur aufgrund ihres atemberaubenden Tempos. Die vierte Energierevolution ist die erste, die tatsächlich andere Energieträger aus dem Markt drängt. Kamen bisher neue Energieträger immer nur hinzu und haben ihren Vorgängern lediglich relative Anteile am wachsenden Energieverbrauch streitig gemacht, verdrängen Wind- und Solarstrom Kohle, Öl und Gas auch in absoluten Mengen. Die internationale Energieagentur IEA sagt »Peak Oil«, also den historischen Höchststand der weltweiten Nutzung von Erdöl, für das Jahr 2024 oder 2025 vorher.[29] In vielen Ländern sinkt auch die Kohleverstromung bereits massiv. Im Heimatland der Kohleverstromung, UK, wurde im September 2024 das letzte Kohlekraftwerk abgestellt. Das erste hatte Thomas Edison im Jahr 1882 in London in Betrieb genommen. Weltweit treiben vor allem China und Indien noch die Gesamtnachfrage nach Kohle. Doch auch das wird am Ende Geschichte sein. Denn dieses Wachstum geht auf den gigantischen Energiehunger dieser Volkswirtschaften und Entscheidungen zum Bau neuer Kohlekraftwerke vor vielen Jahren zurück. Noch schneller wächst auch hier der Ausbau erneuerbarer Energien. Auch in China beginnen Wind und Sonne bereits die Kohleverstromung zu verdrängen.[30]

Aus historischer Perspektive und über Jahrzehnte hinweg betrachtet, sind Umbrüche auch in der weltweiten Energieversorgung also etwas ganz Normales. Und wie zuvor ist auch die aktuelle vierte Energierevolution eine industrielle Revolution. Sie ist zwar entscheidend für die Vermeidung einer harten Klimakatastrophe, aber das macht sie nicht zur politischen Revolution. Erneuerbare Energien verdrängen Kohle, Öl und Gas durch niedrigere Kosten und höhere Leistungsfähigkeit, so wie frühere Energieträger ihre Vorgänger verdrängt haben (siehe Kapitel 1.2).

So erklärt sich auch die Reihenfolge des Umbruchs in den einzelnen Sektoren: Gestartet im Energiesektor verdrängen Sonne und Wind erst die Kohleverstromung – die älteste mengenmäßig relevante »moderne« Energiequelle. Doch zusammen mit Batteriespeichern klauen erneuerbare Energien bereits heute auch der Gasverstromung erste Marktanteile. Über die »große Elektrifizierung« hat zudem die Verdrängung der Gasnutzung für Wärme sowie der Ölnutzung für Mobilität begonnen (siehe Kapitel 3.5).

Diese Entwicklungen sind so absehbar, dass weltweit Regierungen regelrecht aufgeschreckt sind und mit groß angelegten staatlichen Programmen massiv in den Aufbau von Technologie, Fertigung und Marktanteilen für ihre Länder und Unternehmen investieren (siehe Kapitel 1.5). Bitter, aber wahr: Der Klimawandel allein hätte ein solches Maß an Aktivität nie hervorrufen können. Aber was ist es dann? »It's the efficiency, stupid!«

AUF DEN PUNKT

- In der Geschichte menschlicher Energienutzung gab es bislang drei Energierevolutionen: mit der Industrialisierung (Kohle), der Entwicklung der Automobilität (Öl) und in der Heiztechnik (Erdgas).
- Noch keine Energietechnik ist in der Menschheitsgeschichte schneller gewachsen als die Stromerzeugung aus Wind und Sonne, der aktuellen vierten Revolution.
- Bereits in zwei bis drei Jahren wird die Menschheit mehr Nutzenergie aus Wind und Sonne beziehen als aus ihrem gesamten Erdölverbrauch.
- Der Beitrag der Atomenergie zur Energieversorgung ist seit dem Jahrtausendwechsel rückläufig. Diese versuchte Revolution wurde aus Kosten- und Zeitgründen abgebrochen.

1.2 »It's the efficiency, stupid!«

Mit dieser Anleihe beim früheren US-Präsidenten Bill Clinton ist eigentlich alles Wesentliche erklärt: Warum Strom und Wärme aus erneuerbaren Quellen mittlerweile die globale Investitionstätigkeit im Bereich Energie dominieren. Warum Elektrofahrzeuge in gut absehbarer Zeit den Verbrenner ablösen werden. Und warum Heizen mit Wärmepumpen bald das Normalste der Welt sein wird, sogar in Deutschland.

Zwar werden diese Themen bei uns noch immer leidenschaftlich diskutiert und von vielen mit parteipolitischen Vorlieben gleichgesetzt. Denn wenn man die Dinge »technologieoffen« betrachtet, analysieren einige, sei die Zukunft längst nicht so klar. Dabei übersehen sie allerdings, dass hinter der sogenannten großen Elektrifizierung eine simple, industrielle Logik steht. Diese Logik funktioniert in drei einfachen Denkschritten. Schritt eins: Effizienz senkt die Kosten. Schritt zwei: Elektrische Anwendungen sind in der Regel die leistungsfähigsten und komfortabelsten. Und Schritt drei: Sie sind auch die saubersten.

In vielen Lebensbereichen hat diese Logik schon längst dazu geführt, dass Verbrennungsprozesse verdrängt wurden. Bei der Stromerzeugung ist diese Entwicklung derzeit in vollem Gange, und auch beim Heizen und Fahren ist sie nicht aufzuhalten. Aber der Reihe nach.

Vom Lagerfeuer zur Wärmepumpe – eine kurze Geschichte des Heizens

Die Beherrschung des Feuers bestimmte von Anfang an die Entwicklung der Menschheit. Schon die Neandertaler nutzten es gezielt, es war ein Meilenstein für den Fortschritt. Flammen bedeuteten Licht, Wärme und Schutz. Ein guter Lohn für den hohen Aufwand des Entzündens und Unterhaltens von Feuer. Technikgeschichtlich war das Kochen von Speisen am Lagerfeuer ein gewaltiger Schritt, der unsere Ernährung massiv nach vorn brachte. Allerdings: Aus heutiger Sicht war es eine grotesk ineffiziente und gesundheitsschädliche Methode, Essen zuzubereiten. Ein gut aufgebautes Lagerfeuer überträgt nur wenige Prozent der im Holz enthaltenen Energie tatsächlich auf die Speisen – wenn man nur die Zeit des Zubereitens rechnet, also ohne das Anfeuern und Ausglimmen. In der Höhle verwendet, schafft ein Lagerfeuer zwar zusätzliches Licht und Wärme. Aber eben auch gesundheitsschädliche und im ungünstigsten Fall tödliche Verbrennungsgase. Gezielte Temperaturregelung: auch eher schwierig.

Es gehört zur Technologiegeschichte, dass der Mensch immer auch gegen die Unzulänglichkeiten seiner eigenen Erfindungen anarbeitet. Deswegen entwickelt er sie laufend weiter – oft in kleinen Schritten, manchmal aber auch in größeren Sprüngen. In der logischen Folge wurde Feuer zum Kochen in immer ausgeklügelteren Formen von Steinöfen und später Lehmöfen eingehegt und nutzbar gemacht. Die Ziele: die Effizienz des Vorgangs zu steigern, sparsamere und leistungsfähigere Brennstoffe einzusetzen und die schädlichen Verbrennungsgase von Mensch und Kochgut fernzuhalten. Es waren auch Effizienzgründe, aus denen man Bäckereien neben Badehäusern gebaut hat – Abwärmenutzung hat damals schon den Aufwand gesenkt.

Im 14. Jahrhundert begann dann der Siegeszug des Kachelofens, ab dem 18. Jahrhundert sogar in Verbindung mit Schornsteinen, um Rauchgase und Ruß aus den Räumen zu verbannen. Zwar wurde bereits auf der Weltausstellung 1851 in London der erste Gasherd vorgestellt, aber erst ab Ende des 19. Jahrhunderts und mit zunehmender Verbreitung von Gasnetzen konnte er sich nach und nach durchsetzen. Der Zwischenstand im Streben nach Effizienz und Sauberkeit, Leistung und Komfort: Bis zu 40 Prozent der im Gas enthaltenen Energie eines modernen Gaskochfelds kommen tatsächlich im Topf an. Methan verbrennt recht sauber, das Ein- und Ausschalten geht einfach.

Doch Menschen und damit die Geschichte stehen selten still (und wenn doch, dann nie sonderlich lange). Bereits Anfang des 20. Jahrhunderts kam der Elektroherd ins Spiel, und der nächste bedeutsame Entwicklungsschritt folgte: vom Verbrennen von Holz oder Gas zum elektrischen Antrieb. Weitere rund 10 Prozent Effizienzsteigerung waren geschafft. Aus heutiger Sicht sind die Einwände amüsant, die es damals gegen die ersten Elektroherde gab: das Essen »schmecke elektrisch«, lautete etwa ein weitverbreitetes Vorurteil.

Dennoch, und obwohl Elektroherde langsamer reagieren und weniger präzises Kochen erlauben, haben sie sich durchgesetzt. Nach dem Zwischenschritt des Ceran-Kochfelds dominieren seit ungefähr zehn Jahren Induktionskochfelder den Markt. Der aktuelle Zwischenstand der Effizienz-Entwicklung: Über 80 Prozent der eingesetzten Energie landen im Topf. Abgase sind schon lange Geschichte, und kurze Ansprechzeiten sorgen für hohen Kochkomfort. Strom schlägt Verbrennen in allen Belangen.

Es werde Licht – von der Fackel zur LED-Lampe

Eine ähnliche Geschichte von Effizienz und Komfort erzählt die Entwicklung moderner Lichtquellen – vom Lagerfeuer über die Fackel, den mittelalterlichen Kienspan, die Fett- und Öllampen bis hin zur Kerze. Als sich elektrisches Licht nach 1880 erst im öffentlichen Raum und später in Privathäusern gegen Kerzen und Öllampen durchsetzte, war der so erzielte Fortschritt enorm. Davor hatte künstliche Beleuchtung maximal dafür gereicht, dass man nachts nicht stolperte oder gegen Gegenstände lief. Jetzt dagegen konnte man sich auch im Dunkeln sicher fühlen, abends arbeiten oder lesen.

Wer für abendliche Gesellschaften einen Innenraum hell erleuchten wollte, hatte zuvor unzählige Kerzenleuchter gebraucht. Was auf uns heute romantisch wirkt, war in Wahrheit ein gewaltiger Aufwand, große Energieverschwendung und auch nicht unbedingt gesund. Eine Kerze kann gerade einmal ein Prozent der im Wachs enthaltenen Energie in Licht umwandeln. Der Rest geht als Wärme verloren. Und leisten konnten sich Kerzen nur wohlhabende Menschen. Gleichzeitig verbrauchen Kerzen den Luftsauerstoff und geben Verbrennungsgase und Ruß ab. Schon mit der Edison-Glühlampe konnten nach 1880 wenige elektrische Lampen dieselbe Lichtleistung erbringen wie ein ganzer Raum voll Kerzenleuchter und dabei gleichzeitig ein breiteres und helleres Lichtspektrum bieten. Ohne Sauerstoffverbrauch und Ruß, dafür mit einem Knopf zum Ein- und Ausschalten. Am Ende der Entwicklung kamen moderne Glühlampen auf bis zu fünf Prozent Effizienz bei der Wandlung der eingesetzten Energie des Stroms in Licht. Nach den technischen Evolutionsschritten Halogenlampen (rund 10 Prozent) und Energiesparlampen (rund 20 Prozent) liegen moderne LED-Lampen heute bei über 35 Prozent bei Standardprodukten und noch höher für »High power«-Varianten.[31] Auch hier geht die Entwicklung weiter und ist noch Luft nach oben.

Ein interessanter Nebenaspekt: Zu Beginn erschwerten der geringere Komfort, die schwächere Lichtqualität und die höheren Anschaffungskosten den Durchbruch der LED auch für die Anwendung in Räumen. Ihre durchschnittlichen Lebensdauerkosten waren zwar schon lange kleiner als die von normalen Glühlampen, auch wegen deren kürzerer Lebensdauer. Aber wer überschlägt schon ernsthaft Betriebskosten, wenn er im Supermarktregal schnell zugreift?

Am Ende hat die Europäische Union per Ordnungspolitik die Umstellung auf LED beschleunigt. Schaut man auf die heute massiv gewachsene Vielfalt an Leuchtmitteln – alle auf der Basis von LED-Technik –, lässt sich hier kein Schaden erkennen. Eher im Gegenteil: Von schicken Retro-Designs mit sichtbaren Glühwendeln bis zu den verrücktesten Bauformen und Farbeffekten ist alles zu haben. Und die Kosten? Aufgrund industrieller Massenfertigung sind sie auf einen Bruchteil gesunken.

Es werde Kraft – vom Pferd zum Elektromotor

Leistungs- und Effizienzsteigerungen und damit die Senkung von Kosten, ob für die Industrie oder für die Verbraucherinnen und Verbraucher, sind immer Treiber industrieller Entwicklung gewesen. Auch als die ersten Elektromotoren in Fabrikanlagen Einzug erhielten oder die ersten Automobile die Pferdekutschen verdrängten, geschah das aus genau diesen Gründen. Und selbst wenn viele dieser Veränderungen aus heutiger Perspektive banal wirken: Oft waren es Revolutionen mit tiefgreifenden Auswirkungen auf die Wirtschaft und den Alltag der Menschen. Ganze Branchen wurden abgeschafft oder in Nischen verbannt:

vom Stellmacher bis zum Kutscher, vom Kerzenmacher bis zum Treidelknecht und kohlenschaufelnden Heizer.

Warum tun wir uns dann noch so unglaublich schwer, auch bei der Energieerzeugung, beim Fahren und Heizen die Segnungen des Fortschritts zu genießen? Oder gar eine wirtschaftliche Zukunft daraus zu entwickeln? Schließlich waren deutsche Unternehmen bei vielen der genannten Umbrüche ursprünglich Vorreiter und sind zu tragenden Säulen unserer Wirtschaft geworden. Wenn es um Verbrennungsmotoren, Kraftwerkstechnik, elektrische Maschinen oder Transformatoren geht, haben Namen wie Siemens, Otto, Benz oder Diesel die Technikgeschichte tief geprägt. Vielleicht fällt es ja gerade deshalb in Deutschland schwerer als anderswo, sich vom Alten zu verabschieden: weil das Verbrennen von Sachen bei uns regelrecht zum Kulturgut geworden ist.

Die Größe macht's nicht, sondern die Menge

Hinzu kommt ein Missverständnis, das auch in anderen Industrien erst ausgeräumt werden musste: die falsche Annahme, dass Kostensenkungen vor allem über Größe und Leistungsdichte funktionieren. Von Kohle zu Öl und Gas oder gar zur Atomkraft: Die Energieumwandlung fand in immer beeindruckenderen Leistungseinheiten auf immer engerem Raum statt. Und jetzt sollen plötzlich Millionen relativ kleiner und räumlich weit voneinander entfernter Energiewandler wie Solar- und Windkraftanlagen dieselbe Leistungsfähigkeit entwickeln? Das soll ernsthaft Hightech sein? Wäre nicht Kernfusion die nächste, viel logischere Evolutionsstufe?

Dass weiträumig verteilte Systeme durchaus Vorteile bieten, mussten Firmen wie Nixdorf und IBM in den 1990er-Jahren lernen, als die sogenannte mittlere Datentechnik vom Personal Computer (PC) verdrängt wurde. Verteilte Systeme erzielen die Kostensenkungen über ihre Masse, nicht über ihre Größe. Sie sind resilienter, also weniger störanfällig. Zudem können sie am Ort der Nutzung viel zielgenauer organisiert werden. Die Energiewirtschaft von heute hat verstanden, dass die Abkehr von der Verbrennung und die Hinwendung zu erneuerbaren Energien solche Kosten- und Nutzenvorteile bietet. Zugleich bündelt sie größere

Zahlen an Solarmodulen oder Windrädern in Kraftwerken bis zu Hunderten Megawatt Leistung – der früher üblichen Dimension auch im klassischen Kraftwerksbau. Doch dazu später mehr (siehe Kapitel 1.4). Zunächst zurück zur Effizienz, jetzt in der Mobilität.

Erster Blick nach vorn: Effizienz gewinnt auch beim Fahren

Für Elektrofahrzeuge gelten heute tatsächlich noch einige der bekannten, nachvollziehbaren Einwände. Die Anschaffungskosten sind relativ hoch, die Reichweiten der Batterien niedriger als gewohnt. In einigen Jahren werden wir aber auch darüber schmunzeln. Denn es ändert nichts daran: Es sind die großen Effizienz-, Leistungs- und damit auch Kostenvorteile, der Komfortgewinn und die ökologischen Vorzüge elektrischer Anwendungen, die die genannten Veränderungen treiben – auch bei der Mobilität.

Eine Pferdekutsche setzt vermutlich nur wenige Prozent der ans Pferd verfütterten Futter-Energie in Fortbewegung um. Doch auch über 150 Jahre nach der Erfindung des Verbrennungsmotors und über 100 Jahre nach dessen erster Massenfertigung im Ford Model T bringt dieser Antrieb nur gut 20 Prozent der im Kraftstoff enthaltenen Energie auf die Straße. Der Rest wird als Abwärme über den Kühler weggeschafft. Bei diesem Nutzungsverhältnis von 80 zu 20 erscheint ein solches Auto nüchtern betrachtet eher wie, nun ja: eine fahrende Heizung. Trotz beeindruckender Ingenieursleistungen und technischer Perfektion in modernen Verbrennungsmotoren ist die physikalische Effizienzgrenze des Prinzips Verbrenner erreicht. Und das Limit steht. Es wurde bereits im Jahr 1824 von Nicolas Carnot formuliert und gilt für alle Wärme-Kraft-Maschinen, also für alle Prozesse, in denen Wärme in Kraft umgewandelt wird. Also wenn zum Beispiel heißer Dampf aus einem Kraftwerk eine Turbine zur Stromerzeugung antreibt oder heiße Verbrennungsgase im Motor in Kraft für den Antrieb der Kurbelwelle und damit der Räder umgewandelt werden.

Elektroautos dagegen setzen bereits heute über 70 Prozent des gespeicherten Stroms in Bewegung um. Für sie gilt die Limitierung des Carnot-Wirkungsgrads nicht, da keine Wandlung von Wärme in Kraft erfolgt. Strom als physikalisch hochwertigste Form von Energie kann theoretisch zu hundert Prozent in Kraft und damit in Bewegungsenergie umgewandelt werden. In der Praxis entstehen natürlich Verluste beim Speichern, im Elektromotor etc.

Doch auch der Start der Elektromobilität war nicht einfach. Die ersten batteriegetriebenen Autos vor über hundert Jahren scheiterten vollständig. Und auch noch Anfang der 2000er-Jahre sorgten Leistung und Komfort vieler E-Autos dafür, dass das elektrische Fahren höchstens Liebhaberei war. Ich erinnere mich an meine erste Fahrt mit einem alten Vorserientyp des Elektro-Smart im Jahr 2012. Die Reichweite lag um die achtzig Kilometer, aber an dem damaligen kalten Winterabend ging es dennoch nur bei ausgeschalteter Heizung sicher ans knapp dreißig Kilometer entfernte Ziel und wieder zurück. Die Reisegeschwindigkeit beließ ich reichweitebedingt lieber bei deutlich unter hundert Stundenkilometern. Einen gewissen Stolz auf diese frühe Elektrofahrt konnte ich nicht verhehlen. Aber dass es für die breite Masse so nichts sein würde, war mir klar.

Das änderte sich erst mit dem Einstieg in ernsthafte Massenfertigung und Industrialisierung von Elektrofahrzeugen durch Elon Musks Unternehmen Tesla. Nur 15 Jahre später sind in vollelektrischen Mittelklassefahrzeugen Reichweiten um 500 Kilometer Normalität, ebenso wie Ladeleistungen von mehreren Hundert Kilowatt. Und man darf nicht vergessen: Die Technologie ist noch jung. Anders als beim ausentwickelten Verbrenner gibt es bei Batteriespeichern eine hochdynamische Entwicklung und Kostensenkung, immer höhere Leistungsdichten und neue Materialkombinationen.

Weiterer Kostenvorteil: Ein elektrischer Antrieb hat um die 200 Einzelteile, ein moderner Verbrenner an die 1.200. Reduzierte Komplexität senkt Kosten in Entwicklung und Fertigung. Elektrisches Fahren, also der Strom oder Kraftstoff sowie die Wartungskosten sind heute schon weit günstiger als das Fahren mit Benzin oder Diesel. Mit wachsenden Reichweiten und sinkenden Ladezeiten wird in wenigen Jahren auch der Komfort in dieser letzten Dimension gewinnen. Denn leiser, sauberer und mit mehr Platzangebot ist man heute schon elektrisch unterwegs. Die Anschaffungskosten wiederum sind lediglich eine Frage der weiteren industriellen Skalierung, die in anderen Ländern bereits mit atemberaubender Geschwindigkeit vorangeht. Mehr dazu in Kapitel 3.

Zweiter Blick nach vorn: Effizienz gewinnt auch bei der Stromversorgung und beim Heizen

Kommen wir zur Stromerzeugung. Auch und gerade hier ist Effizienz seit jeher der entscheidende Treiber. Sie ahnen sicher schon, wie die Geschichte beim Weg vom Pferdeantrieb über die Dampfmaschine zum Kohlekraftwerk und hochmodernen GuD-Kraftwerk ausgehen wird: Letzteres erreicht bei der Wandlung von Erdgas in Strom eine Effizienz von über 50 Prozent. Aber Erdgas ist teuer, und CO_2-Emissionen sind es auch. Erneuerbare Energien dagegen lassen sich effizienter und billiger nutzen. Die gängige Konvention schreibt ihnen im Vergleich zu klassischen Kraftwerken eine Effizienz von 100 Prozent zu. Denn im Vergleich verbrauchen sie gar keine Primärenergie, sondern wandeln unbegrenzte – erneuerbare – Energieströme wie Wind und Sonne in Strom um. Kein Verbrennungsprozess kommt da heran.

Eine spannende Besonderheit beim Rennen um die höchsten Effizienzen bietet der Wärmesektor, konkret: die Entwicklung der Heizungstechnik. Ganz am Anfang stand vermutlich die erste Sektorenkopplung der Welt: Landwirtschaft und Heizen. Die Wärme der Tiere wurde schon früh von Menschen genutzt. Stallungen befanden sich neben oder gar unter Wohnräumen, um es dort etwas wärmer zu haben. Später kam dann das Verbrennen von Holz als deutlich ergiebigere, aber auch schmutzigere Quelle dazu. Über den Kamin als Kochstelle haben wir bereits gesprochen, zum Heizen kam er früher auf 10 bis 30 Prozent Effizienz vom Brennstoff zur Raumwärme. Die Gastherme mit der heutigen Brennwerttechnik schafft sogar 100 Prozent. Die Definition von unteren und oberen Heizwerten erweckt den Anschein einer perfekten Energieumwandlung. Gegen eine der zuletzt viel diskutierten Wärmepumpen kommt die Gastherme dennoch niemals an: Bei ihnen liegt die Wandlungseffizienz bei über 300 Prozent.

300 Prozent, wie kann das sein? In der Schule haben wir doch gelernt, dass mehr als 100 Prozent Effizienz physikalisch nicht möglich sind.

Auch hier ist es wieder eine Sache der Definition: Wie viel Nutzenergie kann man aus einem Teil der eingesetzten Energie ziehen? Die Wärmepumpe »hebelt« die eingesetzte Energie des Stroms, indem sie der Umgebungsluft, dem Erdreich oder anderen Quellen Wärme entzieht. Die Umgebungsluft, das Erdreich etc. ist anschließend etwas kälter und erwärmt sich von selbst über den Kontakt mit der Umgebung wieder. Die entzogene Wärme wird in den Heizkreis des Hauses oder des zu heizenden Industrieprozesses eingespeist. Auch der für den Antrieb der Wärmepumpe eingesetzte Strom landet in Form von Wärme dort. Im Ergebnis können so in deutschen Klimazonen mit einer Kilowattstunde Strom im Jahresmittel zusätzlich grob zwei Kilowattstunden Umweltwärme genutzt werden. Dazu kommt der in eine Kilowattstunde Wärme umgewandelte Strom. Insgesamt werden also aus einer Kilowattstunde Strom drei Kilowattstunden Wärme. Ergebnis, wie gesagt: 300 Prozent Effizienz. Der Mathelehrer darf sich wundern.

Effizienz ist nicht alles – aber ohne Effizienz ist alles nichts

Natürlich setzt sich längst nicht jede Technologie durch, nur weil sie effizienter ist oder leistungsstärker, sauberer oder komfortabler als andere. Sie muss auch in der Herstellung Skaleneffekte bringen, das heißt: Sie muss parallel zur Markteinführung und dem entsprechenden Wachstum billiger werden. Auch im Energiebereich gibt es einige Beispiele für Technologien, die das eben nicht schaffen und nach anfänglich hoher Erwartung und schwungvollem Start stagnieren und Marktanteile verlieren. Gemäß Zahlen der Internationalen Energieagentur ist die Atomkraft die einzige Technologie, deren Stromerzeugungskosten in den letzten Jahrzehnten gestiegen sind, anstatt zu sinken. Eine hochkomplexe Technologie, die aus Risikovorsorge immer mit dem neuen Stand der Technik ausgerüstet werden muss, skaliert offenbar nicht.

Daher sinkt auch weltweit der Marktanteil nuklearer Stromerzeugung seit Jahrzehnten und können Neubauten die wegfallende Erzeugung außer Betrieb gesetzter Kraftwerke nicht einmal mehr ausgleichen. Die Effizienzbetrachtung liefert zusätzliche Argumente: Mit modernster Physik und hochkomplexer Hightech werden Atome gespalten – und wird mit

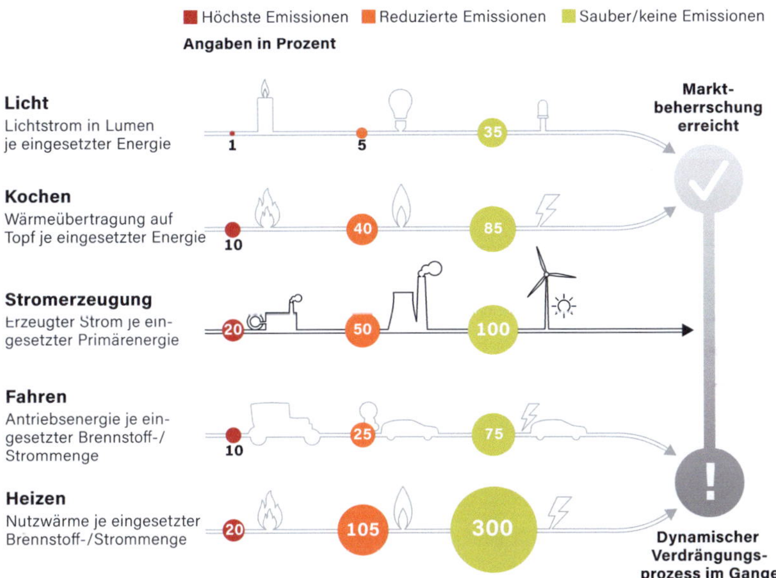

Abbildung 2: Historische Entwicklung der Effizienzen bei der Erzeugung von Licht, warmen Mahlzeiten, Strom, beim Fahren und beim Heizen. Die Zahlen neben den Symbolen stehen für die Effizienz in % (Nutzenergie pro eingesetzter Primärenergie), die Größe der Kreise stellt diese grafisch dar (Durchschnittsangaben zu den typischen Wandlungseffizienzen aus der Literatur, eigene Darstellung).

der frei werdenden Energie am Ende Wasser verdampft und eine Dampfturbine angetrieben. Die wurde Ende des 19. Jahrhunderts erfunden und erreicht in ihrer modernsten Ausprägung im Atomkraftwerk 35 Prozent Wirkungsgrad. Eine wirklich unschöne Wandlungskette.

Was heute der ungläubige Blick nach vorn ist, ist morgen der schmunzelnde Blick zurück

Jede industrielle Umwälzung kämpft zunächst gegen Vorurteile und Widerstände, überwindet Beharrungskräfte und anfängliche Schwächen. Ist aber erst einmal ein industrieller Kipppunkt erreicht, überwiegen die Effizienzvorteile. Und sinken dann noch die Kosten durch die Skalierung der Fertigung und die weitere Technologieentwicklung, gibt es irgendwann kein Halten mehr. Allen emotionalen Debatten zum Trotz: Industrielogiken funktionieren eher nüchtern.

Was bei all dem schnell in Vergessenheit gerät: Rückblickend vermisst niemand Kerzen als einzige Lichtquelle, Holzfeuer als einzige Kochgelegenheit, die Dampfmaschine, das Model T oder den Kachelofen. So ähnlich wird es in 20 Jahren auch mit dem Verbrennungsmotor und dem Gaskessel sein. An die heiße Liebe, mit der viele Menschen diese heute verteidigen, wird sich niemand mehr erinnern.

AUF DEN PUNKT

- Die Weiterentwicklung von Technik und Anwendungen zur Energienutzung wird seit jeher von drei Kräften getrieben: Steigerung von Effizienz, Leistungsfähigkeit und Sauberkeit.
- Seit Jahrhunderten wurden auf diesem Weg die Kosten von Energie gesenkt, der Komfort bei ihrer Nutzung gesteigert und ganz neue Anwendungen erschlossen.
- Strom ist die hochwertigste Form von Energie, die zugleich am effizientesten genutzt werden kann. Daher hat sie sich bereits bei der Beleuchtung, beim Kochen, der Erzeugung von Kraft für Maschinen und Antriebe durchgesetzt – und in vielen Ländern auch schon beim Heizen und Fahren.
- So wie deshalb heute LED, Induktionsherde und erneuerbare Energien das »neue Normal« sind, werden es bald Elektroautos und Wärmepumpen sein – auch in Deutschland.

1.3 Die Transformation ist exponentiell

Alles Neue beginnt mit einem »S«

Auch wenn es im historischen Rückblick oft so scheint: Technologische Umbrüche sind nicht plötzlich einfach da. Auch nicht die im vorigen Kapitel beschriebenen. Solche Umbrüche folgen einem typischen Verlauf, der sogenannten »S-Kurve«. In ihr stecken all die Mühen und Investitionen, das Scheitern, aber auch der Erfolg von Innovationen. In der Entstehungsphase neuer Verfahren und Produkte werden oft über Jahre und Schritt für Schritt innovative Methoden und Verfahren entwickelt und erprobt. Und immer wieder auch verworfen. Die meisten Ideen erblicken nie das Licht von Ladentheken. Schaffen sie es doch dahin, werden erste Produkte von Pionieren genutzt oder kommen in spezialisierten Nischenanwendungen zu hohen Kosten zum Einsatz. Trotz anfänglicher Schwächen und Fehler haben die »Early Adoptors« oft ihre helle Freude am Neuen. Doch bleibt die Begeisterung auf diese kleine Gruppe beschränkt, bleiben Funktionen und Kosten für die Mehrheit unattraktiv, endet die Geschichte, bevor sie richtig beginnen konnte. Das Neue setzt sich dann nicht durch, bleibt unerfülltes Versprechen und verschwindet wieder in den Schubladen.

Wenn es aber gut läuft, überzeugt es und entwickelt sich weiter. Schrittweise finden sich mehr und mehr Abnehmer, steigen Produktionsvolumina und sinken dadurch Herstellungskosten. Im Optimalfall finden sich mit weiter sinkenden Kosten und verbesserter Leistung immer mehr Anwendungen und Marktsegmente. Die zweite Phase beginnt: Eine Spirale der Selbstverstärkung aus steigendem Fertigungsvolumen, Kostensenkung, technologischer Weiterentwicklung und dadurch noch mehr Nachfrage führt zu exponentiellem Wachstum. Die neue Technologie erobert ihre Märkte immer schneller.

Doch kein exponentielles Wachstum kann ewig währen und die dritte, sogenannte Reifephase beginnt. Technologie und Produkte werden weiter verbessert, aber der Marktanteil ist bereits so hoch und irgendwann der Markt insgesamt so gesättigt, dass sich sein Wachstum immer weiter verlangsamt. Am Ende tut sich dann nicht mehr viel: Die Technologie ist weitgehend ausentwickelt, der Kuchen ist verteilt. Der bedienbare Markt ist bis auf Nischen zu nahezu 100 Prozent erschlossen und die vierte Phase beginnt: das Alter.

Wir sind umgeben von S-Kurven, nicht nur bei Energie

Zeichnet man die Marktdurchdringung einer Technologie in diesen vier Phasen auf, ergibt sich das Bild eines schräg gekippten »S«, daher der Name der S-Kurve (siehe Abbildung 3 oben). Dabei kann eine Technologie in der vierten Phase, dem Alter, noch lange weiter einen Markt beherrschen – aber eben nur, bis die nächste Technologie mit großen Vorteilen und viel Schwung ankommt und sie verdrängt. Danach gibt es für das Alte nur noch den Abstieg. Entweder in eine letzte, rettende Marktnische oder gleich ins Museum. Manchmal beginnt der Abstieg auch schon früher, noch während man sich im Aufwärtstrend wähnt und doch schon von der nächstbesseren Technologie rechts überholt wird. So oder so wird irgendwann aus dem »S« ein »X«: Zeichnet man zwei sich ablösende Technologien gleichzeitig in das oben beschriebene Diagramm, überschneiden sich der aufsteigende »S«-förmige Teil des Neuen und der dazu spiegelbildlich »S«-förmig abfallende Ast des Alten und ergeben gemeinsam ein krummes »X«.

Historische Beispiele für solche Verläufe, wissenschaftliche Belege und Beschreibungen dazu gibt es zuhauf. Der Markthochlauf der Langspielplatte, der CD und schließlich des Streamings waren jeweils »S-förmig«. Die Entwicklung vom Brief über Telex und Fax zur E-Mail waren es ebenso (wobei in Deutschland das Fax sich beharrlich weigert, die Bühne ganz zu verlassen). Weitere Beispiele sind die Übergänge von Gusseisen zu Stahl, von Segel- zu Dampf- und später mit Kolbenmotoren angetriebenen Schiffen, von Dampfkraft zu Elektrizität in der Industrie, von Pferden und Kutschen zu Autos etc. Der Verbrennungsmotor ist lange ausentwickelt und beherrschte bis vor Kurzem den Markt bei Neufahrzeugen. Doch in vielen Ländern hat der Abstieg begonnen und verdrängt die Elektromobilität mit Schwung das Alte. Marktanteile im Jahr 2024: Norwegen 89 Prozent,[32] China 25 Prozent,[33] USA 9 Prozent,[34] Europa 13,6 Prozent, Deutschland 13,5 Prozent.[35] Diese Zahlen beinhalten nur die rein batterieelektrischen Fahrzeuge. Hinzu kommen in den meisten Ländern ähnlich große Marktanteile hybrider Antriebe inklusive Plug-in-Hybriden. Wichtiges Detail: Chinesische Hersteller dominieren den Weltmarkt mit 76 Prozent Marktanteil.[36] Wenn wir nicht aufpassen, verdrängt eine ganz neue Industrie unsere alte Industrie.

Bei Wind und Sonne ist das »S« besonders steil und lang

Dass auch der weltweite Umbau der Energiesysteme hin zu erneuerbaren Energien eine exponentielle Wachstumsphase hat, wie im vorherigen Kapitel beschrieben, ist also weder besonders noch überraschend. Besonders ist jedoch etwas anderes: Die exponentielle Phase hält schon sehr lange an und verläuft besonders steil. Seit über 20 Jahren schon wächst der Solarmarkt mit 28 Prozent jährlich, in den letzten Jahren sogar mit noch höheren Wachstumsraten.[37] Dabei übertrifft der jährliche Zuwachs an Stromerzeugung aus Solaranlagen bereits heute den aus neuen Kohle- und Gaskraftwerken zusammen.[38] Die weltweiten Wachstumsraten des Windkraftmarkts liegen bei 20 Prozent pro Jahr über 20 Jahre. Betrachtet man nur die letzten zehn Jahre, sind sie auf »nur noch« 17 Prozent pro Jahr gesunken.[39] Denn prinzipbedingt sind die Wachstumsraten bei der Windkraft etwas kleiner, weil die Stückzahlen der Herstellung der relativ großen Anlagen viel kleiner sind als die der Herstellung von Solarmodulen. Zudem erfordert der Aufbau von Windparks ungleich mehr Spezial-Know-how und -gerät als die Montage von Solarsystemen (mehr dazu in Kapitel 1.4).

Die Finanzmärkte haben entschieden: »the winner takes (almost) all«

Nach dem oben Gesagten überrascht es nicht, dass Wind- und Solarenergie längst die weltweite Investitionstätigkeit im Stromsektor dominieren. Gemäß der Internationalen Energieagentur IEA wurden im Jahr 2023 knapp 800 Milliarden US-Dollar in neue Stromerzeugungskapazität aus diesen beiden erneuerbaren Energien investiert.[40] Das ist rund fünfmal so viel, wie in neue Atom- und Kohlekraftwerke investiert wurde – zusammen! Wie heißt es noch? »Follow the money«: Die Finanzmärkte haben eine klare Vorstellung von der Zukunft der Energieversorgung.

Doch zurück zur S-Kurve und zwei weiteren spannenden Entwicklungen bei »Clean Energy«-Technologien. Die Märkte für Elektrofahrzeuge und Lithium-Ionen-Batterien sind beide deutlich jünger als Solar- und Windenergie. Dafür wachsen sie nochmals deutlich schneller, als es die Solarenergie je getan hat. In den letzten fünf Jahren hat der Absatz von Batterien jedes Jahr im Schnitt um über 60 Prozent[41] und der von Elektroautos um 46 Prozent zugenommen.[42] Wir werden später noch sehen, wie entscheidend das für die globale Energiewende ist. Und welch tiefe Umbrüche dies auch für die deutsche Industrie bedeutet, allen voran die deutsche Automobilindustrie. Zunächst aber schauen wir uns an, wie solch dauerhaft hohe Wachstumsraten überhaupt möglich sind. Warum können Wind und Sonne so viel schneller wachsen, als es Kohle, Öl und Gas je getan haben? Was ist deren Geheimnis?

AUF DEN PUNKT

- Innovationen verlaufen »S-förmig«. Nach langsamer Entstehung folgt eine steile Wachstumsphase, eine Verlangsamung des Wachstums in der »Reife-Phase« und Stagnation sowie schließlich Verdrängung im »Alter«.
- Dieses Muster ist branchenübergreifend seit Jahrhunderten zu beobachten: beim Erfolg und der Ablösung überholter Technologien, Geschäftsmodelle und Services durch das Neue.
- Wind, Sonne, Batterien und Elektrofahrzeuge haben eine besonders steile und lange Phase exponentiellen Wachstums, trotz bereits hoher Marktanteile. Wind und Sonne haben längst die Marktdominanz beim Neubau von Stromerzeugungskapazitäten erreicht – und wachsen mit hohen Raten weiter.

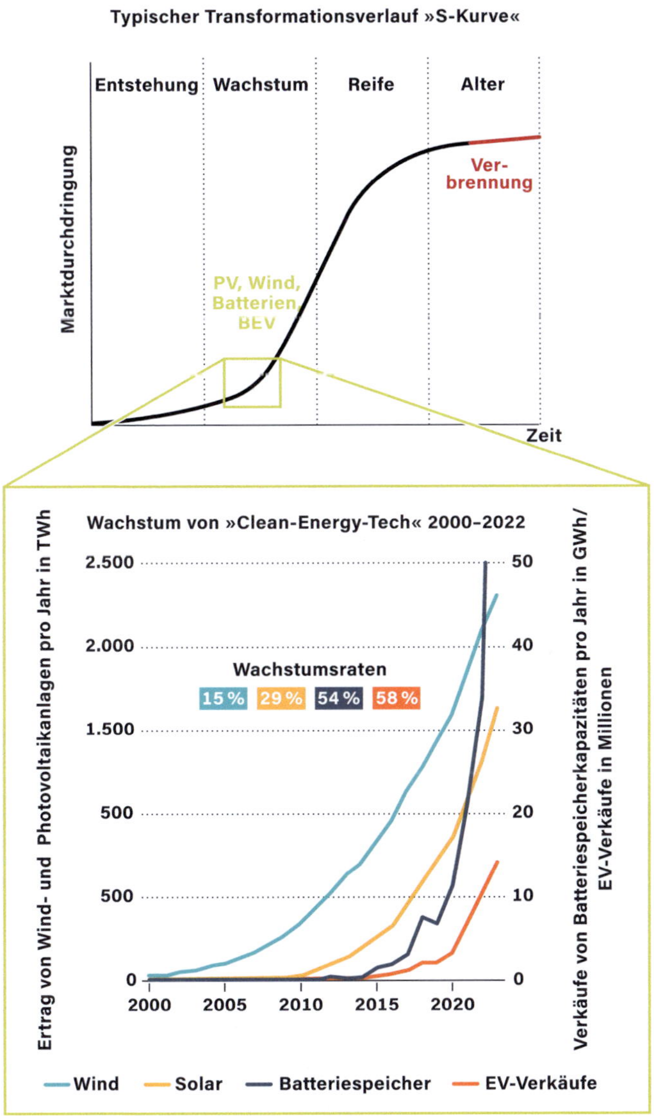

Abbildung 3 (oben): schematische Darstellung einer typischen S-Kurve inkl. Verortung der aktuellen Entwicklungsphasen von Photovoltaik, Windkraft, Batterien und Elektroautos. (Unten): Darstellung der Entwicklung der realen Stromerzeugungs- bzw. Speichermengen dieser Technologien seit dem Jahr 2000.[43] Man erkennt den noch immer exponentiellen Verlauf, obwohl bereits große Marktanteile auf diese »Clean Techs« entfallen.

1.4 Industrielle Massenfertigung ist DER Gamechanger

Die klassische Energietechnik folgt bei der Stromerzeugung seit bald zweihundert Jahren dem immer gleichen Prinzip der Kostensenkung. Große Einheiten weisen spezifisch kleinere Kosten auf als kleine Einheiten. Egal ob Dampfmaschine, Kohle-, Gas- oder Atomkraftwerk: Seit jeher arbeiten Ingenieurinnen und Ingenieure daran, das einzelne Kraftwerk immer größer zu bauen. Die »Economies of Scale«, also die Skalen- und damit Kostenvorteile, beruhen auf der Größe des einzelnen Kraftwerks beziehungsweise Kraftwerksblocks.

Klassische Kraftwerkstechnik: groß, größer – nicht mehr größer

Im Jahr 1930 konnte das damals größte Kohlekraftwerk, die Battersea Power Station in Großbritannien, immerhin schon über 240 Megawatt elektrische Leistung abgeben. Das über sein ikonisches Gebäude berühmt gewordene Kraftwerk[44] bestand aus drei Blöcken, wovon der größte 100 Megawatt Leistung aufwies. Damaliger Weltrekord. Im Kingston Fossil Plant in den USA, das im Jahr 1955 in Betrieb genommen wurde, betrug die Größe einzelner Kraftwerksblöcke bereits bis zu 200 Megawatt. Neun Blöcke lieferten zusammen bis zu 1.450 Megawatt Gesamtleistung, was zu dieser Zeit erneut einen Weltrekord darstellte. In den 1960er-Jahren wurden erstmals einzelne Blöcke mit 500 Megawatt Leistung realisiert. Mit weiteren Fortschritten in der Materialtechnik, höheren Dampftemperaturen und -drücken gingen in den USA und Japan in den 1970er-Jahren erste Kraftwerksblöcke mit bis zu je 1.000 Megawatt Leistung in Betrieb. Das John E. Amos Power Plant in den USA hatte im Jahr 1971 zwei über 800 Megawatt starke Kraftwerksblöcke, nur wenige Jahre später kam einer mit 1.300 Megawatt hinzu. Damit war das Ende der Größenentwicklung allerdings erreicht. Auch in den 2010er-Jahren wurden neue Kohlekraftwerke wie etwa in Deutschland am Neurather See mit 1.100 Megawatt Leistung je Kraftwerksblock realisiert. Deutlich häufiger blieb jedoch der Bau von Einheiten in der Größenordnung von 500–600 Megawatt. Die Materialbeanspruchung ist besser beherrschbar. Das weltgrößte Kohlekraftwerk, Tuoketuo in China, besteht aus 10 Kraftwerksblöcken zu je 600 Megawatt und 2 Blöcken zu je 660 Megawatt. Letztere wurden 2017 in Betrieb genommen.

Kohlekraftwerke sind regelrechte Sakralbauten der Ingenieurskunst. Ihre schiere Größe ist ebenso erschlagend wie beeindruckend. In gigantischen Kesseln von 100 Metern Höhe und 30 Metern Durchmesser tobt Feuer. Die Kesselwände bestehen aus Rohren, durch die Wasser fließt und sich erhitzt. Es wird schließlich verdampft und treibt eine Turbine an, die ihre Drehkraft an einen angeflanschten Stromgenerator überträgt. Umgeben ist der Kessel von mehreren Kohlemühlen, die über Förderbänder laufend gigantische Mengen Kohle zerkleinern und dem Brennraum zuführen. Meisterleistungen des Maschinenbaus – und gleichzeitig Zeichen menschlicher Hybris, betrachtet man die Umweltfolgen und Klimaschäden solcher Kraftwerke.

Auch bei anderen konventionellen Kraftwerkstechnologien wie der Atomkraft ist die Kostensenkung durch Größe der Kraftwerkseinheiten heute ausgereizt. In den 1970er-Jahren hatte ein typischer AKW-Kraftwerksblock eine Leistung von 1.100 bis 1.200 Megawatt. So auch die meisten deutschen Atomkraftwerke. Eine nochmalige Steigerung der Blockgröße auf 1.600 Megawatt wurde mit dem europäischen EPR-Reaktor[45] geschafft. Jedoch nicht ohne Folgen: Technologisch nochmals um Größenordnungen anspruchsvoller, haben die ersten Neubauten in Frankreich (Flamanville 3), England (Hinkley Point C) und Finnland (Olkiluoto 3) massive Bauverzögerungen und Kostensteigerungen erfahren. Nur Olkiluoto ist bisher am Netz, nach 16 Jahren Bauzeit. Zu viel Größe und kaum noch beherrschbare Materialbelastungen führen irgendwann zu massiven Kostensteigerungen.

Mit dem Ende der Größenentwicklung im konventionellen Kraftwerksbau fällt auch ein Hebel für Kostensenkungen weg. Dasselbe gilt für den Brennstoff: Noch größere Abbauvolumina von Kohle oder Schüttgutfrachtern zum Transport von Kohle senken die spezifischen Kosten nicht weiter. Und mit steigenden Preisen für CO_2-Emissionen steigen auch die Kosten der Verbrennung stetig. Billiger wird es nicht mehr.

Masse ist mächtiger als Größe – und stellt die alte Energiewelt auf den Kopf

Kommen wir daher zu Wind und Sonne und deren aus energietechnischer Sicht wahrlich revolutionären Kostensenkungslogik. Natürlich gilt auch hier, dass größere Fertigungs- und Kraftwerkseinheiten Strom mit spezifisch geringeren Kosten erzeugen können. Daher werden Windräder höher und Solarkraftwerke größer. Der eigentliche Treiber der Kostensenkung ist aber nicht die Größe, sondern die Masse. Besonders wirksam ist dieses Prinzip bei der Photovoltaik. Schauen wir uns das daher mal genauer an.

Die direkte Umwandlung von Sonnenlicht in Strom ist technologisch anspruchsvoll. Moderne Solarzellen und -module mit ihren hohen Wirkungsgraden sind absolute Hightech. Die benötigten Fertigungsmaschinen sind hochgradig spezialisiert und erfordern physikalisches und fertigungstechnisches Spitzen-Know-how. Das lässt sich aber wunderbar zentral in großen Werken und Forschungs- und Entwicklungsabteilungen bündeln. Im Werk selbst greifen dann die Mechanismen industrieller Massenfertigung: Eine moderne Fertigungslinie kann jährlich bis zu 200 Millionen Solarzellen herstellen. Jede wie die andere mit nur 15 Zentimetern bis 20 Zentimetern Kantenlänge und 5 Watt elektrischer Leistung bei voller Sonnenbestrahlung. Doch die Masse macht's: In Summe können die jedes Jahr auf dieser Fertigungslinie hergestellten Solarzellen eine elektrische Leistung von etwa 1 Gigawatt erzeugen. In größeren Werken werden mehrere Linien nebeneinandergestellt, so wird das Volumen weiter gesteigert. Im folgenden Fertigungsschritt werden – in derselben Logik von Massenfertigung – einzelne Solarzellen zu Solarmodulen zusammengesetzt, mit Glasscheiben vor äußeren Einflüssen geschützt und mit Rahmen zur späteren Montage versehen. Etwa 500 Watt Leistung einzelner Solarzellen werden so in von einem Menschen gut handhabbaren Einheiten gebündelt.

Ein immer gleiches, standardisiertes Produkt milliardenfach herzustellen, führt unweigerlich zu niedrigen spezifischen Kosten. Die Besonderheit: Da der Solarmarkt seit Jahrzehnten stark wächst, werden laufend neue Fertigungslinien gebaut. Der technische Fortschritt, der in der Zwischenzeit in den Forschungs- und Entwicklungsabteilungen erzielt wurde, kann unmittelbar genutzt werden und fließt sofort in die neuesten Produktionslinien ein. Massenfertigung von Hightechprodukten in einem stark wachsenden Markt führt zu extrem kurzen Lern- und Innovationszyklen. Bei Solarzellen ebenso wie bei Computerchips, Displays etc.

Mit den laufend verbesserten Wirkungsgraden der Solarzellen, dem steigenden Durchsatz und Fertigungsvolumen sinken die Kosten immer weiter. Das verbessert wiederum die Wettbewerbsfähigkeit gegenüber »Oldtech«, erhöht die Nachfrage und das Spiel beginnt von vorn. Eine positive Selbstverstärkung also.

Doch immer schneller und immer günstiger große Mengen herzustellen, reicht noch nicht, um ein weltweit hohes Marktwachstum zu generieren. Denn die Produkte müssen auch noch verarbeitet werden. Im Jahr 2023 betrug die neu installierte Solarleistung weltweit knapp 500 Gigawatt.[46] Nimmt man eine durchschnittliche Leistung moderner Solarmodule von 500 Watt an, bedeutet das, dass 1 Milliarde Solarmodule von je 2 Quadratmeter Fläche verbaut wurden.

Neue Logik auch im Kraftwerksbau: wenige Teile millionenfach statt viele Teile selten

Und jetzt kommt der eigentliche Clou: Während die Fertigung von Solarzellen und -modulen absolute Hightech ist, sind Planung und Bau von Solarkraftwerken unfassbar einfach – erst recht im Vergleich zum Bau konventioneller, hochkomplexer Großkraftwerke. Nahezu jeder Installationsbetrieb weltweit kann PV-Anlagen auf Dächer schrauben. Das Montageprinzip dafür beruht auf nicht mehr als Schraubenschlüsseln. Dazu kommen Steckverbinder für die Kabel. Selbst der Bau großer Kraftwerke von 100 Megawatt ist so relativ einfach (wenn auch eine logistische Meisterleistung).

Ergebnis: Bei dezentraler Energieerzeugung wird der Bau von Kraftwerken auf Abertausende Betriebe weltweit parallelisiert. Massenhafter Bau von Infrastruktur sozusagen (siehe Abbildung 4). Und da das so einfach geht, können auch die Absatzmärkte für das schnell wachsende Fertigungsvolumen so unglaublich schnell wachsen. Mit relativ geringen Anforderungen an die ausführenden Betriebe können weltweit Hunderttausende Systeme gleichzeitig errichtet werden. Balkon-Solaranlagen kauft man sogar selbst im Baumarkt und steckt sie einfach in die Steckdose, ganz ohne Fachbetrieb. Das Komplizierteste daran ist das Formular zur Anmeldung der Anlage beim Netzbetreiber.

Das Prinzip industrieller Massenfertigung lässt sich für die Solarenergie also so zusammenfassen: Egal ob Balkon-Solaranlage oder 100-Megawatt-Kraftwerk, es werden nur ein bis zwei Handvoll verschiedenartige Komponenten benötigt und in großem Volumen hergestellt. Die werden dann 100.000-fach gleichzeitig und auf der Welt verteilt zu Kraftwerken zusammengesetzt.

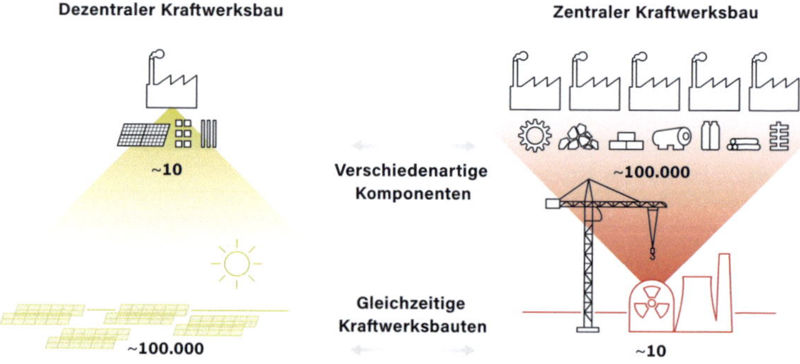

Abbildung 4: Schematischer Vergleich der Skalierungslogiken des dezentralen Kraftwerksbaus (links, anhand der Photovoltaik als Beispiel) und des zentralen Kraftwerksbaus (rechts, anhand Atomkraft als Beispiel). Solaranlagen benötigen nur sehr wenige unterschiedliche Bauteile, die in Hightech-Fabriken millionenfach und damit kostengünstig hergestellt werden können. Zehntausende Anlagen können gleichzeitig gebaut werden, da ihre Montage ohne tiefe Spezialkenntnisse erfolgen kann. Bei der Atomkraft ist dies genau umgekehrt: Es werden bis zu 100.000 verschiedenartige Bauteile entworfen, getestet und in kleinen Stückzahlen hergestellt. Ihre Verbindung zu größeren Komponenten und letztendlich einem ganzen Kraftwerk erfolgt in kleiner Stückzahl von höchst spezialisierten Kräften (eigene Darstellung).

Bei konventionellen Kraftwerken ist dieses Prinzip genau umgekehrt. Besonders deutlich wird das bei einem modernen Atomkraftwerk. Hier werden mehrere 100.000 verschiedenartige Teile zu einem Kraftwerk zusammengesetzt.[47] Die Einzelteile müssen jeweils entworfen, entwickelt, aufeinander abgestimmt und geprüft werden. Sie werden dann in kleinsten Stückzahlen zu entsprechend hohen Einzelkosten gefertigt. Ein modernes Atomkraftwerk hat allein über zehntausend Ventile, davon Hunderte spezifisch, nuklear zertifiziert und sicherheitsgeprüft[48], sowie Hunderte Pumpen. Dazu kommen hochspezieller Be tonbau für Containments, Spezialschweißnähte für Reaktorbehälter und Verrohrung etc. Das alles muss im Entwurf, der Genehmigungsplanung und -prüfung, im Bau vor Ort und im Betrieb aufeinander abgestimmt und laufend überwacht werden. Ein gigantischer Aufwand mit hohen Anforderungen an die ausführenden Spezialisten. Entsprechend kann die Atomindustrie nur jeweils wenige Kraftwerke gleichzeitig errichten – die Beispiele der drei »aktuellen« europäischen EPR-Reaktoren mit erstem Baustart 2005 und Inbetriebnahme 2021 zeigen das eindrucksvoll. Insofern ist fraglich, wie die jüngst von einigen europäischen Ländern angekündigten Pläne für AKW-Neubauten überhaupt realisiert werden sollen. Und auch das Lernen von Atomtechnik geht unendlich langsam vonstatten. Wenn Planung und Bau eines Kraftwerks 15 Jahre dauern, entstehen auch erst nach dieser langen Zeit Betriebserfahrungen, die in die Verbesserung für die nächste Kraftwerksgeneration einfließen können. Natürlich werden zwischendurch auch einzelne Komponenten getestet und dadurch gelernt. Deren komplexes Zusammenspiel erlebt man allerdings erst im echten Betrieb – und auch die resultierenden Probleme. Daher dauert allein die Inbetriebnahme neuer Kraftwerke viele Monate, manchmal Jahre bis zum Erreichen ihrer vollen Leistung.

Mit dem erstmaligen Einzug industrieller Massenfertigung stellen also die dezentral nutzbaren erneuerbaren Energien zentrale Logiken der alten Energiewelt auf den Kopf. Aus »groß und komplex« wird »massenhaft und einfach«. Solange diese Industrielogik intakt ist und kein neuer, revolutionärer energietechnischer Ansatz die Weltbühne betritt, ist das Kräfteverhältnis klar: neu schlägt alt.

AUF DEN PUNKT

- Die Kraft für das besonders schnelle und lang anhaltende exponentielle Wachstum beziehen Wind, Sonne und Batterien aus industrieller Massenfertigung.
- Industrielle Massenfertigung und die Skalierungslogik des gleichzeitigen, dezentralen Baus Hunderttausender Solar- und Windkraftanlagen stellt die ehemals zentral organisierte Energiewelt auf den Kopf.
- Die Skalierungslogik konventioneller Kraftwerkstechnik über immer größere Leistungseinheiten ist ausgereizt. Weiterer Kostensenkung und Steigerung von Effizienzen sind physikalische Grenzen gesetzt.
- Bei Wind, Sonne und Batterien wirkt hingegen eine Spirale der Selbstverstärkung aus Volumensteigerung, Kostensenkung, Technologieverbesserung und folgend immer stärkerer Wettbewerbsposition. Diese führt zu weiterer Volumensteigerung, Kostensenkung etc.

1.5 China führt – die internationale Politik reagiert

Dieses disruptive Potenzial der erneuerbaren Energien hat die chinesische Staatsregierung vor knapp 20 Jahren erkannt und sie im elften Fünfjahresplan für die Periode 2006–2010 strategisch verankert.[49] Liefen Solar- und Windkraft im vorherigen Fünfjahresplan noch unter »Diversifizierung« von Energieversorgung, wurde jetzt die Bedeutung von »Clean-Energy-Tech« sowohl für die eigene energieintensive Fertigung als auch für die Weltmärkte benannt. Erstmalig wurde sogar ein bindendes Ziel zur Reduktion der Energieintensität der eigenen Volkswirtschaft eingeführt. Die technische Entwicklung der erneuerbaren Energien wurde im elften Fünfjahresplan gezielt durch staatliche Investitionen, Forschung und Entwicklung, Förderprogramme für den Aufbau eigener Fertigung und Lieferketten und vergünstigte Kredite und Exportprogramme unterstützt. Mit durchschlagendem Erfolg: Bereits wenige Jahre später war der Kosten- und Wettbewerbsdruck durch chinesische Hersteller so groß, dass er die deutsche und europäische Solarindustrie Anfang der 2010er-Jahre in die Knie zwang – obwohl die Europäische Kommission auf Drängen insbesondere einiger deutscher Firmen Importzölle auf chinesische Solarmodule verhängt hatte. Doch da in dem mit Abstand größten Markt in Deutschland gleichzeitig eine massive Kürzung der Fördersätze für neue Solaranlagen vorgenommen wurde, ist dieser einfach zusammengebrochen. Mit weniger Erlösen und höheren Kosten von Solarmodulen aus europäischer Produktion lohnte sich die Investition in eine Solaranlage schlicht nicht mehr ausreichend. Den Produktionsstätten in Deutschland und Europa hat das auch nicht geholfen. Der Hoffnungsträger »deutsche Solarindustrie« war tot.

Doch zurück zu China: Im zwölften Fünfjahresplan für die Periode 2011–2015 hat die chinesische Staatsregierung dann ähnliche strategische Weichen für Elektrofahrzeuge und Lithium-Ionen-Batterien gestellt. Fördergelder für Forschung und Entwicklung für Batterien, Elektromotoren, Leichtbau etc., ambitionierte Ziele für die heimische Marktdurchdringung mit »Neue Energie-Fahrzeugen«, Subventionen für den Fahrzeugkauf und Aufbau von Ladeinfrastruktur, Steueranreize, Bevorzugung im Straßenverkehr. Der zwölfte Fünfjahresplan verwendete ein breites Maßnahmenarsenal, um auch in diesen Schlüsseltechnologien die eigene Industrie in eine weltweit dominierende Rolle zu katapultieren. Im Kontrast dazu begannen im selben Zeitraum in Deutschland die Planungen für die Gas-Pipeline North-Stream 2 sozusagen als Manifestation des Festhaltens am Alten.

Im dreizehnten Fünfjahresplan für die Periode 2016–2020 hat China seine energietechnische Entwicklung mit langem Atem und klarem strategischen Fokus fortgeschrieben: Eigene, jetzt klar exportorientierte Massenproduktionen sollten aufgebaut werden, gerade mit höherwertigen Produkten. Dafür wurden Forschungs- und Entwicklungskapazitäten der Firmen und Institute massiv ausgeweitet. Aber auch die Entwicklung von Speichern zur Netzstabilisierung wurde bereits in den Blick genommen.

Zum Vergleich: Noch im Jahr 2017 entstand das heute berühmte Interview mit Matthias Müller, damals Vorstandsvorsitzender der Volkswagen AG, in dem er sich über Tesla als Wettbewerber auslässt und den aufziehenden chinesischen Wettbewerb mit keinem Wort erwähnt. Heute steckt VW in einer tiefen Krise, weil der Einstieg in die Elektromobilität verschlafen wurde und die Absätze gerade in China, dem weltgrößten Automarkt, den man Anfang der 2000er-Jahre noch mit Marktanteilen von bis zu 50 Prozent dominiert hat,[50] auf unter 15 Prozent abgestürzt sind. Und dass Batteriespeicher für die Stabilisierung von Netzen und Märkten, die mit hohem Anteil erneuerbarer Energien gespeist werden, eine entscheidende Rolle spielen, wird in Deutschland im Jahr 2024 zwar so langsam erkannt, aber noch nicht in konsequentes Regierungshandeln umgesetzt.

Im aktuellen vierzehnten Fünfjahresplan nutzt die chinesische Staatsregierung die hohe Dynamik der eigenen Industrie bei den »neuen vier Großen«. So werden Solar- und Windenergie, Batterietechnologie und Elektromobilität in China genannt. In durchaus historischer Anlehnung an die »vier großen Gegenstände« der Mao-Ära, die damals als Symbole für Wohlstand standen: Nähmaschine, Fahrrad, Armbanduhr und Radio. Nur dass die »neuen vier Großen« für eine globale technologische Führungsposition Chinas stehen. Jetzt soll der Nutzen aus dieser neuen, über viele Jahre systematisch aufgebauten Dominanz gezogen werden: einerseits über die Umsetzung eigener Ziele für CO_2-Neutralität und andererseits als führende Exportnation für hochwertige und zugleich kostengünstige Produkte.

Das Ergebnis dieser von China über Jahrzehnte strategisch angepackten und mit viel Geld und Geduld betriebenen Entwicklung kann sich sehen lassen (siehe Abbildung 5). In der Solarindustrie, aber auch in der Batterietechnologie und Elektromobilität ist China dem Rest der Welt

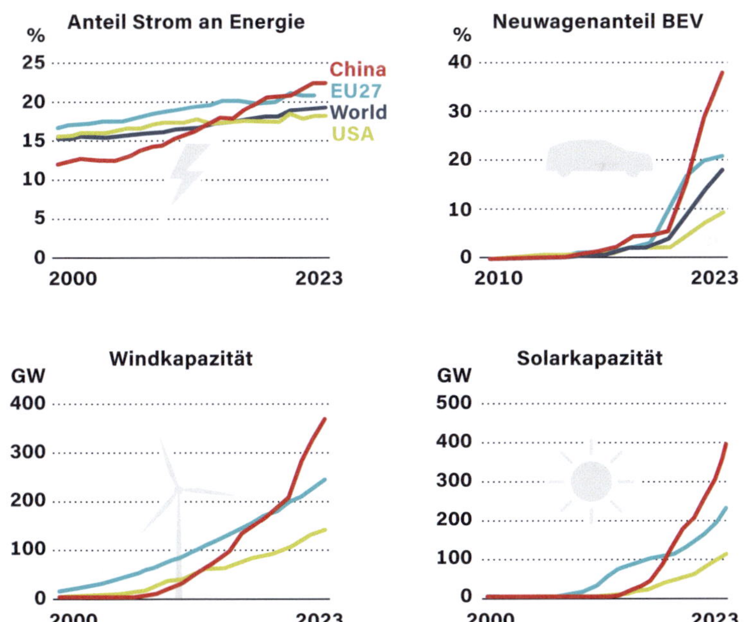

Abbildung 5: Ausgewählte Kennzahlen Chinas, Europas, der USA und der Welt. Die »große Elektrifizierung« wurde in China über Jahrzehnte systematisch vorangetrieben, ebenso wie der strategische Aufbau eigener Technologie und Fertigung. Heute dominiert China die Weltmärkte für Solar- und Windenergie, Batterien und Elektroautos[51] (eigene Darstellung).

um Jahre voraus. Nicht nur in Technologie und Fertigung, auch in den Lieferketten hat China sich systematisch eine sehr starke, wenn nicht dominante Position erarbeitet – von der Sicherung der Abbaurechte für Rohstoffe über den Aufbau entsprechender eigener Unternehmen und Kapazitäten bis zur Herstellung der Vorprodukte für die neuen Schlüsseltechnologien.

Mit eigenem Wachstum China Paroli bieten? Die USA haben vorgelegt – und straucheln

Diesen Vorsprung aufzuholen, wird viel Kraft und jahrelanges Durchhaltevermögen erfordern. Denn eine eigene Industrie in den USA oder Europa gegen die chinesischen Kosten- und Skalenvorteile aufzubauen, braucht nicht nur eine klare Strategie, sondern auch viel Geld. Doch die USA sind oder waren zwischenzeitlich aufgewacht. In Europa gibt es zumindest Pläne auf dem Papier, zu retten, was noch zu retten ist. »Resilienz« ist im Lichte zunehmender geopolitischer Krisen und Machtkämpfe das neue Gebot der Stunde, auch in den westlichen Volkswirtschaften. Die Abhängigkeit von chinesischer Energietechnik und der Verlust der eigenen Industrie im Automobilsektor wird zum Problem. Zumal die Energiekrise der Jahre 2021–2023 gezeigt hat, wie verletzlich Volkswirtschaften sein können, wenn sie von Energieimporten von schwierigen Partnern abhängig sind.

Und so kam es, dass die USA im Jahr 2022 mit dem »Inflation Reduction Act« (IRA) aus der Not eine Tugend machten. Vorläufergesetze des IRA waren konzipiert als Wachstums- und Job-Programme, die die USA nach dem wirtschaftlichen Einbruch während der Coronapandemie und der schwierigen Jahre zuvor wieder auf Wachstumskurs bringen sollten. Klimaschutz spielte auch in diesen schon eine wichtige Rolle. Erst im IRA kam aber Energiesicherheit als Schwerpunktthema hinzu. Bis ins Jahr 2031 hinein stehen in den USA im Rahmen des IRA beeindruckende 783 Milliarden US-Dollar für Energiesicherheit und Klimaschutz zur Verfügung sowie 150 Milliarden US-Dollar für weitere Themen.[52] Ein wesentlicher Teil dieser Mittel wird über Steuererleichterungen ausgekehrt, weitere Instrumente sind Subventionen und Investitionsprogramme. Und auch die USA arbeiten mit einer historischen Parallele, die noch etwas weiter zurückreicht als die »vier großen Gegenstände« aus der Mao-Zeit in China: Der IRA sieht seine historische Parallele im »New Deal«, der die USA unter Präsident Roosevelt in den 1930er-Jahren aus der großen Depression herausführen sollte.

Inhaltliche Schwerpunkte des IRA sind im Energiesektor der Ausbau erneuerbarer Energien und die Modernisierung der Stromnetze sowie der Ausbau der Elektromobilität (Fahrzeuge und Ladeinfrastruktur) und von Stromspeichern. In der Industrie und im Gewerbe sowie in Wohngebäuden werden die Entwicklung und Umsetzung von Energieeffizienztechnologien gefördert. Größere Innovationsbudgets stehen für die Herstellung von grünem Wasserstoff, neuer Nukleartechnik und Technologien für die CO_2-Abscheidung und -Speicherung zur Verfügung.

Besonders ist aber nicht nur der Umfang des IRA, sondern auch der Charakter der Ausgestaltung seiner Instrumente: Ziel ist stets der Aufbau eigener Lieferketten und Fertigungen in den energietechnischen Schlüsselindustrien sowie die Schaffung von Jobs in den USA. Steuergutschriften und Förderungen sind daher an strenge Herkunfts- und Fertigungsanforderungen geknüpft. Aus dieser Logik heraus werden die finanziellen Anreize im Inland zusätzlich mit Schutzzöllen gegen Einfuhren chinesischer Solarmodule, Windräder und Elektrofahrzeuge begleitet, um diese gezielt zu verteuern.

Der IRA ist noch relativ jung. Er wird jedoch als Ursache für die wachsende Zahl an Investitionsprojekten im Bereich erneuerbarer Energien, Batteriespeicherung und Elektromobilität genannt. Unternehmen haben in den Monaten nach Inkrafttreten des IRA Milliardenbeträge für neue Fabriken, Produktionsstätten und Forschungszentren angekündigt. Dies umfasst sowohl den Ausbau von Batteriezell- und Solarmodulproduktionen als auch Investitionen in Wasserstofftechnologien und Windenergie. Erste Branchenanalysen und Medienberichte zeigen, dass zahlreiche US-Standorte – besonders im Mittleren Westen sowie im Südosten der USA – von neuen Investitions- und Produktionsvorhaben profitieren. BloombergNEF berichtete im August 2024, dass die USA im selben Jahr zum größten »Climate Tech«-Investor aufsteigen wird – noch vor China, das diese Position zuvor belegte (24). Auch die Installationszahlen für neue Stromproduktionsanlagen aus Sonne und Wind sollen mit 65 Gigawatt ein neues Allzeithoch erreichen.[53] Ob aber der IRA und die mit ihm verfolgten Pläne so ambitioniert bleiben? Nach der neuerlichen Wahl von Donald Trump zum amerikanischen Präsidenten darf das bezweifelt werden. Was allerdings nichts an den globalen Industriedynamiken und geopolitischen Realitäten ändert, sondern nur an den Zukunftschancen der USA.

Ebenso wie die chinesische Energiepolitik zielt auch der IRA in erster Linie auf die Modernisierung der amerikanischen Wirtschaft und Infrastruktur sowie auf die daraus resultierenden wirtschaftlichen Wachstumsimpulse. Es geht um Technologie, Produktionen und Jobs. Ein grünes Wirtschaftswunder à la »New Deal«. In dessen Folge sinken dann auch die CO_2-Emissionen und wird die Ernte auf dem Feld des Klimaschutzes eingefahren. Der IRA soll bis zum Jahr 2030 für eine Reduktion der amerikanischen CO_2-Emissionen um bis zu 40 Prozent sorgen – zumindest war dies das Ziel vor dem zweiten Amtsantritt von Donald Trump. Nach den ersten Wochen und Monaten seiner Amtszeit lässt sich vermuten, dass Europa eine zweite Chance erhält. Zwar tobt noch der Streit zwischen US-Administration und Bundesstaaten über die Zukunft des IRA-Geldsegens. Denn interessanterweise haben republikanisch geführte Staaten besonders von den Mitteln profitiert. Doch unterm Strich dürfte »Cleantech« in den USA einen Dämpfer erfahren. Auch aufgrund der insgesamt unsicher gewordenen Investitionsbedingungen unter einem erratisch agierenden Präsidenten.

Wachstum oder Resilienz? Europa legt nach

Die Europäische Union hatte den amerikanischen IRA und die zunehmende chinesische Marktdominanz bei Cleantech bereits zuvor mit einem eigenen Maßnahmenpaket beantwortet: dem Net-Zero-Industry-Act (NZIA). Beschlossen im Jahr 2023, ist er im Juni 2024 in Kraft getreten. Der NZIA soll bis zum Jahr 2030 insgesamt 19 sogenannte »Net-Zero-Technologies« voranbringen, darunter Schlüsseltechnologien wie Solarmodule, Windkraftanlagen, Batterien, Elektrolyseure und Technologien zur CO_2-Abscheidung und -Speicherung sowie neue Nukleartechnik. Anders als der IRA arbeitet die EU vor allem über Zielvorgaben und vereinfachte Genehmigungs- und Ausschreibungsverfahren in den jeweiligen Sektoren und kombiniert diese mit finanziellen Anreizen und Infrastrukturförderung. Vielleicht typisch europäisch ist der NZIA eher als Baustein eines ganzen Systems aus europäischen Programmen und Richtlinien zu verstehen. Als Teil des europäischen »Green Deal« hängt er eng zusammen mit dem EU-Emissionshandel, dem Ausbau der erneuerbaren Energien nach RED-Richtlinie, der Strategie für grünen Wasserstoff und der Strategic Technologies for Europe Platform (»STEP«) zur Bündelung finanzieller und organisatorischer Ressourcen für saubere Technologien und klimaneutrale Industrieprojekte. Über den NZIA werden jedoch keine zusätzlichen Finanzmittel bereitgestellt. Vielmehr soll er bereits vorhandene Mittel zielgerichteter mobilisieren.

Und noch ein wichtiger Unterschied zwischen IRA und NZIA wird deutlich: Primärziel des NZIA ist die Stärkung der Resilienz Europas, also die Reduktion der Lieferabhängigkeiten und der Aufbau eigener Wertschöpfungsketten. Die Schaffung neuer Arbeitsplätze ist in diesem Sinne lediglich die logische Folge davon. Beim IRA waren Wachstum und neue Jobs eher Ausgangspunkt der Überlegungen.

Gleichwohl markiert der NZIA einen industriepolitischen Wendepunkt der EU: Hat man sich bis dato auf den Import von Technologie verlassen, solange diese anderswo kostengünstiger gefertigt werden kann, soll jetzt erstmalig eine eigenständige, resiliente und zukunftsorientierte Fertigungsbasis für saubere Energietechnologien entstehen. Nutzt die EU ihre zweite Chance, zieht sie jetzt zusätzlich die klügsten Köpfe und Kapital aus dem unsicher gewordenen Umfeld der USA in europäische Länder. So ließe sich ein echter Aufbruch in ein modernes und zukunftsorientiertes Europa gestalten und beschleunigen.

Die weltwirtschaftlichen und geopolitischen Verwerfungen, die die Zollpolitik des US-amerikanischen Präsidenten Anfang 2025 erzeugt hat, können diese Chancen und Bemühungen sowohl vergrößern als auch ihnen schaden. Dass Europa technologisch eigenständiger und auch in Bezug auf Energieimporte resilienter werden muss, scheinen mittlerweile die meisten verstanden zu haben. Das stärkt die Position Europas und seiner Firmen. Zudem könnten die USA längerfristig von Importen kritischer Komponenten aus China abgeschnitten werden, was europäischen Lieferanten ebenfalls neue Chancen eröffnet. Umgekehrt ist denkbar, dass China die europäischen Märkte mit Produkten »flutet«, die in den USA nicht mehr absetzbar sind. Das könnte eine Preisspirale auch für Energietechnik, Elektroautos etc. auslösen, die die europäischen Hersteller zusätzlich unter Druck setzen würde. Wie immer ist die Zukunft also offen. Und wie immer gilt: Nur wenn man sie aktiv anpackt, kann man sie nach den eigenen Vorstellungen gestalten.

AUF DEN PUNKT

- Die aktuelle vierte Energierevolution ist kein Zufall und wird angetrieben durch eine lang und strategisch angelegte Industriepolitik Chinas.
- Seit den 2000er-Jahren ist der schrittweise Aufbau von Kosten- und Technologieführerschaft für Photovoltaik, Windkraft, Batterien und Elektroautos in den jeweiligen chinesischen Fünfjahresplänen verankert.
- Mit massiver staatlicher Finanzierung, strategisch abgesicherten Lieferketten und aggressivem Wettbewerb auch zwischen chinesischen Unternehmen führt das Land heute die Weltmärkte in diesen Technologien an.
- Die USA haben im Jahr 2022 mit dem »Inflation Reduction Act« kraftvoll reagiert. Unter Donald Trump ist die Fortführung weiter Teile dieses Programms jedoch nicht mehr gesichert.
- Europa hat 2023 mit dem »Net Zero Industry Act« nachgezogen. Die geopolitischen Verwerfungen nach der Wahl von Donald Trump dürften Ergänzungen und Stärkungen dieser Politik mit dem Ziel europäischer Resilienz zur Folge haben.

1.6 Wer nicht CO_2-neutral liefert, fliegt (bald) raus

Doch nicht nur das Angebot günstiger Cleantech aus China oder industriepolitische Reaktionen in den USA und Europa verändern die Energiemärkte. Auch die Nachfrageseite ist in Bewegung geraten. Der Druck, den große Händler und Hersteller auf ihre Lieferketten ausüben, um nachhaltiger und CO_2-ärmer zu produzieren, hat in den vergangenen Jahren spürbar zugenommen. Dies ist nicht nur eine Reaktion auf wachsende Anforderungen von Regierungen und Nichtregierungsorganisationen, sondern auch auf das veränderte Konsumentenverhalten und die gewachsene Bedeutung umwelt- und klimaschonender Produkte. In anderen Worten: Nachhaltige Lieferketten sind längst kein Nischenthema dunkelgrüner Öko-Marken mehr oder reine Imageprojekte für größere Player. Sie entwickeln sich mehr und mehr zu einem zentralen Wettbewerbsfaktor. Unternehmen, die glaubhaft nachweisen können, dass ihre Produkte mit geringen CO_2-Emissionen und unter Einhaltung von Sozial- und Umweltstandards gefertigt werden, profitieren von einem steigenden Kundenvertrauen, festigen ihre Marke und sichern sich langfristig Marktvorteile.

Gerade große Akteure wie Apple, Amazon oder Ikea, um nur einige zu nennen, spielen hierbei eine Schlüsselrolle. Sie verfügen über enorme Marktmacht, mit der sie gezielt ihre Lieferanten zu mehr Nachhaltigkeit verpflichten. Diese sehen sich oft gezwungen, entsprechende Vorgaben umzusetzen – auch wenn dies zunächst Investitionen in neue Technologien, Produktionsverfahren oder Materialien erfordert. Die Alternative wäre: Man fliegt raus. Aus dem Produkt, aus der Lieferkette, aus dem Supermarktregal.

Ein konkretes Beispiel hierfür ist das von Apple angestrebte »CO_2-freie iPhone«. Obwohl noch nicht als fertiges Produkt auf dem Markt, kommuniziert das Unternehmen immer deutlicher seine Ambitionen, ein Endgerät anzubieten, das weitgehend klimaneutral gefertigt wird. Um dieses Ziel zu erreichen, hat Apple bereits damit begonnen, seine Lieferanten stärker in die Verantwortung zu nehmen. Einerseits setzt Apple bei der Auswahl neuer Lieferanten zunehmend auf deren Commitment zu erneuerbaren Energien und geringeren Emissionen, andererseits bietet es seinen Geschäftspartnern Unterstützung durch technische Beratung und die gemeinsame Entwicklung klimafreundlicherer Produktionsprozesse. Bis 2030 soll die gesamte Lieferkette CO_2-neutral sein. Selbst wenn Apple dieses Ziel am Ende nicht erreicht sollte, zum Beispiel weil das explosionsartige Wachstum von künstlicher Intelligenz auch die Stromverbräuche im eigenen Haus steigert, mindert das den Druck auf die Lieferanten nicht. Wer weiterhin als Teil dieser Kette bestehen will, muss seine Fertigungsverfahren umstellen, die Energieversorgung aus erneuerbaren Quellen bestreiten und den Anteil recycelter oder emissionsarm gefertigter Materialien steigern.

So arbeitet auch die deutsche Schott AG – Marktführer bei Spezialgläsern und großer Apple-Zulieferer – intensiv an der Entwicklung CO_2-freier Verfahren für die Glasherstellung. Gelingt dies als Erstes und zu guten Kosten, ist damit gleichzeitig ein Wettbewerbsvorteil gewonnen und können weitere Kundenkreise und Anwendungen erschlossen werden.

Ähnliche Mechanismen wirken auf die schnellere Einführung CO_2-freien Stahls und anderer Grundstoffe. Aber auch am anderen Ende der Wertschöpfungskette verfolgen Händler und Hersteller klare Ziele für CO_2-arme Endprodukte und Lieferketten. Einerseits nutzen große Energieverbraucher wie Google und Amazon, aber auch Firmen wie IKEA dafür den direkten Stromeinkauf oder gar die eigene Stromproduktion aus erneuerbaren Energien. Denn die ist zugleich billig und sauber. Andere Firmen, zum Beispiel aus der Lebensmittelbranche, nutzen nachhaltige Produkte entweder zur Differenzierung bei Endkundinnen und -kunden oder sehen sich über ihre Händler gezwungen, für ökologische Standards und klimaneutrale Energieversorgung in der Fertigung zu sorgen – beim Rösten, Backen oder Tiefkühlen zum Beispiel. Die Alternative heißt immer öfter »Delisting« beim Händler oder der Supermarktkette – der absolute GAU für einen Hersteller.

Natürlich kennt dieser Druck großer Händler und Hersteller Grenzen. Wenn die eigenen Produkte und Angebote aufgrund der selbst formulierten Anforderungen zu teuer werden und der Öko-Standard der eigenen Wettbewerbsfähigkeit mehr schadet als nutzt, wird die Schraube wieder gelockert. Gleichwohl sorgt die beschriebene Entwicklung für Innovationsdruck. Denn auch die Zulieferer wissen, dass langfristig kein Weg an vollständiger CO_2-Freiheit vorbeiführt. Kurzfristig höhere Kosten und Innovationen führen so zu den Wettbewerbsvorteilen von morgen. Nicht nur über den Marketing-Nutzen »CO_2-frei«, sondern auch über real niedrigere Energiekosten durch effizientere oder mit billigem Solar- und Windstrom betriebene Verfahren.

AUF DEN PUNKT

- Die Verbrauchermärkte reagieren mit auf das zunehmende Bewusstsein zu Folgen und Dramatik des Klimawandels. Die Nachfrage nach klimaneutralen Produkten und Dienstleistungen steigt.
- Hersteller, Händler und IT-Konzerne reagieren mit eigenen Zielen, Vorgaben und Programmen für CO_2-neutrale Produkte.
- Es ist zu erwarten, dass sich dieser Trend mit zunehmender Sichtbarkeit und Schärfe des Klimawandels weiter beschleunigt.

KAPITEL 2

OHNE SCHNELLES HANDELN WANKT AUCH UNSERE GESELLSCHAFTLICHE ZUKUNFT

»Wenn du ein Schiff bauen willst, erwecke in den Herzen der Menschen die Sehnsucht nach dem großen und schönen Meer.« Ideen und Chancen motivieren Menschen seit jeher am stärksten, das wusste auch Antoine de Saint-Exupéry. Das im vorigen Kapitel beschriebene weltweite Wettrennen um die neuen Cleantech-Märkte ist Ausdruck dieses Gedankens. Unzählige Start-ups haben sich in den verschiedensten Feldern auf den Weg gemacht, mit zugleich unternehmerischer und ökologischer Vision, die Welt positiv zu verändern. Aus einigen sind längst große und relevante Marktakteure geworden. Selbst der Antrieb Chinas, globale Cleantech-Märkte zu dominieren, ist nicht nur mit industriepolitischer Konsequenz zu erklären, sondern auch mit der Sehnsucht, dem Land eine neue und bedeutende Stellung auf der Welt zu erarbeiten.

Dass umgekehrt Gefahrenabwehr ein schlechter Motivator ist, zumindest wenn die Gefahr noch in ferner Zukunft zu liegen scheint, zeigt die traurige Geschichte des weltweiten Klimaschutzes. Dennoch kommen wir nicht umhin, uns einige (Lebens-)Lügen unserer Konsumgesellschaften genauer anzusehen. Denn wankt das Klima, kann auch das wirtschaftliche und gesellschaftliche Fundament selbst der stabilsten Demokratien zerbrechen. Auch in Deutschland hängt unsere gesellschaftliche Zukunft daher vom Umgang mit Energiewende, Klimawandel und der begleitenden Lösung von Verteilungsfragen ab. Ignorieren oder Aussitzen funktioniert nicht. Auf Nicht-Handeln folgen unweigerlich große gesellschaftliche Verwerfungen. Ähnlich wie für das Klima gilt lediglich, dass die Entwicklung zunächst schleichend und schrittweise erfolgt und in ihrer vollen Wucht erst mit erheblicher Verzögerung spürbar wird. Dann ist es allerdings oft schon zu spät. Sind Kipppunkte erst überschritten, gibt es kein »Zurück«. Daher macht es Sinn, sein eigenes Handeln langfristig zu bilanzieren. Und ehrlich.

2.1 Auch ökologischer Bilanzbetrug fliegt irgendwann auf

Vor über 10.000 Jahren kam der Mensch auf die Idee, seine Geschäfte nicht nur als Tausch abzuwickeln, sondern über Geld. Das war praktisch und notwendig zugleich, denn wie soll ohne einen einheitlichen Wertestandard die Preisfindung gelingen, wenn in immer feinerer Arbeitsteilung immer mehr verschiedene Handelsgüter ausgetauscht werden? Zunächst gelang das noch über die Umrechnung in allseits akzeptierte Warenwerte wie zum Beispiel eine Kuh oder ein paar Ziegen. Später brauchte es abstraktere und besser handhabbare Zahlungsmittel wie Münzen und Geldscheine.

Heute wird alles, was Menschen, Unternehmen oder Regierungen miteinander handeln oder als Vermögen besitzen, in Geldbeträgen bewertet. Jede Ware im Supermarktregal, jedes Auto, Haus oder Grundstück, selbst immaterielle Güter wie Rechte an Erfindungen oder Musik. Selbst der gesundheitliche Schaden, den ein Mensch einem anderen zufügt, kann beziffert und als Schadensersatz ausgeglichen werden. Wie dabei mit der Wertermittlung umzugehen ist, wie mögliche Zukunftschancen und -risiken zu berücksichtigen sind, was wie genau anzurechnen ist, all das ist in hochkomplexen Regelwerken festgelegt. Wer erkennbar gegen diese Regeln verstößt, macht sich schuldig, gilt im schlimmsten Fall als Betrüger und wird bestraft. In Deutschland zum Beispiel nach dem Handelsgesetzbuch (HGB) mit bis zu drei Jahren Gefängnisstrafe für den Tatbestand des Bilanzbetrugs. Bilanzbetrug gehört in den Bereich der Wirtschaftskriminalität und umfasst die »bewusst unrichtige Wiedergabe oder Verschleierung von Jahresabschlüssen eines Unternehmens«. Um Bilanzbetrug handelt es sich auch, wenn Bilanzpositionen unterschlagen werden, also beispielsweise Forderungen Dritter oder relevante Risiken der Zukunft.

Bilanzbetrug nach Handelsgesetzbuch ist strafbar

Zwei sehr umfangreiche und schwerwiegende Fälle von Bilanzbetrug haben in den letzten 25 Jahren in Deutschland für besonders große Empörung gesorgt: der FlowTex-Skandal im Jahr 2000 und WireCard im Jahr 2020. Im Fall von FlowTex wurden über 3.000 sogenannte »Horizontalbohrmaschinen« in den Büchern ausgewiesen und verkauft, wovon jedoch nur knapp 300 existierten. Der Schaden wurde auf etwa 4 Milliarden Euro geschätzt, damals der größte bekannte Fall von Wirtschaftskriminalität in Deutschland. Die vier Hauptangeklagten wurden zusammen zu rund 58 Jahren Gefängnisstrafen verurteilt.

WireCard musste im Jahr 2020 Insolvenz anmelden, nachdem dem Wirtschaftsprüfer für das Vorjahr keine ausreichenden Belege über 1,9 Milliarden Euro angeblicher Bankguthaben vorgelegt werden konnten. Die rechtlichen Verfahren sind noch nicht abgeschlossen.

Beide Unternehmen haben in großem Umfang Geschäfte mit etwas gemacht, was ihnen gar nicht gehörte. Also Horizontalbohrmaschinen und große Bankguthaben. Das ist nach Handelsgesetz verboten. Das Problem: Andere Geschäfte mit Dingen, die einem nicht gehören, sind nicht nur straffreie und gängige Praxis, sondern regelrecht Grundlage unseres heutigen Wirtschaftens: die Nutzung und der Verbrauch natürlicher Almendegüter, also den Dingen, die allen Menschen gemeinsam gehören. Saubere Luft etwa, stabile klimatische Lebensbedingungen oder unveränderte Küstenverläufe. Jede Verbrennung fossiler Energieträger zu Produktionszwecken oder für den Flug in den Urlaub verbraucht ein Stückchen von diesen Almendegütern. Wie auch jeder gegessene Fisch etwas von der Almende der Meere verbraucht, jeder Ackerbau in Monokultur oder jeder gerodete Wald etwas von der Almende der Biodiversität und so weiter.

Diese Verbräuche beziehungsweise die Schäden für die Allgemeinheit durch Klimawandel, Verlust von Biodiversität etc. werden jedoch in keiner Unternehmensbilanz und keinem Staatshaushalt erfasst. Sie sind für die jeweiligen Nutzer kostenlos. Zwar haben viele Länder für die Verbrennung fossiler Energieträger mittlerweile CO_2-Preise eingeführt, die liegen allesamt jedoch weit unter den realen Schadenskosten. Das Umweltbundesamt schätzt diese je nach verwendeter Methodik zwischen 300 und 880 Euro pro Tonne CO_2.[54] Verbrennung wird mit Almendegütern subventioniert.

Der Betrug mit Umweltbilanzen ist leider nicht strafbar

Was zu Beginn der Geschichte des Geldes nachvollziehbar war – wie sollte menschliches Handeln jemals so gravierenden Einfluss auf die Welt nehmen? –, ist heute der entscheidende Fehler unserer Art, Wirtschaft zu denken und Werte oder Schäden (nicht) zu bilanzieren.

Diese Schieflage ist nicht nur Kern des Problems im Klimaschutz, sondern der gesamten Transformation unserer Energie- und Wirtschaftssysteme. Denn wir leisten uns eine gigantische Marktverzerrung zugunsten zerstörerischer Praktiken und zulasten der Wahrung der Schöpfung. Seit Jahrzehnten wissen wir zwar, dass die Menschheit weit über die planetaren Grenzen hinaus wirtschaftet. Aber es gibt kaum wirtschaftlichen Anreiz, das zu ändern. Geschweige denn strafbewehrte Gesetze. Die von uns und vorherigen Generationen aufgehäuften Bilanzschulden gegenüber unseren Kindern tauchen nirgends auf.

Symbolhaft drückt dies der jährliche »Earth Overshoot Day« aus. Dieser definiert den Tag im Jahr, an dem die Menschheit oder auch ein einzelnes Land alle Ressourcen verbraucht hat, die die Natur im Laufe eines Jahres regenerieren kann. Alles danach: Substanzverlust. In einer Unternehmensbilanz würde das zum Beispiel als Verbrauch von Eigenkapital oder zunehmende Verschuldung sichtbar. In anderen Worten: Ab diesem Tag leben wir auf Pump von unseren Kindern. Der Deutsche »Earth Overshoot Day« lag im Jahr 2025 auf dem 3. Mai. Würden alle Menschen leben wie in Deutschland, bräuchten wir drei Erden. Weltweit liegt der »Earth Overshoot Day« aktuell Anfang August. Andere verbrauchen weniger Umwelt als wir.

Doch wie kommt es, dass in unserer heutigen Wirtschaftswelt diese seit Langem bekannten Tatsachen nicht berücksichtigt werden? Die Grundidee des Geldes vor über 10.000 Jahren war es, das Handeln zwischen einzelnen Menschen bzw. später klar benennbaren Rechtspersonen zu vereinfachen. Das Handeln gegenüber der Allgemeinheit oder gar gegenüber zukünftigen Generationen gehörte und gehört nicht dazu. Und doch gibt es erstaunlicherweise ein Gebiet, in dem die Bilanzierung von Zukunftsschulden sehr wohl stattfindet und in Deutschland und Europa sogar maßgeblich die Politik prägt: die fiskalische Verschuldung von Staaten. Die Deutsche Schuldenbremse wurde lange und eisern verteidigt mit dem Argument, dass man zukünftigen Generationen keine Ausgaben von heute hinterlassen wolle. Dabei sind die Zukunfts-

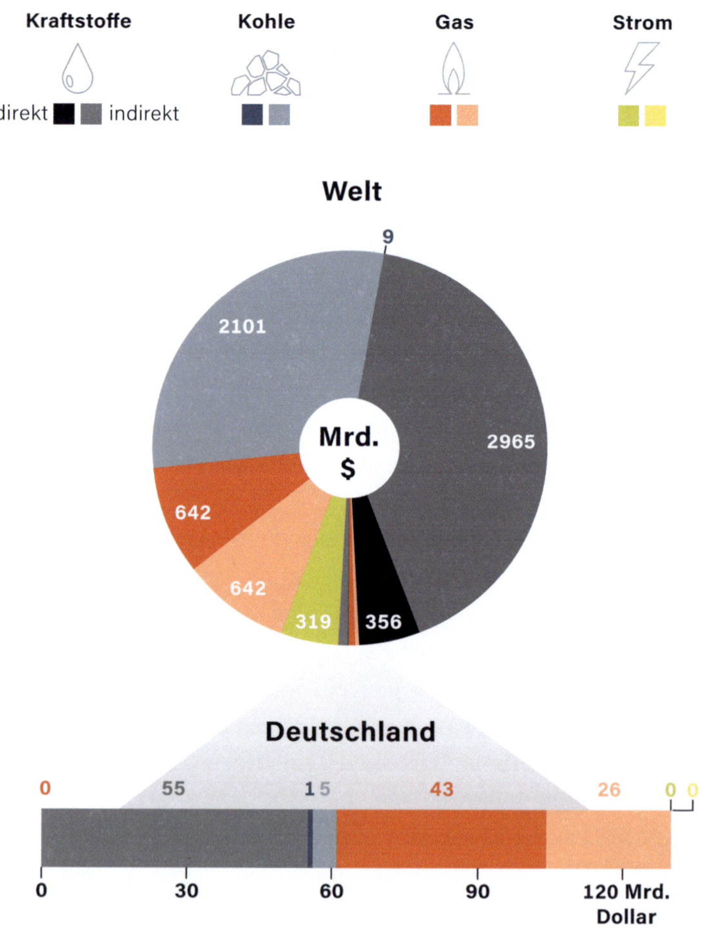

Abbildung 6: Direkte und indirekte Subventionen für fossile Energien nach IWF im Jahr 2022.[55]

schulden von + 3 °C Erderwärmung um Größenordnungen höher. Nach Angaben des Internationalen Währungsfonds (IWF) wurden weltweit allein im Jahr 2022 rund 5,7 Billionen (!) Dollar verdeckte Subventionen für fossile Energieträger unter den Teppich gekehrt – sie tauchen in keiner Bilanz auf (siehe Abbildung 6). Für Deutschland benennt der IWF 86 Milliarden Dollar[56] zukünftige Schadenskosten allein aus dem Jahr 2022. Diese Folgekosten unseres heutigen Wirtschaftens werden unsere Kinder zahlen müssen.

Investitionen statt Kosten – ein entscheidender Unterschied

Doch unsere Bilanzierung hat nicht nur massiv Schlagseite, sie verwechselt auch regelmäßig Äpfel mit Birnen. Denn die Modernisierung unserer Energiesysteme und Infrastruktur erfordert zwar hohe Investitionen. Aber es sind eben Investitionen, das heißt, in der Zukunft wird mit ihnen Geld verdient beziehungsweise gespart. Für Investitionen ausgegebenes Geld verschwindet in einer Unternehmensbilanz nicht, sondern es taucht auf der Aktivseite der Bilanz als Wert auf.

Ganz anders bei Kosten oder zukünftigen Schäden durch Klimawandel. Das sind tatsächlich Kosten – das Geld ist nach der Ausgabe weg. Wir betrügen uns selbst, wenn wir diese Kosten nicht bilanzieren. Oder wenn wir Nachhaltigkeit in eine niedrige Schuldenquote umdeuten, gleichzeitig die Modernisierung unserer Infrastruktur verschleppen und wirtschaftliche Chancen anderen überlassen. Doch leider steht all das nicht im Handelsgesetzbuch.

Das Problem: Die meisten Volkswirtschaften weltweit sind so aufgebaut und Milliarden von Menschen sind mit dieser frappierenden Einäugigkeit sozialisiert worden. Manchmal sagt dann ein Bild mehr als tausend Worte. Johann Mayer zeigt in einer Karikatur einen Kellner, der nach erkennbar festlichem Mahl eine lange Rechnung abkassieren will. Doch an der großen Tafel sind bis auf einen alle Stühle leer. Auf ihnen stehen Begriffe wie »Klimawandel«, »Biodiversität«, »Unregulierte KI« und »Atommüll«. Als der Kellner gegenüber dem letzten verbliebenen Gast feststellt: »Die anderen sagten, Sie würden die Rechnung übernehmen«, guckt dieser nur groß – und nuckelt am Schnuller. Es ist ein Kleinkind.

Das Institut für ökologische Wirtschaftsforschung (IÖW) und die Gesellschaft für Wirtschaftliche Strukturforschung (GWS) haben die Höhe der unmittelbar in Deutschland anfallenden Rechnung abgeschätzt: 900 Milliarden Euro könnten die Schadensfolgen des Klimawandels allein hierzulande betragen.[57] Hierin enthalten sind neben den direkten Schäden an Infrastruktur, Gebäuden, landwirtschaftlichen Flächen, Eigentum wie Autos etc. auch Ertragsausfälle in Land- und Forstwirtschaft sowie von Betrieben durch Beeinträchtigung von Schiffs- und Fernverkehr mit folgenden Lieferengpässen und Auswirkungen aufs Gesundheitssystem. Damit kämen wir im weltweiten Vergleich glimpflich davon, denn anderswo werden ganze Länder unbewohnbar.

Vor diesem Hintergrund ist es kein gutes Zeichen, dass im Koalitionsvertrag der vermutlich neuen Bundesregierung das Wort »Klima« nur noch 80-mal vorkommt, nach 198-mal im Koalitionsvertrag der Vorgängerregierung. Auch wenn die Häufigkeit wenig über die Wirksamkeit von Politik aussagt, sagt sie doch etwas über das jeweilige Problembewusstsein.

Natürlich werden sich die Ökosysteme und die Menschen an alles anpassen, was die Zukunft bringt. Das Aussterben der Menschheit ist nicht die Folge unserer Untätigkeit. Das Leben passt sich immer an, egal wie hart die Physik zuschlägt. Aber es ist ein bisschen so wie mit einem Bus, der mit Höchstgeschwindigkeit auf eine Wand zurast: Am Ende ist der Bus nicht weg. Er hat sich angepasst an die physikalische Realität der Wand. Wer setzt seine Kinder wissentlich in diesen Bus? »Nicht-Wissen« ist jedenfalls schon lange keine Ausrede mehr.

AUF DEN PUNKT

- Im modernen Wirtschaftsleben kann und wird zwischen zwei Vertragsparteien jeder materielle und immaterielle Wert in Geldbeträgen beziffert. Auch die Wertermittlung zukünftiger Chancen und Risiken ist dabei streng geregelt, zum Beispiel im deutschen Handelsgesetzbuch (HGB).

- Unternehmen, die zukünftige Kosten und Forderungen in ihren Jahresabschlüssen und Bilanzen nicht ausweisen, machen sich des Bilanzbetrugs schuldig.
- Da jedoch die Umwelt keine Vertragspartei ist, ist es gewohnte Normalität, dass Umweltverbrauch nicht berechnet und von Unternehmen oder Staaten bilanziert wird.
- Die so entstehenden zukünftigen Schäden des Klimawandels sind »Zukunftsschulden«. Zukünftige Generationen müssen diese abbezahlen. Ein Maß dafür ist der »Earth Overshoot Day«. Im Jahr 2025 liegt dieser in Deutschland auf dem 3. Mai. Jeglicher Umweltverbrauch danach sind Zukunftsschulden.

2.2 Anpassung? Ein naives Konzept. Die Physik ist stärker als der Mensch.

Nicht nur in volkswirtschaftlichen Kennzahlen, auch im gesellschaftlichen Diskurs ist die Leugnung des Klimawandels immer noch so real wie der Klimawandel selbst. Es gibt zahlreiche wissenschaftliche Untersuchungen, Fach- und Sachbücher dazu, mit welchen psychologischen Mustern, welcher Finanzierung und welchen systematisch und hoch professionell durchgeführten Desinformationskampagnen spätestens seit den 1970er-Jahren die Klimawandelleugnung aufgebaut wurde.[58] Immerhin ist in den letzten Jahren eine deutliche Verschiebung selbst dieser Erzählungen hin zur Wahrheit erkennbar.

Auch Klimaschutzgegner entwickeln sich weiter

Zu Beginn stand die schiere Leugnung im Vordergrund, dass es überhaupt einen Klimawandel gibt. Dabei reichen erste Untersuchungen dazu bis zum Anfang des 20. Jahrhunderts zurück und gab es bereits in den 1970er-Jahren wissenschaftliche Evidenz. Heute, im Angesicht vieler neuer und sich häufender Extremwetterereignisse weltweit, scheint die Leugnung des Klimawandels als solchem weitgehend durch.

Es folgte die Erzählung, dass es zwar eine Erderwärmung gäbe, diese aber nicht vom Menschen gemacht sei. Auch dieses Narrativ hat nur noch wenige Anhänger. Obwohl man gelegentlich immer noch auf das »Argument« stößt, dass ein Gas mit nur 0,042 Prozent Volumenanteil in der Erdatmosphäre wohl kaum Einfluss auf das Weltklima haben könne. Das mag tatsächlich mit menschlicher Intuition schwer zu erfassen sein, ist aber dennoch eine physikalische Tatsache.

In der dritten Stufe der Klimawandelleugnung, in der wir uns aktuell befinden, wurde der Schwerpunkt dahin verschoben, dass die Auswirkungen ja nicht so schlimm wären und der Mensch sich anpassen könne. Auch hier ist die Wissenschaft sehr eindeutig, warnen weltweit Institute, Expertinnen und Experten und bezeichnenderweise auch Versicherungsunternehmen davor, die Folgen des Klimawandels auch nur im Geringsten zu unterschätzen.

Klar ist, dass die Menschheit schon jetzt konkrete und umfassende Maßnahmen zur Anpassung an den Klimawandel ergreifen muss. Denn 1,5 °C Erwärmung gegenüber der vorindustriellen Zeit sind bereits erreicht, und die weltweite Zunahme von Extremwetterereignissen, Dürren, Überschwemmungen, Hitzewellen etc. ist unübersehbar. Aber Anpassung an den Klimawandel als Kern der Strategie, das heißt ohne »Dekarbonisierung der Wirtschaft im Vollsprint«? Ein erschreckend naives Konzept. Die nachfolgende kleine Zeit- und Gedankenreise hilft bei der Veranschaulichung der Brutalität abstrakter Zahlen wie zum Beispiel +3 °C oder +4 °C globaler Durchschnittstemperatur.

Den Klimawandel beherrschen? Spielen wir das mal in einer Gedankenreise durch

Schließen Sie die Augen und stellen Sie sich vor, wie es vor Ihrer Haustür oder an irgendeinem anderen Ort in Deutschland vor 20.000 Jahren aussah. Egal ob in Norddeutschland oder im Süden, im Westen oder Osten. Vielleicht machen Sie auch eine kleine Urlaubsreise in Ihren Lieblingsort an Nord- oder Ostsee, Mittelmeer oder Atlantik. Oder lieber in die Berge?

Welche Bilder auch immer in Ihrem Kopf entstanden sind: Sie dürften sich relativ paradiesisch ausnehmen im Vergleich zur Realität. Vor 20.000 Jahren herrschte Eiszeit. Die Durchschnittstemperatur lag weltweit etwa 6–7 °C niedriger als in der vorindustriellen Zeit (siehe Abbildung 8). Ob Berlin oder Kiel: von Gletschern bedeckt. Auch München lag am Rand von Gletschern. Im restlichen Deutschland: viel Eis, wenig Leben. Und der Urlaub am Meer hätte ohne Meer stattgefunden. Das wäre Dutzende oder gar Hunderte Kilometer entfernt gewesen, denn der Meeresspiegel lag etwa 120 Meter tiefer als heute. England war Teil von Kontinentaleuropa – immerhin das vielleicht ein Vorteil. Aber Leben, wie wir uns das heute vorstellen, wäre in ganz Europa unmöglich gewesen.

In der Zeit bis vor 15.000 Jahren sind die Temperaturen dann langsam gestiegen, auf der Erde war es aber immer noch etwa 3–4 °C kälter als in der vorindustriellen Zeit. Bis vor etwa 12.000 Jahren blieb es dabei. Erst vor grob 10.000 Jahren folgte die heutige Warmzeit, das Holozän. Die gesamte Kulturgeschichte der Menschheit fällt in diesen Zeitraum – von den ersten frühen Siedlungen sesshaft werdender Menschen und der Erfindung des Ackerbaus bis zu ChatGPT.

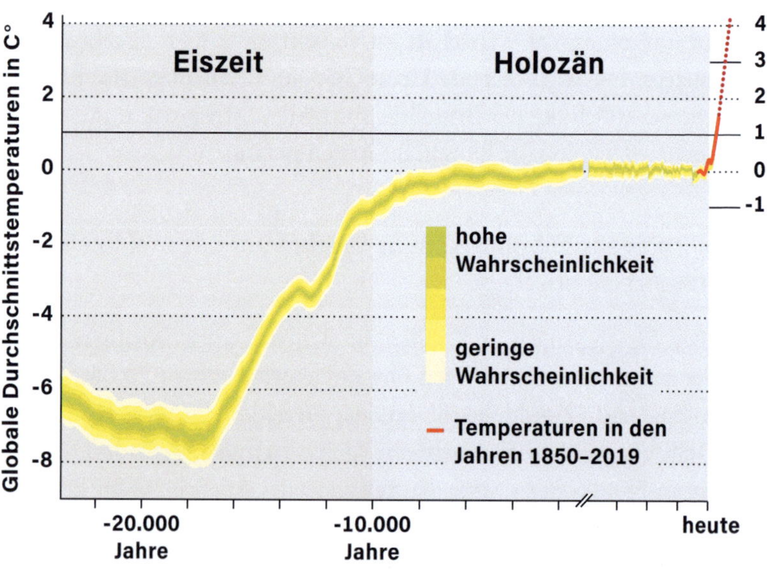

Abbildung 7: Vergleich der Entwicklung der globalen Durchschnittstemperatur in der Klimageschichte mit der auf aktuellem Pfad drohenden Erderwärmung. Neben der hohen Geschwindigkeit der menschengemachten Veränderung, die Ökosysteme und Gesellschaften überfordert, sind zwei weitere Unterschiede wesentlich: Erstens spielt die moderne Menschheits- und Kulturgeschichte ab der Sesshaftwerdung und ersten Siedlungen vollständig im Holozän, also in einem relativ engen Korridor globaler Durchschnittstemperaturen. Und zweitens ist Kälte einfach kalt, Hitze hingegen tödlich.[59]

Aktuell liegt die globale Durchschnittstemperatur bei etwa 1,5 °C über der vorindustriellen Zeit. Allerdings haben wir dafür nur 100 Jahre gebraucht anstatt 10.000 Jahre. Viel zu schnell, als dass sich Ökosysteme, Tiere und Menschen hätten anpassen können. Ohne sofortiges, massives Umsteuern würde die globale Durchschnittstemperatur in nochmals 100 Jahren auf bis zu 4 °C über der vorindustriellen Zeit ansteigen. Also ungefähr um die Differenz zwischen dem letzten Drittel der Eiszeit und dem Jahr 1900, nur umgekehrt: nach oben.

Wie sähen Deutschland, Europa und die Welt im Jahr 2100 oder 2200 dann aus? Die Nordsee würde sich weite Teile Norddeutschlands einverleiben. Überflutungen, aber auch versagende Infrastruktur, die für die neuen Temperaturen einfach nicht ausgelegt ist, wären an der Tagesordnung. Die Landwirtschaft würde nur noch stark eingeschränkte Erträge liefern, sowohl aufgrund von Trockenheit als auch von Starkregenereignissen, die Böden mitreißen und Pflanzen vernichten. Importieren wir halt mehr? Das wird kaum gehen. Denn blickt man auf die Welt, dürften wir in Deutschland eher mit Luxusproblemen beschäftigt sein.

Ganze Erdregionen, die heute extrem dicht besiedelt sind, wären unbewohnbar geworden. Es wäre dort nicht etwa unangenehm warm oder nass, sondern sie wären tatsächlich absolut lebensfeindlich. Zum einen, weil Küstenstädte – auch Millionenstädte in Asien, den USA oder Südamerika – schlicht im Meer versinken oder durch Stürme und Sturmfluten als Lebensraum nicht mehr taugen. Und zum anderen, weil sehr hohe Temperaturen eben tödlich sind. Menschliche Siedlungen wurden gern an Küsten errichtet, denn sie bieten Zugang zu Fischerei und dem Meer oder großen Flüssen als Transportweg. Die Kehrseite dieser Medaille: Im Jahr 2100 lägen schon bei regulären, jährlich stattfindenden Hochwasserereignissen weite Teile Bremens unter Wasser sowie die gesamte Region östlich bis Hamburg, nördlich inklusive der Nordseeinseln und westlich bis einschließlich Amsterdam und Rotterdam. Ebenso erginge es der Innenstadt von London oder New York und ganzen Städten wie Shanghai.[60] Bei einem 50-jährigen Hochwasser, also einem statistisch dann alle 50 Jahre stattfindenden Ereignis, wird das Bild entsprechend dramatischer. Halb Bangladesch läge unter dem Meeresspiegel.

Kälte ist kalt und Hitze ist tödlich

Und die Temperaturen? Gegen Kälte kann sich der Mensch durch geeignete Kleidung schützen. Gegen Hitze nicht. Unser eingebautes Kühlsystem nutzt die Verdunstungskühlung von Schweiß. Die Grenze, bis zu der das überhaupt funktioniert, hängt von der Feuchtigkeit der Umgebungsluft ab. Bei 100 Prozent Luftfeuchte sind das 35 °C, bei trockenen 20 Prozent Luftfeuchte immerhin 46 °C. Alles darüber ist innerhalb von Stunden und ohne technische Hilfsmittel gesichert tödlich.

Eine Untersuchung der Pennsylvania State University zeigt sogar, dass selbst bei jungen Menschen bereits mehrere Grad Celsius unter den genannten Werten nicht nur gesundheitsschädliche, sondern ebenfalls tödliche Wirkungen haben können.[61] Weite Teile Indiens, Afrikas, der Norden Südamerikas, der gesamte Streifen von Südostasien über den Pazifik bis einschließlich des Nordens von Australien: unbewohnbar. Entlang des Äquators gäbe es einen breiten Gürtel, an dem 365 Tage im Jahr der längere Aufenthalt im Freien tödlich wäre. Und selbst nördlich bzw. südlich dieses Gürtels sind die Prognosen verheerend: Auf mehr als der Hälfte der Fläche Australiens, in Südamerika nahezu komplett (bis auf die Gebirgsregionen), in der östlichen Hälfte der USA und im östlichen Drittel Chinas drohen ebenfalls bis zu 100 Tage im Jahr mit Temperaturen, bei denen ein längerer Aufenthalt im Freien tödlich wäre. Der Lebensraum von etwa 3 Milliarden Menschen wäre weitgehend zerstört.[62]

Dermaßen große Mengen verlorener Lebensraum bedeuten in ihren Dimensionen völlig unbekannte Bevölkerungsbewegungen, Kollaps ganzer Ökosysteme, Wirtschafts- und Gesellschaftssysteme, der Nahrungsmittelproduktion, der globalen Waren- und Lieferketten und so weiter und so fort. Die Liste katastrophaler Auswirkungen ist längst nicht vollständig. Gehen Sie dennoch zurück in Ihre Gedankenreise und versuchen sich auszumalen, wie eine dermaßen veränderte Welt aussieht und sich anfühlt – und wie die Veränderung auch auf Ihr Leben in Deutschland unmittelbar wirken könnte. Was wird in den Supermarktregalen stehen? Welche Produkte gibt es überhaupt noch? Welche Arbeit noch zu tun? Wie wird es um den gesellschaftlichen Zusammenhalt bestellt sein, um Ihre Familie und Freunde? Oder um die ganz großen Fragen von Krieg und Frieden?

AUF DEN PUNKT

- Auch Klimaschutzgegner haben sich weiterentwickelt. Der menschengemachte Klimawandel wird mittlerweile kaum noch infrage gestellt. Man könne sich ja anpassen, so die Idee.
- Die Gedankenreise in die letzte Eiszeit vor 20.000 Jahren verdeutlicht die Dramatik und Brutalität der Auswirkungen von 3 °C bis 4 °C weniger oder mehr globaler Durchschnittstemperatur.
- Anders als gegen sinkende Temperaturen kann der Mensch sich gegen steigende nicht schützen. Denn Kälte ist nur kalt, Hitze hingegen tödlich.
- In einem solchen Szenario würden Milliarden Menschen ihren Lebensraum verlieren und Multi-Billionen Infrastrukturwerte vernichtet – entsprechende Verteilungskämpfe inklusive.

2.3 Ohne Demokratie ist alles nichts – aber halten Demokratien Klimawandel aus?

Weltweit stehen Demokratien heute unter Druck. Komplizierte Entscheidungswege, überbordende Bürokratie und geringe Transparenz erodieren das Vertrauen in demokratische Institutionen. Zusätzlich werden sie von Populisten systematisch geschwächt und angegriffen. Mit Schaudern schauen wir aktuell auf die Entwicklung in den USA. Mit Energie- und Klimapolitik hat diese Entwicklung zwar auch zu tun, aber nicht im Kern. Es geht um die jetzige und zukünftige Verteilung von Wohlstand und um Teilhabe. Mit völlig untauglichen Mitteln zwar, aber die einfachen Wahrheiten verfangen selbst dann, wenn sie falsch sind. Und das bereits in einer Welt, die zwar überfordernd und komplex ist, aber noch weitgehend lebensfreundlich.

Was die Frage aufwirft, wie widerstandsfähig unsere Demokratien sind, wenn es tatsächlich ans Eingemachte geht und der Klimawandel mit voller oder auch nur mit halber Härte zuschlägt. Kriege um und für fossile Rohstoffe kennt die Menschheit mehr als genug: Im Iran-Irak-Krieg von 1980–1988 wurde um die Kontrolle von Öl und den Zugang zum Persischen Golf gekämpft. 2 Millionen Flüchtlinge waren die Folge. Im Golfkrieg von 1990–1991 flohen über 1,5 Millionen Menschen, weil Kuwait wegen seiner Ölreserven überfallen wurde. Der Irak-Krieg von 2003–2011 vertrieb 5 Millionen aus ihrer Heimat, nachdem die USA unter falschen Vorwänden einmarschierten, um die irakischen Ölfelder unter Kontrolle zu bringen. Auch im seit 2011 tobenden Syrien-Krieg spielt Energie eine Rolle. Es geht unter anderem um die Frage, ob Gas aus Katar über Syrien nach Europa transportiert werden kann. 6,8 Millionen Menschen befinden sich auf der Flucht. Die Liste ließe sich fortsetzen.

Und fossile Energie ist nicht nur Ursache für geopolitische Auseinandersetzungen, sondern auch Waffe in diesem Kampf. Der russische Angriff auf die Ukraine im Jahr 2022 wurde vorbereitet und begleitet mit einem systematischen Energiekrieg gegen Deutschland und Europa. Die Folgen der meisten dieser Auseinandersetzungen um Energiequellen spüren wir auch hierzulande. Allein der politische Umgang mit der folgenden Migration stellt bereits heute eine extreme Belastungsprobe für unsere Demokratie dar.

Die Flüchtlingsströme, die durch den Klimawandel, durch die welt weite Zunahme extremer Unwetter und Dürren entstehen werden, durch den Verlust ganzer Länder als Lebensraum für Menschen, werden eine ganz andere Größenordnung erreichen. Hinzu kommen klimabedingte Knappheiten von Lebensmitteln – nicht nur von Genusslebensmitteln wie Kakao oder Kaffee, sondern auch von Grundnahrungsmitteln wie Getreide und Reis.

Die sich durch die klimatischen Veränderungen auftürmenden Verteilungsfragen zwischen arm und reich, satt und hungrig, heiß, warm und kalt sind um Größenordnungen weitreichender und schwerer auszuhandeln als alles, was wir heute kennen. Schon jetzt gelangen Deutschland und andere Länder gesellschaftlich an den Rand ihrer Belastbarkeit, wenn es darum geht, die Zukunft noch positiv zu gestalten. Schon jetzt drohen Krisen- und Veränderungsmüdigkeit, eine systemische Krise des Föderalismus, Polarisierung durch Populismus und Aufmerksamkeitsökonomie, überbordende Bürokratie etc., unsere Gesellschaft zu zerreißen, droht unsere Demokratie in Gefahr zu geraten. Wie soll das nur gut gehen, wenn reale, unausweichliche Belastungen durch Klimawandel und einen weiteren Rückgang internationaler Wettbewerbsfähigkeit dazukommen? Wenn dazu neue Technologien in zukünftig dominierenden Feldern der Wirtschaft und gesellschaftlichen Konstruktion und Meinungsbildung die Herrschaft übernehmen wie alternative Medien und KI? Wenn die Ballung von Informationen, Kontrolle und Macht aus der virtuellen in die physische Welt übertragen wird, mit Hightech-Drohnen und Kampfrobotern?

Es gibt wenige historische Beispiele von Demokratien, die solchen Belastungen standhalten mussten. Zu jung ist die Demokratie als Staatsform und zu neu das schiere Ausmaß der Veränderungen unserer Lebensgrundlagen. Doch es bedarf nicht allzu viel Fantasie, sich vorzustellen, wie auch die Institutionen und Normen in Deutschland unter dem Druck schlechter Ernten, steigender Preise, zunehmender Migrationsströme und der Manipulation der öffentlichen Wahrnehmung durch alternative Medien den Weg nehmen, den wir in den USA heute mit Entsetzen beobachten.

Damit unsere Demokratie halten kann, müssen wir die Flucht nach vorn antreten. Uns aus der Umklammerung auch unserer Infrastruktur- und Energieprobleme lösen und die darin liegende Chance als positive Erzählung für Deutschland entwickeln. Ebenso unvermeidlich: Wir müssen proaktiv Verteilungsfragen klären und Gerechtigkeit neu definieren. Wenn das gelingt, gelingt auch der Wandel. Andere Länder haben dies vorgemacht – doch dazu mehr am Ende dieses Buches.

AUF DEN PUNKT

- Weltweit stehen Demokratien unter Druck. Die USA bieten einen Vorgeschmack, wohin Populisten auch in europäischen Ländern steuern wollen.
- Bereits die Flüchtlingsströme aufgrund heutiger Kriege und Auswirkungen des Klimawandels sind erhebliche Belastungen für viele Länder und Nährboden für Populisten.
- Der Klimawandel wird über Preissteigerungen bei Grundnahrungsmitteln, Flüchtlingsströme und geopolitische Auseinandersetzungen zusätzliche Verteilungskämpfe innerhalb der Gesellschaften auslösen.
- Damit ist auch unser gesellschaftliches Zusammenleben in einer freien Demokratie in Gefahr.

KAPITEL 3

SO RETTEN WIR WIRTSCHAFT, GESELLSCHAFT UND KLIMA – IM VORWÄRTSGANG

Die Menschheit hatte reichlich Zeit, sich eine klimaneutrale Zukunft zu erarbeiten. Seit über 100 Jahren ist der Treibhauseffekt bekannt, seit über 50 Jahren der menschengemachte Klimawandel wissenschaftlich belegt. In den letzten Jahrzehnten musste man die Augen immer verbissener geschlossen halten, um wissenschaftliche Tatsachen und Extremwetter-Realitäten noch ausblenden zu können. Doch noch immer steigen die globalen CO_2-Emissionen und auch Deutschland verfehlt regelmäßig seine eigenen gesetzlichen Verpflichtungen zum Klimaschutz – mindestens in den Verkehrs- und Gebäudesektoren. Im Jahr 2024 lag die globale Durchschnittstemperatur der Erde erstmals mehr als 1,5 °C über dem vorindustriellen Niveau. Dieser Wert galt mal als Obergrenze bis zum Jahr 2050, um sehr gravierende Klimaveränderungen sicher zu vermeiden. Längst spielen wir Russisch Roulette mit unseren Lebensgrundlagen. Denn auch das Zwei-Grad-Ziel ist auf jetzigem Kurs nicht zu erreichen.

Die Menschheit hat also wider besseres Wissen die Zeit verplempert, ihr Problem in Ruhe zu lösen, globale Infrastrukturen und Wirtschaftssysteme mit denen ihnen eigentlich innewohnenden Investitionszyklen von mehreren Jahrzehnten klimaneutral umzubauen. Jetzt muss es schneller gehen und werden wir auch noch funktionierende Infrastruktur stilllegen müssen, zum Beispiel die Gasnetze (siehe Kapitel 4.4). Die Menschheit hat auch keine Zeit mehr, auf einen technologischen »Deus ex machina« zu hoffen – ein Wunder per Kernfusion, Kohlenstoffabscheidung oder was auch immer einige weiter als Grund zum Nicht-Handeln hernehmen möchte. Wir müssen uns weitgehend mit dem retten, was wir heute schon haben.

Warum nur hoffen, wenn man längst handeln kann?

Die gute Nachricht: Das geht! Denn die Menschheit war keinesfalls untätig. Das meiste, was wir benötigen, haben wir tatsächlich längst. In den vorherigen Kapiteln haben wir gesehen, dass erneuerbare Energien bereits in großem Volumen verfügbar sind und weiter beeindruckende Wachstumszahlen aufweisen. Viele weitere Bausteine der neuen Energiewelt befinden sich gerade im »Hochlauf«, von Batteriespeichern über saubere Industrieprozesse und Mobilitätslösungen bis hin zu nachhaltiger Wärmeversorgung. Was fehlt, können wir unterwegs noch entwickeln. Wir müssen jedoch auch bereit sein zur »Flucht nach vorn«, uns auf Modernisierung und Energiewende im Vollsprint einlassen und die Chancen darin aktiv ergreifen.

Aber ist das nicht naiv? Wie können wir unsere wirtschaftliche Zukunft an Technologien hängen, die noch nie irgendwo auf der Welt die hundertprozentige Versorgung einer großen Volkswirtschaft, den täglichen Transport von Millionen Menschen und das Heizen von Millionen Wohnungen leisten mussten? Die trotz aller Kostensenkung der einzelnen Komponenten im Gesamtsystem mit heutigen Preisen tatsächlich teurer wäre als fossile Energie (ohne Umweltfolgekosten, versteht sich)? Für die wir heute nicht sagen können, mit wie viel von welcher Speichertechnik genau wir die letzten Stunden der Dunkelflaute überbrücken werden? Und das Ganze in nur 20 Jahren – in einer Gesellschaft, die seit den 1980ern durch Wahlsprüche wie »Keine Experimente« geprägt ist? In der Beharrungskräfte bis hin zur AfD nahezu jeden Veränderungsversuch mit Vereinfachungen und Desinformation in neue Erfolge umwandeln können? Das kann doch gar nicht funktionieren?

Doch, kann es. Der Denkfehler besteht darin, dass wir uns die Zukunft lediglich als Fortschreibung der Gegenwart vorstellen. Umbrüche, exponentielle Wachstumsdynamiken oder industrielle Revolutionen kommen in diesem Denken nicht vor. Daher ist es wichtig, deren Mechanismen und Dynamiken zu erkennen, um das große Konzept »Energie- und Mobilitätswende« zu verstehen – und um überhaupt berechtigt hoffen zu können. Der gedankliche Schwenk von »Klimaschutz« zu »Industrierevolution« hilft auch zu verstehen, dass wir ohne die aktive Entscheidung für diesen Umbau unserer Wirtschaft und Gesellschaft nicht nur langfristig vom Klima überrollt werden, sondern schon deutlich vorher vom internationalen Wettbewerb.

3.1 Innovation und Skalierung werden systematisch unterschätzt

Kennen Sie aus der Schule noch die Exponentialfunktion? Oder hantieren Sie sogar im Beruf gelegentlich mit ihr herum? Wie auch immer die Antwort lautet: So oder so unterschätzen die meisten die Kraft der Exponentialfunktion. So wie ich es auch immer noch tue. Denn das menschliche Gehirn ist nicht dafür gemacht, exponentielles Wachstum zu erfassen. Der Legende nach musste das der indische Herrscher Shihram im 3. Jahrhundert nach Christus auf besonders teure Weise lernen, als er dem Erfinder des Schachspiels seine Entlohnung zusagte: Auf das erste Feld des Schachbretts solle ein Reiskorn gelegt werden und auf die folgenden immer das Doppelte. Also zwei Reiskörner auf das zweite Feld, vier auf das dritte, acht auf das vierte und so weiter. Die Auszahlung des so ermittelten Lohns fand nie statt, denn bei 64 Schachfeldern käme auf diese Weise eine Menge von 750 Milliarden Tonnen Reis zustande. Das ist grob das Tausendfache der heutigen weltweiten Reisernte.

Doch was hat ein indischer Herrscher der Antike mit Innovation und Skalierung im 21. Jahrhundert zu tun – konkret mit der Energie- und Mobilitätswende? Exponentialfunktionen liegen auch bei einer ganzen Reihe technologischer Entwicklungen zugrunde. Wenn diese sich immer weiter beschleunigen, steigen unser Verstand und Einschätzungsvermögen aus. Daher tun wir uns in vielen Lebensbereichen von der Biotechnik über künstliche Intelligenz bis eben zu sauberer Energie so schwer, die Höhe und Kraft der Wellen auch nur zu erahnen, die gerade durch unsere Industrien und Gesellschaften rollen.[63]

Haben wir ein konkretes Bild davon, wie autonomes Fahren in den USA und China das tägliche Leben und die Arbeit von Menschen bereits verändert? Was die mit Siebenmeilenstiefeln auf uns zurasende Alltagsrobotik mit unserem Leben und unseren Gesellschaften anstellen wird? Oder welche Risiken die Bündelung dieser technologischen Macht in den Händen weniger Tech-Oligarchen wirklich bedeutet? Künstliche Intelligenz eröffnete revolutionäre Möglichkeiten in der Medizin, der Biotechnik, dem Engineering – aber eben auch in der Rüstungsindustrie oder beim Aufbau von Armeen humanoider Roboter. Es war erst Ende 2022, dass OpenAI sein Modell ChatGPT 3.5 öffentlich zugänglich gemacht und damit den allermeisten Menschen überhaupt eine erste Berührung mit KI ermöglicht hat. Nur gut zwei Jahre später kann keine Mutter oder kein Vater mehr sicher sein, ob das Kind die Hausaufgaben selbst gemacht hat. Oder ein Arbeitgeber, ob der tolle Text, die tolle Grafik vom Mitarbeiter oder der Mitarbeiterin stammt und vor allem: von einer KI vielleicht inhaltlich frei erfunden ist. Soziale Netzwerke werden mit »Deepfakes« geflutet und auch klassische Medien tun sich immer schwerer, zwischen künstlichen, manipulativen Inhalten und der Wahrheit zu unterscheiden. Was heute Normalität ist, hätte vor drei Jahren noch für die meisten Menschen wie Science-Fiction geklungen.

Die Zukunft ist viel mehr als nur die Fortschreibung der Gegenwart …

Wie falsch es wäre, unsere energietechnische Zukunft als Fortschreibung der Gegenwart zu denken, zeigt das bereits in Kapitel 1 erwähnte Beispiel der Solarenergie plastisch. Dazu ein persönlicher Auszug aus meinen eigenen über 30 Jahren Industriegeschichte. Als ich im Jahr 1995 mit meiner Promotion am Fraunhofer ISE in Freiburg begann, hatten damals verfügbare Solarmodule um die 50 Watt Leistung und dürften umgerechnet etwa 10 Euro pro Watt gekostet haben. Fertigungskapazität weltweit: um die 300 Megawatt.[64] In meiner Zeit als Manager in der Solarindustrie bis Anfang der 2010er-Jahre war die Leistung auf etwa 240 Watt pro Modul angewachsen und hieß ein Kostensenkungsprogramm in unserer Fertigung »Attacke 1 Euro«. Gemeint war die Kostenreduktion auf 1 Euro pro Watt Leistung. Im Jahr 2024 liegen die Preise für Standard-Solarmodule bei etwa 10 Cent pro Watt. Das ist nur noch 1 Prozent der Kosten von 1995. Leistung: über 450 Watt pro Modul.

... und ein einzelnes Wort macht den Unterschied: Lernen

Wie ist so etwas möglich? Das Geheimnis liegt in der Kraft der »Lernkurve« massenhaft produzierter und dezentral eingesetzter Technologie. Das gedankliche Konzept der Lernkurve ist empirisch auch in vielen anderen Industrien belegt. Es besagt Folgendes: Bei jeder Verdopplung der insgesamt hergestellten Menge eines Produkts sinken die Herstellkosten um einen bestimmten Prozentsatz, der sogenannten Lernrate. Konkret: Wurden bisher weltweit zum Beispiel 1 Million Einheiten von etwas hergestellt, wird die zweite Million bei einer Lernrate von zum Beispiel 10 *Prozent* genau um diese 10 *Prozent* billiger. Bei der Verdopplung von den dann zusammen 2 Millionen hergestellten Einheiten auf insgesamt 4 Millionen wird die neu hergestellte Menge wieder 10 *Prozent* billiger. Und so weiter.

Wie schnell eine Technologie »lernt«, hängt dabei wesentlich von zwei Faktoren ab: der Einfachheit des Produkts und seiner Standardisierbarkeit in der Herstellung. Und genau hier zeigt sich, warum die Photovoltaik, aber auch Batterien so übermächtig sind: Solarzellen und -module sind extrem gut standardisierbare Produkte, die in Millionenstückzahl immer gleich gefertigt werden können. Wir erinnern uns: Industrielle Massenfertigung ist DER Gamechanger im Energiesektor (siehe Kapitel 1.4). Know-how und Technologiefortschritt, also alles, was Solarmodule zu Hightech macht, liegen vollständig in den Fertigungsmaschinen. Je größer der Markt, desto mehr Menschen in Forschungs- und Entwicklungsabteilungen arbeiten an der Verbesserung dieser Maschinen und der genutzten Fertigungsverfahren. In einem seit Jahrzehnten wachsenden Markt wie dem Solarmarkt werden zudem ständig zusätzliche Fertigungsmaschinen aufgebaut – auf jeweils neuestem technologischen Stand. So nährt sich Innovation aus Wachstum. Historische Lernraten: über 25 *Prozent*. Also 25 *Prozent* weniger Kosten bei jeder Verdopplung der Produktionsmenge. Solche Werte erreichen nur einfache Produkte bei hoher Standardisierung in der Massenfertigung.

Auch Technologien haben unterschiedliche Lerngeschwindigkeiten

Damit sagt das Konzept der Lernkurven zudem viel darüber aus, welche klimaneutralen Energietechnologien einen immer größeren Teil der Versorgungsaufgabe übernehmen werden – und welche eben nicht schnell genug zur Verfügung stehen werden, um sich in den Märkten durchzusetzen und zugleich unser Klimaproblem zu lösen. Studien belegen, dass Photovoltaik und Batteriespeicher die höchsten Lernraten um und über den eben genannten 25 Prozent haben.[65] Windkraftanlagen, Elektroautos, Wärmepumpen etc. lernen mit im Schnitt um die 12 bis 15 Prozent Kostensenkung je verdoppeltem Volumen.[66] Warum ist die Zahl hier nur gut halb so groß? Weil entweder die Komplexität der Produkte und damit ihr hoher Entwicklungsaufwand das Lernen bremst – wie zum Beispiel beim Elektroauto. Oder weil sie in deutlich kleineren Stückzahlen gefertigt und vor Ort in größere Systeme integriert oder gar vor Ort aufgebaut werden müssen – wie zum Beispiel die Wärmepumpe oder die Windkraftanlage. All das ist eben aufwendiger, manueller und nicht ganz so einfach skalierbar wie die Fertigung von Solarmodulen, das simple Festschrauben von Gestellsystemen und Verbinden von Kabeln und Steckern zu fertigen PV-Anlagen.

Und noch etwas verrät uns die Forschung zu Lernkurven: Handelt es sich gar um hochkomplexe Produkte oder projektspezifische Konstruktionen – wie zum Beispiel bei Großprojekten zur CO_2-Abscheidung über Carbon Capture and Storage (CCS), Geothermie, Biomassekraftwerken oder die gerade in Entwicklung befindlichen modularen Atomreaktoren –, sinken Lernraten auf durchschnittlich 5 Prozent.[67] In anderen Worten: Nur fünf Prozent Kostensenkung bei Verdopplung des kumulierten Produktionsvolumens.

Wer schneller lernt, gewinnt

Und jetzt kommt die Macht der Lernkurve: Nehmen wir nur drei Verdopplungen an, also zum Beispiel von 100 Gigawatt kumulierter Fertigung einer Energietechnologie auf 800 Gigawatt. Die Kosten der Technologie mit 25 Prozent Lernrate sind bei diesen drei Verdopplungen um fast 58 Prozent gefallen, nämlich auf 0,75 × 0,75 × 0,75 = 42 Prozent ihres Ursprungswerts. Die Kosten der Technologie mit 5 Prozent Lernrate sinken bei derselben Volumensteigerung nur um knapp 15 Prozent.

Wer schneller lernt, hat im Wettrennen um die gigantischen Märkte klimaneutraler Energieversorgung die Nase vorn. Die Photovoltaik hat dies bereits bewiesen – die jährliche zugebaute Leistung und die jährlich investierten Summen übertreffen heute alle anderen Energietechnologien bei Weitem.

Doch kann das immer so weitergehen? Hört das »Lernen« denn nicht irgendwann auf? Woher genau stammt die dramatische Kostensenkung der Solarenergie um den Faktor 100 innerhalb der letzten knapp 30 Jahre? Und wie geht es weiter? Wenn Sie mögen, werfen wir gemeinsam einen genaueren Blick in den technologischen Maschinenraum des Lernfortschritts. Wenn Ihnen das zu technisch wird, springen Sie zum nächsten Kapitel.

Vier Zutaten für Kostensenkung in der Fertigung

Wie bei jedem massengefertigten Industrieprodukt gibt es mehrere Zutaten für Kostensenkungen: die Steigerung der Effizienz, die Senkung des Materialeinsatzes, den höheren Durchsatz in der Fertigung und die Skalierung des Fertigungsvolumens.

Zutat Nummer eins: Mehr Effizienz bedeutet, mehr elektrische Leistung aus derselben Menge Material und Baugröße herauszuholen. Konnten frühe Solarzellen Anfang der 1990er-Jahre gut 12–14 Prozent des Sonnenlichts in Strom umwandeln, schafft aktuelle Technologie im Jahr 2024 über 24 Prozent. Das liegt schon relativ nah am physikalischen Maximum mit einfachen Solarzellen aus Silicium, weswegen ab dem Jahr 2027 mit dem Hochlauf der Massenfertigung sogenannte Tandem-Zellen auf Silicium-Basis gerechnet wird.[68] Diese können weitere Teile des Lichtspektrums nutzen und erlauben so noch höhere Wirkungsgrade. Auch ganz neue Konzepte mit hauchdünnen Materialschichten ohne Silicium, sogenannten »Perovskit-Solarzellen«, befinden sich kurz vor der Markteinführung. Sie können die Schwelle von 30 Prozent Wirkungsgrad erreichen. Unter Laborbedingungen werden bereits Werte bis 35 gemeldet.[69] Ende der Entwicklung: offen.

Zutat Nummer zwei: Senkung des Materialeinsatzes. Die Dicke der Solarzellen beispielsweise und damit der Bedarf an hochreinem Silicium wurde von etwa 0,5 Millimeter im Jahr 1995 auf etwa 0,1 Millimeter 2024 gesenkt. Das oben genannte knapp 2,5-Fache an Energieausbeute braucht also nur ein Fünftel des Materials. Auch bei der Verwendung von Hilfsmitteln in der Fertigung, Verschnitt etc. wurden Material und damit Geld gespart. Wie auch beim Glas für die Solarmodule, den Aluminiumrahmen etc.

Zutat Nummer drei: Steigerung des Durchsatzes. Schaut man sich die seltenen Aufnahmen alter Produktionsstätten an, tanzen die Solarzellen noch ein recht gemütliches Ballett durch die Fertigungsstraßen. Heute schießen sie teilweise so schnell durch einzelne Prozessschritte, dass das Auge kaum hinterherkommt. Für mehr Durchsatz sorgt auch die Baugröße, sowohl der einzelnen Solarzellen, als auch der des Endprodukts Solarmodul. Die sind von unter 0,5 Quadratmeter Modulfläche im Jahr 1995 über 1,5 Quadratmeter im Jahr 2010 auf 2 Quadratmeter im Jahr 2024 gewachsen. Und die größere Fläche erhöht nicht nur den Durchsatz in der Fertigung. Sie reduziert auch den Aufwand für Handling und die Kosten bei der späteren Montage und Verkabelung der Module auf dem Dach oder dem Modultisch im Großkraftwerk. Und wobei hilft mehr Durchsatz? Je schneller eine Maschine arbeitet, je mehr Stück von einem Gut sie also produzieren kann, desto geringer sind ihre spezifischen Investitionskosten. Zugleich wird meist weniger Hallenfläche benötigt, werden Wege kürzer etc. In anderen Worten: Die Kapitalkosten der Fertigungsanlagen sinken.

Aber die atemberaubende Kostensenkung der Photovoltaik stammt nicht nur aus technologischen Verbesserungen, sondern auch von der magischen Zutat Nummer vier: den rohen Kräften der Skalierung. Masse macht's, im Einkauf, der Fertigung, der Logistik, dem Vertrieb. Auch hier hat die Photovoltaik eine beeindruckende Entwicklung hingelegt: von circa 300 Megawatt Fertigungsvolumen im Jahr 1995 auf über 500 Gigawatt im Jahr 2024. Das entspricht einer Steigerung um mehr als das 1.600-Fache.

Da ist sie also wieder, die Exponentialfunktion: Über die betrachteten 29 Jahre hinweg betrug das durchschnittliche Produktionswachstum für Solarzellen und -module etwa 30 Prozent pro Jahr. Jedes Jahr. Immer wieder. Zuletzt hat sich das Wachstum sogar weiter beschleunigt, da Solarstrom heute die billigste Stromerzeugung darstellt und die Nachfrage weiter in die Höhe schießt. Effekt: noch mehr Skalierung, noch mehr Technologieentwicklung und Kostensenkung (siehe Abbildung 8).

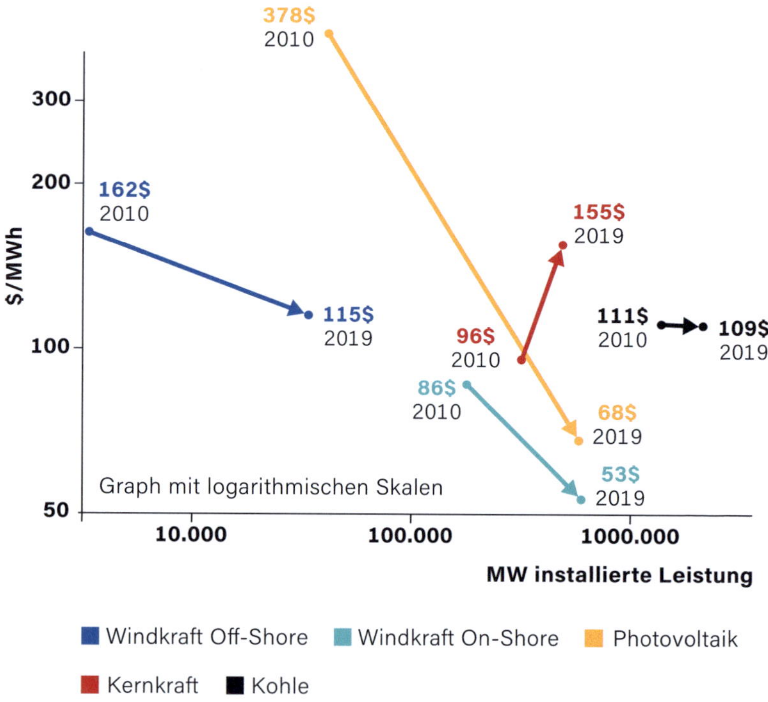

Abbildung 8: Kostenentwicklung verschiedener Technologien für neue Anlagen zwischen 2010 und 2019. Die Steilheit der Entwicklung steht für die jeweiligen Lernraten. Besonders hoch ist diese bei der Photovoltaik (industrielle Massenfertigung) und sinkt, je höher die Anforderungen an den Anlagenbau vor Ort sind und die Stückzahlen sinken. Aus diesem Grund lernt die Off-Shore-Windkraft nur langsam und die Kohleverstromung fast gar nicht mehr. Die Kosten von Atomenergie sind sogar gestiegen (eigene Darstellung, Grafik nach Roser, M.).[70]

Bei Cleantech sind Grenzen des Lernens noch nicht in Sicht

Doch ist nicht irgendwann der Materialverbrauch minimal, können Fertigungsmaschinen nicht noch schneller arbeiten und erreicht auch die schiere Volumensteigerung ihre Grenzen? Die Grenzkosten irgendeines belanglosen Plastiknippels in der Massenfertigung sinken ja auch nicht immer weiter. Doch die Kostenentwicklung von Hightech in der Massenfertigung ist eben nicht vergleichbar mit der von Plastiknippeln. Jede und jeder kennt das von Computerchips: immer mehr Leistung auf immer kleinerem Raum und zu immer geringeren Kosten je Rechenpower. Ähnliches wirkt auch bei Solarzellen als Hightech-Produkt. Das Geheimnis liegt in den sogenannten »Technologie-Roadmaps«: Solange eine Industrie Ideen hat, wie jeweils neue Technologiegenerationen Leistung erhöhen und Kosten senken, geht die Entwicklung weiter. Und bei Solarenergie, erst recht bei Batterien, sind die Technologie-Roadmaps der jeweiligen Industrien auf viele Jahre hin pickepacke voll.

Weder im Jahr 1995 als junger Doktorand noch im Jahr 2010 als Technikvorstand eines Solarunternehmens oder im Jahr 2020 als Vorstand eines grünen Energieversorgers hätte ich damit gerechnet, dass die Entwicklung so rasant verlaufen wird. Wie auch keine Kollegin, kein Kollege und kein Fan der Solarenergie, die ich damals kannte.

Auch Gewohnheiten und Wünsche verzerren unser Bild der Zukunft

Dabei ist es nicht nur die Kraft exponentiellen Wachstums, die bei Prognosen über zukünftige Entwicklungen systematisch unterschätzt wird. Es ist auch der eigene »Confirmation Bias«, das heißt die Erfahrungen, Prägungen und nicht zuletzt auch die ganz eigennützigen Interessen des eigenen Umfelds. Denn es kann einfach nicht wahr sein, was nicht wahr sein darf. Oder das angestammte Geschäft gefährdet. Oder einfach zu ungewohnt ist.

Ein besonders schillerndes Beispiel für systematische Unterschätzung von Industriedynamiken und eigenem »Confirmation Bias« hat die Internationale Energieagentur IEA mit ihren »World Energy Outlooks« der Jahre 2006 bis 2018 geliefert. In jedem Outlook aufs Neue wurde die zukünftige Entwicklung des Solarenergieausbaus als in Zukunft konstant, mit allenfalls minimalen Wachstumsraten prognostiziert. Denn mehr erneuerbare Energien hieße ja, weniger fossile Energie und klassisches Energiegeschäft zu benötigen. Und das war schließlich Kernkompetenz der IEA. Zwar musste die Agentur ihre Prognosen für die Zukunft jedes Jahr mit einem neuen Startpunkt versehen – nämlich dem deutlich höheren, von der Solarindustrie erreichten IST-Wachstum des jeweiligen Jahres. In den 13 Berichten des genannten Zeitraums kam so eine Anhebung des Prognosepfades insgesamt um einen Faktor 100 (!) zustande. Dennoch wurde im letzten identisch aufgebauten World Energy Outlook des Jahres 2018 das reale Marktvolumen für neue Solarenergieanlagen für das Jahr 2023 immer noch dramatisch unterschätzt – um einen weiteren Faktor 4. Über 500 Gigawatt Solarenergieleistung wurden im Jahr 2023 gefertigt, und davon weit über 400 Gigawatt installiert und in Betrieb genommen (siehe Abbildung 9). Weit mehr, als neue Kraftwerkskapazität mit Kohle-, Gas- oder Atomkraftwerken entstanden ist.

Dasselbe Muster von Fehleinschätzungen und dieselben Grafiken wie die der IEA World Energy Outlooks zum Solarenergieausbau findet man mittlerweile auch bei der Marktentwicklung von Batterien und Elektroautos.

Wohlgemerkt: Die heutige IEA sieht in den erneuerbaren Energien und der Elektrifizierung auch des Mobilitäts- und Wärmesektors ebenfalls die globale Energiezukunft. Insofern mag man zu ihrer Ehrenrettung sagen, dass neben dem Confirmation Bias und der damals üblichen politischen Färbung solcher Szenarien die Wirkmacht industrieller Massenfertigung im Energiesektor eben kaum bekannt war. Die genannten Technologie- und Skaleneffekte durch millionenfache Herstellung eines Produkts und kurze Innovationszyklen beim Aufbau immer neuer Fertigungslinien gibt es im klassischen Kraftwerksbau nicht. Denn hier sind Zeiträume von der Planung bis zur Inbetriebnahme deutlich über zehn Jahren eher Regel als Ausnahme. Entsprechend langsam sind auch die Lernschleifen bis zur nächsten Technologiegeneration. Die alte Energietechnik und Energiewirtschaft waren sehr träge Branchen.

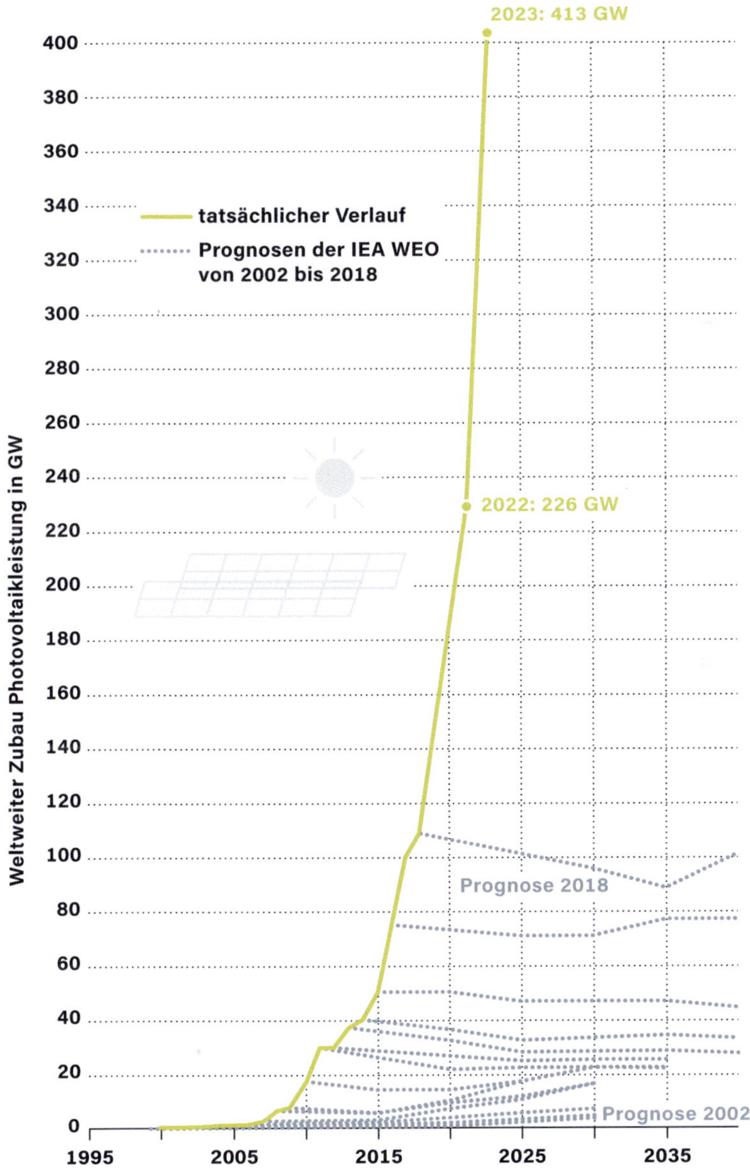

Abbildung 9: Entwicklung der wiederkehrenden Fehlprognosen der IEA zum weltweiten Wachstum der Photovoltaik (eigene Darstellung nach A. Hoekstra).[71]

Manchmal stinkt der Fisch vom Kopf her – her mit den neuen Köpfen!

Doch wie stark auch immer die Realität ist: In vielen Unternehmen und Behörden führt nicht die Analyse von ganz offensichtlichen Marktentwicklungen oder eigenen Fehlprognosen zu einem echten Umdenken, sondern erst der Austausch der verantwortlichen Köpfe und Manager. Hierfür gibt es viele prägnante Fälle – auch aus der deutschen Energiewirtschaft. Einer besonderen kognitiven Verzerrung, die erst mit Personalwechsel behoben werden konnte, war der RWE-Konzern anheimgefallen. Noch im Jahr 2012 stellte der damalige RWE-Vorstandsvorsitzende Jürgen Großmann fest, dass die Nutzung der Solarenergie in Deutschland in etwa so sinnvoll sei wie der Anbau von Ananas am Nordpol. Ein klassischer Kohlemanager eines von Kohleverstromung lebenden Konzerns. Aber er erntete breiten Applaus – nicht nur in der klassischen Energiewirtschaft, sondern bis hinauf in die Spitzen der deutschen Politik.

Nur gut zehn Jahre später ist die Welt eine vollständig andere. Der aktuelle Vorstandsvorsitzende von RWE Markus Krebber setzt auf den Ausbau der erneuerbaren Energien auch in Deutschland und hat das Ziel ausgegeben, dass der Konzern bereits 2040 klimaneutral sein soll. Zu den immer wieder aufkeimenden Diskussionen um die Nutzung der Atomenergie sagte er dem Handelsblatt im Dezember 2023: »Ich glaube, die Messe ist gelesen. Da gibt es in Deutschland kein Zurück mehr.«[72] Auch in den USA seien die ersten Pilotprogramme für die neue Reaktorgeneration gerade wegen Unwirtschaftlichkeit eingestellt und den wirtschaftlichen Betrieb von Kernfusionsanlagen werde er wohl nicht mehr aktiv erleben (siehe Kapitel 5.1).

Wer die Zukunft technologisch als lineare Fortschreibung der Gegenwart denkt, liegt kolossal daneben. Nicht nur bei Energie, sondern auch bei KI, Biotechnik etc. Das ist unser großes Glück, denn dadurch gibt es berechtigten Grund zur Hoffnung, dass wir uns viel schneller eine klimaneutrale Realität erschaffen können, als die meisten glauben. Mit den neuen Werkzeugen können wir neben der in diesem Buch beschriebenen Revolution in Energie- und Mobilitätssektor auch beim Bauen, bei Ernährung, in der Grundstoff- und Pharmaindustrie und vielen weiteren, hoch klimarelevanten Sektoren viel schneller dekarbonisieren, als wir bisher dachten. Selbst in den meisten Zukunftsszenarien wird die Wirkmacht von Innovation unterschätzt. In der Energie- und Industriepolitik wird sie das sowieso.

AUF DEN PUNKT

- Ein grundsätzlicher Denkfehler besteht darin, dass wir uns die Zukunft lediglich als Fortschreibung der Gegenwart vorstellen. Das menschliche Gehirn kann exponentielle Entwicklungen nicht erfassen.
- Lernkurven und Lernraten drücken mathematisch aus, wie die Kosten einer Technologie mit wachsendem Produktionsvolumen sinken. Bei Produkten der Massenfertigung wie Photovoltaik und Batterien sind diese am höchsten, bei projektbasierten Systemen wie Windkraft im Mittelfeld und bei Großtechnik am niedrigsten.
- Langsam lernende oder gar schon ausentwickelte Technologien können daher prinzipbedingt schnell wachsende, bereits skalierte Technologien nicht schlagen. Wer schneller lernt, gewinnt.
- Der »Confirmation Bias«, eigene Gewohnheiten und Wünsche führen einzelne Entscheider und auch ganze Institutionen in die Irre. Im Energiesektor führt dies seit Jahrzehnten zu einer massiven Unterschätzung von »Clean Tech« und Überschätzung der Potenziale von »Old Tech«. Oft hilft nur ein Austausch der Köpfe.

3.2 Von Enten und Kannibalen – und den Opfern des eigenen Erfolgs

Mit dem Erfolg der Skalierung und massenhaften Einführung der erneuerbaren Energien betrat im Jahr 2013 erstmals ein »Tier« die Weltbühne, das sich als schicksalhaft für den weiteren Ausbau grüner Stromerzeugung erweisen sollte. Der kalifornische Netzbetreiber CAISO (California Independent System Operator) hatte eine Prognose zur Frage veröffentlicht, wie die zunehmende Einspeisung von Solarstrom bis zum Jahr 2030 den Betrieb von Stromnetzen beeinflussen würde. In einer Grafik wurde dabei die Entwicklung der Netto-Last oder auch »Residuallast« dargestellt, die nach Abzug der Solarstromproduktion aus anderen Quellen gedeckt werden muss. Diese Betrachtung des »Restes« ist wichtig, denn Netz und Markt müssen in der Lage sein, mit viel und wenig Sonne sowie viel und wenig Wind gleichermaßen zurechtzukommen. Je größer also die mittägliche Solarerzeugung, desto kleiner die Residuallast. War es bis dahin typisch, dass mittags eine besonders hohe Last aus konventionellen Kraftwerken gedeckt werden musste – für die übliche Geschäftstätigkeit, Klimaanlagen etc. –, würde im Sommer aus dieser Spitze zukünftig ein Residuallast-Tal werden: Die Lastkurve hängt nach unten durch in Form eines Entenbauchs. In den Abendstunden würde die Last dann wieder deutlich ansteigen, aufgrund zusätzlicher Verbraucher sogar überproportional stark. Wie der erhobene Kopf einer Ente. Die »Duck Curve« oder »Entenkurve« war geboren.[73]

CAISO gab damit dem bereits zuvor in Fachkreisen diskutierten Phänomen solarer Mittagsspitzen eine anschauliche Gestalt. Unter der Überschrift »What the duck curve tells us about managing a green grid« beschrieb der Netzbetreiber auch, wie der Betrieb von Stromnetzen durch dieses neue Lastprofil beeinflusst würde. Die Bedeutung flexibler Stromerzeugung, also zum Beispiel von schnell regelbaren Gas- und Kohlekraftwerken und natürlich Stromspeichern, wurde thematisiert, ebenso wie die notwendig werdende Abregelung überschüssiger Erzeugungsmengen oder die Modernisierung und Digitalisierung der Netze.

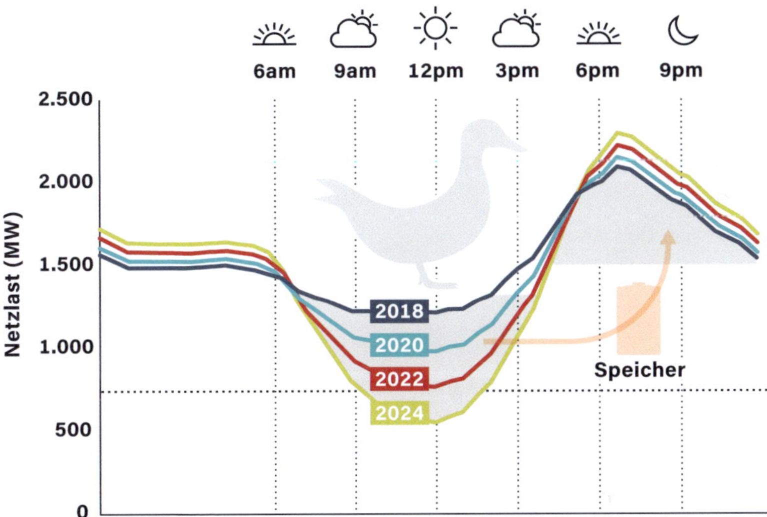

Abbildung 10 (oben): Die »Duck Curve« am Beispiel Kaliforniens. Dargestellt ist die mittlere Residuallast des Netzbetreibers CAISO im Tagesverlauf der Jahre 2018–2024. (Unten): Batteriespeicher werden genutzt, um Bauch und Kopf der Ente auszugleichen (schematische Darstellung).

Wenig überraschend: Wind und Sonne ändern die Stromsysteme

Auch die Internationale Energieagentur IEA beschäftigte sich zu dieser Zeit bereits mit der Frage, wie der Übergang von klassischen Energiesystemen auf Basis regelbarer Kraftwerke hin zu einem zunehmend durch fluktuierende erneuerbare Energien geprägten und später von ihnen getragenen Energiesystem aussehen könnte. Welche Phänomene treten zwischenzeitlich in Netz und Markt auf? Mit welchen Lösungsansätzen können diese beherrscht werden? Nicht nur mit Blick auf die solare Duck Curve, sondern auch auf die Windkraft, die ihrerseits in Starkwind-Phasen die Residuallast immer weiter senkt.

In den Folgejahren entwickelte die IEA eine Systematik in sechs Phasen, die sich danach unterscheiden, wie prägend die fluktuierenden Quellen Sonne und Wind im System sind, und die bis heute Gültigkeit hat:[74]

- Phase 1: Keinerlei Einfluss aufgrund sehr geringer Mengen
- Phase 2: Geringer Einfluss mit mäßigen Auswirkungen auf das System
- Phase 3: Fluktuierende Quellen bestimmen den Betrieb des Systems und anderer Kraftwerke
- Phase 4: Zeitweise decken fluktuierende Quellen 100 Prozent des Bedarfs
- Phase 5: Zeitweise treten erhebliche Überschüsse der Stromproduktion auf
- Phase 6: Sicherer Systembetrieb findet nahezu ausschließlich auf Basis fluktuierender Quellen statt

Um die Bedeutung der letzten Phase vorwegzunehmen: Natürlich ist ein sicherer Systembetrieb auch auf Basis von Wind und Sonne möglich. Man muss allerdings Markt und Netz darauf ausrichten. Beispielsweise müssen die sogenannten »rotierenden Massen« konventioneller Kraftwerke, die in der alten Welt über ihre Trägheit für Netzstabilität sorgten, durch elektronisch erzeugte Trägheiten sogenannter »netzbildender Wechselrichter« und Batteriespeicher ersetzt werden. Die Technik gibt es heute schon und ist viel effektiver als die rotierenden Massen. Aber man muss sie eben auch konsequent ausrollen. Doch vorher müssen noch einige Täler durchwandert werden.

Während nämlich in den ersten drei Phasen Wind und Sonne noch ohne größere Anpassungen integriert werden können, werden sie in den Phasen 4 und 5 zunächst Opfer ihres eigenen Erfolgs: Die Duck Curve schlägt zu. Im Stromnetz zeigt sich dies durch Überlastung und Engpässe bei Transformatoren und Leitungen. Denn wenn in einem Netzausläufer mehr Strom erzeugt und abtransportiert werden soll, als die Auslegungsgrenzen der Netzkomponenten zulassen, muss abgeregelt werden. Zunächst sind dabei die Abregelungsverluste klein. Nur in wenigen Stunden liefern alle Wind- oder Solaranlagen gleichzeitig ihre volle Leistung.

Je mehr weitere Anlagen man aber ergänzt, desto häufiger tritt die Überlastung ein und desto größer werden die Abregelungsverluste.

Nicht nur die Technik, auch die Märkte müssen sich umstellen

Doch die Duck Curve wirkt nicht nur im Netz, sondern auch im Strommarkt. Der reagiert, wie jeder Markt auf ein hohes Angebot reagiert: mit sinkenden Preisen. In einem Marktumfeld, in dem die Preise bei Sonnenschein regelmäßig niedrig sind, wird es jedoch immer schwerer, den Strom aus neuen, zusätzlichen Anlagen zu verkaufen. Mehr Menge drückt die Preise und damit die Erlöse für alle Solaranlagenbetreiber immer weiter in den Keller. »Kannibalisierung« wird dies gemeinhin genannt. Oder etwas weniger martialisch: Die Anlagen berauben sich gegenseitig ihrer Erlöse. Und je stärker dieser Effekt eintritt, desto schwieriger ist es, Investoren und Banken für den Bau neuer Solaranlagen zu gewinnen. Der Zubau stockt – die erneuerbaren Energien werden Opfer ihres eigenen Erfolgs.

Deutschland und einige andere Länder wie auch Kalifornien, das Geburtsland der Duck Curve, befinden sich bereits in Phase 4 der IEA-Skala. In Deutschland stammen über 55 Prozent des Stroms aus erneuerbaren Energien. Bei viel Sonnenschein oder Starkwind übertrifft deren Angebot die Nachfrage deutlich. In solchen Phasen wird Strom zu niedrigen Preisen ins Ausland verkauft und teilweise abgeregelt, wenn die Netzkapazität für den Transport nicht mehr ausreicht. Gerade im Sommer führt die solare Kannibalisierung aber regelmäßig nicht nur zu niedrigen Strompreisen, sondern sogar zu etwas, das es vermutlich nur im Strommarkt gibt: zu negativen Preisen. Der Hintergrund: Im Stromsystem müssen Produktion und Verbrauch stets im Ausgleich stehen. Ein »zu wenig« oder »zu viel« führt zur Instabilität des Netzes. Dieser Ausgleich von Produktion und Verbrauch wird über Märkte organisiert und übersetzt sich dort in Angebot und Nachfrage. Bei zu hohem Angebot von Solar- oder Windstrom sinkt der Preis also so lange, bis die Nachfrage endlich alle Mengen aufnimmt. Manchmal muss man sie dafür bezahlen – es bilden sich negative Preise. In diesem Fall hat Stromverbrauch (!) sogar einen Wert und lohnt sich. Selbst Privatleute können davon heute schon profitieren, wenn sie einen Smart Meter und flexiblen Stromtarif haben. Das eigene Elektroauto lädt man dann trotz Netzentgelten, Steuern und Abgaben fast umsonst.

In den letzten Jahren ist in vielen Märkten zu beobachten, dass Häufigkeit und Tiefe negativer Preise zunehmen. Neben den Ländern des europäischen Verbundsystems auch in Teilen der USA und Australiens. In Deutschland werden über 20 Prozent der solaren Stromerzeugung mittlerweile zu negativen oder Null-Preisen gehandelt. Der Markt ist noch viel zu starr und unflexibel, um auf diese offensichtlichen Geschenke mit mehr Last oder mehr Speichern reagieren zu können.

Der Weg ist das Ziel: Niedrige und negative Preise sind Anreiz für Flexibilität

Doch diese negativen Preise sind lediglich Ausdruck der Tatsache, dass konventionelle Stromsysteme starr sind, also über wenig zeitlich verschiebbaren Verbrauch und wenig Speicher verfügen. Auch bei »ertragreichem Wetter«, also in Phasen niedriger Strompreise steigt die Nachfrage kaum. In Phase 6 der IEA-Skala, also nach Abschluss des Systemumbaus, befinden sich auch wetterbedingte Preisschwankungen wieder im Gleichgewicht. Und in der Zwischenzeit? Hat Flexibilität einen besonders hohen Wert: Wer Stromverbrauch oder Speicherung in Zeiten niedriger Preise verschieben kann und in Zeiten hoher Preise Verbrauch reduziert oder Speicher entleert, kann damit viel Geld verdienen. Genau diese Preissignale führen aktuell dazu, dass wir einen Boom bei Speichern, Digitalisierung und Flexibilisierung sowie neuen Geschäftsmodellen beobachten. Zahlreiche Start-ups und große industrielle Verbraucher machen sich auf den Weg, den Wert von Flexibilität zu heben. In Energiesystemen mit hohen Anteilen Solar- und Windstrom sind schwankende Preise kein »Bug«, sondern ein »Feature« – also kein Fehler, sondern einfach eine neue Eigenschaft. Flexibilität ist die neue Währung im Strommarkt, das »neue Gold«.

AUF DEN PUNKT

- Mit steigendem Angebot sinkt der Preis – auch der von Solar- und Windstrom. Erstmalig in Kalifornien wurde die sogenannte »Duck Curve« beobachtet, der Überschuss solarer Stromerzeugung in den Mittagsstunden mit entsprechendem Preisverfall.
- Netze und Strommärkte müssen auf die stark schwankende Stromerzeugung und kurzzeitigen Produktionsüberschüsse in Höhe eines Vielfachen des aktuellen Verbrauchs ausgerichtet werden.
- Dafür gibt es seit Jahren Modelle und Konzepte, die den Weg aus der alten Energiewelt in die neue beschreiben. Deutschland und andere Länder befinden sich aktuell in Phase 4 von 6 des Systemumbaus.
- Niedrige Preise in Zeiten von Überschüssen und hohe Preise bei geringem Wind- und Solarangebot sind in der Übergangszeit zu Phase 6 Anreiz für den Aufbau von Flexibilitäten und Speichern. Sie sind »Feature« der neuen Energiewelt, kein »Bug«.

3.3 Unser Glück: Auch Batteriespeicher werden unterschätzt

Bereits in den 1830er-Jahren haben Erfinder wie der Schotte Robert Anderson mit Elektrofahrzeugen experimentiert. Damals galt es, bessere Alternativen zu den ersten »Dampfwagen« zu entwickeln, also mit Dampfmaschinen betriebenen Automobilen wie dem »Puffing Devil« von 1801. Doch es dauerte bis zum Jahr 1888, bis mit dem »Flocken Elektrowagen« der erste elektrisch getriebene Personenkraftwagen tatsächlich auf den Markt kam. Zwei Jahre zuvor hatte mit dem Benz Patent-Motorwagen Nr. 1 der moderne Verbrennungsmotor die Weltbühne betreten. In dieser frühen Entwicklungsphase des Automobils schien noch offen, wer sich letztendlich durchsetzen würde. Im Jahr 1900 waren in den USA noch 40 Prozent der Autos dampfgetrieben, 38 Prozent elektrisch und nur 22 Prozent fuhren mit Benzin. In ihrer ersten Blütezeit bis 1912 erreichten Elektroautos Reichweiten von bis zu 100 Kilometer und es gab weltweit Hunderte Marken von Elektroautos. Doch das Rennen machte der Verbrenner. Warum? Einer heute gelegentlich zu hörenden Erzählung zufolge habe sich eben die Ölindustrie durchgesetzt, das bessere Geschäft gegen die sauberere Technik. Doch diese Erzählung ist falsch. Durchgesetzt haben sich Komfort und Leistungsfähigkeit. Mit Benzin angetriebene Automobile hatten schnell größere Reichweiten. Strom gab es überhaupt nur in industriellen Ballungszentren und statt acht Stunden Ladezeit war ein Benzintank schnell zu füllen, auch in eher ländlichen Gegenden. Zudem gab es noch keinen entscheidenden Effizienzvorteil elektrischer Antriebe. Auch Strom war damals noch ein rares Gut, Dampfkraftwerke hatten maximal 15–20 Prozent Wirkungsgrad. Batterie und Elektromotor konnten davon zusammen vielleicht 50 Prozent in Bewegungsenergie umsetzen.

Die Batterie: eine alte Technologie neu erfunden

Doch was war dann Auslöser und Möglichmacher des heutigen Siegeszuges elektrischer Antriebe, sogar gegen die erdrückende Marktdominanz der Verbrenner und trotz billionenschwerer direkter und indirekter Subventionen für Benzin und Diesel? Es waren technologische Durchbrüche in der Batterietechnik. Genauer gesagt: die Lithium-Ionen-Batterie. Seit Jahrzehnten tragen wir diesen Batterietyp in Mobiltelefonen, Laptops, Digitalkameras und anderen Geräten mit uns herum. Nach ihrer Markt einführung in den frühen 1990er-Jahren verdrängte sie schrittweise zuvor verwendete Batterietypen aus immer mehr Anwendungen. Mit dem Boom von Smartphones und Laptops in den 2000er-Jahren stieg das Produktionsvolumen, entwickelte sich die Technologie weiter und sanken die Kosten. Tesla erkannte als erstes Unternehmen die Chancen der Lithium-Ionen-Batterie auch für neuartige Elektroautos. Mit der Markteinführung des ersten Tesla im Jahr 2007 nahm deren Geschichte ihren Lauf. Bereits ab den 2010er-Jahren trieb die wachsende Nachfrage nach Elektroautos ein sich immer weiter beschleunigendes Marktwachstum der Lithium-Ionen-Batterien. Skalierung, Technologieentwicklung und Kostensenkung folgen der Logik industrieller Massenfertigung (siehe Kapitel 1.4) – immer leistungsfähigere Batterien zu immer geringeren Kosten erlaubten die Entwicklung immer besserer Elektrofahrzeuge, was die Nachfrage vergrößerte und das Wachstum weiter antrieb. Diese Selbstverstärkungsspirale ist heute in vollem Gang. Und erlaubt der Lithium-Ionen-Batterie, immer neue Marktsegmente zu erschließen oder sich selbst zu erschaffen.

»The winner takes it all« – von Marktsegment zu Marktsegment

So wurden vor etwa zehn Jahren Batteriespeicher auch im Eigenheim attraktiv, gekoppelt mit der eigenen Solaranlage. Heute werden Solaranlagen für Ein- und Zweifamilienhäuser fast ausschließlich mit Batteriespeichern verkauft. Es ist in vielen Ländern eben günstiger, selbst erzeugten Strom zu speichern und abends zu verbrauchen, als Strom aus dem öffentlichen Netz zu beziehen. Denn dabei fallen Entgelte für die Nutzung des Netzes an, die man sich mit Batterie sparen kann. Seit einigen Jahren dringen nun Batteriespeicher auch direkt in den Stromhandel vor – als Großbatterien werden sie neben Solar- und Windkraftwerken errichtet oder ganz unabhängig an einem günstig gelegenen Netzverknüpfungspunkt. In Deutschland verdienen diese Batterien ihr Geld hauptsächlich durch reine Arbitragegeschäfte: Strom wird gekauft, wenn er billig ist, und verkauft, wenn er teuer ist. Sowohl im Day-Ahead-Markt als auch Intraday, zum Ausgleich kurzfristiger Preisschwankungen. Und in der Mobilität? Scheint die Batterie auch das Rennen um den Antrieb sauberer Lkw gegen alternative Antriebe mit Wasserstoff gewonnen zu haben. Mindestens auf der Kurz- und Mittelstrecke. Es dürfte aber nur eine Frage weniger Jahre sein, bis auch der Markt für klimaneutrale Langstrecken-Lkw der Batterie gehören.

Batteriepreise sind im freien Fall

All diese neuen Anwendungen treiben Volumen, Technologieentwicklung und Kostenverfall weiter an. In einem Tempo, das selbst die Photovoltaik – den bisherigen Express der globalen Energiewende – vor Neid erblassen lässt. Durchschnittliche jährliche Wachstumsraten von über 60 Prozent, Preisverfall um Faktor 7 allein von 2014 bis 2024.[75] Heute, zu Beginn des Jahres 2025, kostet ein Batterie-Pack in China bereits unter 50 Dollar pro Kilowattstunde. Rechnet man die Kosten für Elektronik, Netzanschluss, Container, Projektentwicklung etc. dazu, können Großbatterien für unter 200 Euro pro Kilowattstunde realisiert werden. Die Zwischenspeicherung einer Kilowattstunde Strom kostet damit je nach Finanzierung und Fahrweise um die 8 Cent pro Kilowattstunde. Im deutschen Day-Ahead-Stromhandel lag der tägliche Spread, also die Differenz zwischen Höchst- und Tiefstpreis, im Jahr 2024 bei über 10 Cent pro Kilowattstunde. Und Großbatterien erzielen zusätzliche Erlöse in weiteren Märkten, insbesondere im Intraday-Markt. Kein Wunder, dass es einen Boom bei der Entwicklung von Großbatterieprojekten gibt. Und natürlich sind die genannten Batteriekosten nicht das Ende der Fahnenstange, sondern nur ein aktueller Wert auf dem Weg der Batterietechnologie durch den steilen Ast ihrer S-Kurve.

Ein Batterie-Tsunami rettet den Markt und die Netze

Für die globale Energiewende ist diese Entwicklung pathetisch gesprochen die dringend notwendige Rettung – denn ohne günstige Batteriespeicher würde sie in vielen Ländern bereits an ihre Grenzen stoßen. Die Duck Curve würde Netze und Märkte überfordern (siehe Kapitel 3.2) und den weiteren Ausbau der erneuerbaren Energien durch weiter steigende Netzkosten und sinkende Stromerlöse abwürgen. Ohne einen schnellen Hochlauf von Batteriespeichern zur kurzfristigen Pufferung über mehrere Stunden wäre der weitere Ausbau der erneuerbaren Energien schlicht unwirtschaftlich oder sogar technisch unmöglich.

Doch der Hochlauf findet statt, wie Kalifornien, Australien und auch Deutschland zeigen. Denn der Markt sendet die notwendigen Signale: Strompreise schwanken immer stärker, der Stress in den Netzen nimmt zu – im selben Maße, wie die Batteriepreise verfallen, steigen ihre Erlösmöglichkeiten. Auch der Strommarkt arbeitet so gegen seine eigenen Engpässe. Batterien sind die Antwort (siehe Beispiel Kalifornien in Kapitel 6.3).

Zwar ist die Menge der in Deutschland installierten Großbatterien aktuell mit etwa 2 Gigawatt noch überschaubar. Doch die Übertragungsnetzbetreiber sehen einen »Batterie-Tsunami« in Deutschland, der die gefürchtete Ente aus Markt und Netz vertreiben könnte: Netzanschlüsse für über 300 Gigawatt Batterieleistung sind bereits bei den Übertragungsnetzbetreibern angefragt.

Längst nicht alle Projekte werden realisiert werden. Die Zahl steht aber sinnbildlich für die Attraktivität des Marktes und das Geschäftsinteresse unzähliger Projektentwickler, Anlagenbauer und Investoren. Und wieder gilt: »Follow the money« …

Lithium ist genug da – und neue Materialien auch

Ein häufig vorgetragenes Gegenargument gegen die massenhafte Verwendung von Lithium-Batterien ist die angeblich nicht ausreichende weltweite Verfügbarkeit von Lithium. Doch einerseits stammt dieses Argument aus der Feder der Zweifler und Bremser des industriellen Wandels. Andererseits verkennt es eine entscheidende Industrielogik: Jede Industrie arbeitet permanent gegen ihre eigenen Engpässe. Sollte sich tatsächlich irgendwann einmal abzeichnen, dass ein Rohstoff knapp werden sollte, der für das Wachstum oder auch bloß das Überleben einer Industrie entscheidend ist, wird diese alles dafür tun, entweder mehr von diesem Rohstoff aufzutreiben oder ihn weniger bis gar nicht mehr einzusetzen. Keine Industrie ergibt sich einem Engpass mit den Worten »stimmt, Rohstoff XY ist bald alle, ich schaffe mich ab«.

Auch die junge Batterieindustrie hat bereits überaus erfolgreich einen ersten Engpass beseitigt. Anfang der 2020er-Jahre führte das rasante Wachstum der Elektromobilität dazu, dass die Rohstoffpreise für Lithium-Batterien stark anstiegen. Doch nicht das Lithium selbst war das eigentliche Problem, sondern die ebenfalls benötigten Materialien Kobalt und Nickel der ersten Generation von Lithium-Batterien (Lithium-**N**ickel-**M**angan-**K**obalt-Oxide, »NMC«). Es war absehbar, dass die Verfügbarkeit von Kobalt und Nickel, die selbst nur Nebenprodukte anderer Metallgewinnung sind, nicht ausreichend schnell und zu akzeptablen Kosten möglich sein würde. In nur wenigen Jahren wurde daher eine neuartige Lithium-Batterie eingeführt, die »LFP«-Batterie (**L**ithium-**F**erro**P**hosphate). Sie nutzt Eisenphosphat statt Nickel und Kobalt, kommt also gänzlich ohne diese zu knappen Materialien aus. Heute fahren bereits über 50 Prozent der neuen Elektroautos in China mit LFP-Batterien. Die Produktion von Lithium hingegen konnte und kann weiter ausreichend ausgebaut werden. Heute haben die Preise für Lithium-Batterien den bereits genannten zwischenzeitlichen Tiefststand von etwa 50 Euro pro Kilowattstunde erreicht.

Das Lithium selbst ist dabei kein Engpass. Die weltweiten Reserven in Minen werden auf 28 Millionen Tonnen geschätzt.[76] Mit dem heute branchenüblichen groben Richtwert von 8 Kilogramm Lithium pro Pkw ließen sich mit diesen Reserven 3,5 Milliarden Fahrzeuge bauen. Doch Lithium kann mittlerweile auch jenseits von Minen zum Beispiel aus Grundwasser und geothermalen Vorkommen gewonnen werden. Es gäbe also weitere Optionen. Welche zum Zuge kommen, entscheiden am Ende der Markt und Umweltauflagen. Doch knapp wird dieser Rohstoff nicht werden. Zumal Lithium und andere wertvolle Rohstoffe aus gebrauchten Batterien bereits heute zu über 95 Prozent recycelt werden können. Gemäß aktuellen EU-Vorgaben sollen bis Ende 2031 mindestens 80 Prozent Recyclingquote tatsächlich erreicht werden.

Doch auch die Zukunft nach und neben Lithium ist bereits in Arbeit. Der aussichtsreichste Kandidat ist Natrium, eines der häufigsten Elemente auf der Erde. Allen bekannt als Kochsalz, einer Verbindung aus Natrium und Chlor. Natrium ist nicht nur nahezu unbegrenzt verfügbar, sondern auch billiger als Lithium. Mit Natrium können zwar nur etwas geringere Energie- und Leistungsdichten erreicht werden. Mindestens für günstige Elektrofahrzeuge oder stationäre Batterien ist dies jedoch kein Problem. Erste Natrium-Batterien für solche Anwendungen sind bereits auf dem Markt. Im Frühjahr 2025 hat der Technologie- und Weltmarktführer bei Batterien CATL den Serienstart einer neuen Natrium-Batterie angekündigt, die über 500 Kilometer Reichweite von Elektrofahrzeugen ermöglicht und in nur 15 Minuten um 400 Kilometer Reichweite aufgeladen werden kann.[77] Solche Werte liegen kaum noch unter denen von Lithium-Batterien.

Ein ganzer Zoo neuer Batterietechnologien ist in Entwicklung

Die Liste neuer Batterietechnologien ist mit Natrium aber noch lange nicht abgeschlossen. Die industrielle Entwicklung »neuer« Batterien ist relativ jung und der Markt so attraktiv wie nie. Industrie und Forschungsinstitute treiben unzählige neue technologische Entwicklungen voran. Sowohl solche mit immer höheren Leistungs- und Energiedichten, um zum Beispiel die Reichweite von Fahrzeugen weiter zu erhöhen. Oder mit besonders niedrigen Kosten und besonders hoher speicherbarer Energiemenge, beispielsweise für die stationäre Zwischenspeicherung von Solar- und Windstrom bis in den Tagesbereich. Es ist wie immer, wenn in der Logik industrieller Massenfertigung hoch attraktive und auf Sicht von Jahrzehnten wachsende Märkte mit viel Geld und Innovationskraft erschlossen werden: Wir können heute kaum absehen, welche positiven Überraschungen, Mengenrekorde, Technologiesprünge und Kostensenkungen wir noch erleben werden. Batterien werden sogar noch stärker unterschätzt, als es die Photovoltaik je wurde.

Im Ergebnis werden wenige Anwendungen übrig bleiben, bei denen man heute schon sicher sagen kann, dass sie nicht mit Batterietechnik zu erfüllen sein werden. Langstreckenflüge gehören vermutlich dazu, vermutlich auch die Deckung von Dunkelflauten mit Speichertiefen von vielen Tagen bis Wochen. Doch die Entwicklungsdynamik ist klar: Noch vor wenigen Jahren hätten sich beispielsweise auch Lkw noch in dieser Liste befunden. Und zumindest bei Kurzstreckenflügen von Kleinflugzeugen darf man bereits ein erstes Fragezeichen setzen, ob sich auch hier nicht doch Batterien durchsetzen können.

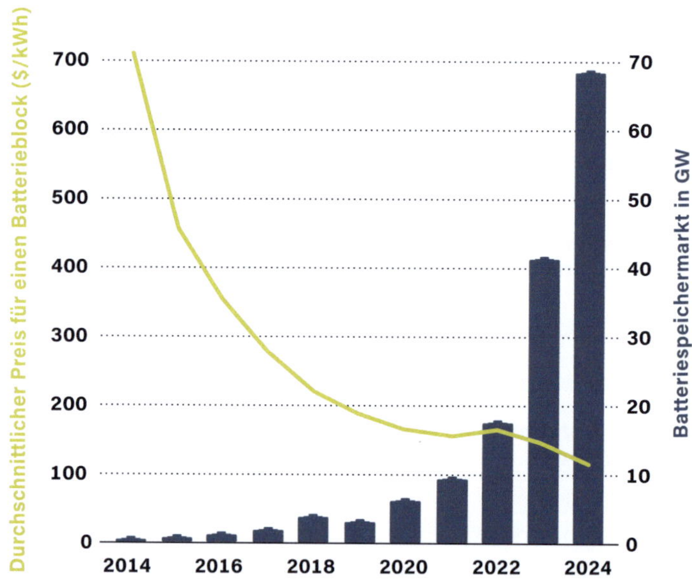

Abbildung 11: Preisverfall bei Lithium-Batterien von 2014–2024 sowie weltweites Zubauvolumen. Fahrzeugbatterien haben den ersten großen Massenmarkt neuer Lithium-Batterien ausgemacht. In den letzten Jahren haben Batterien zudem den Markt für stationäre Speicher erschlossen. Preisverfall und Volumenwachstum verstärken sich gegenseitig.[78]

AUF DEN PUNKT

- Batterien sind ebenso alt wie der Verbrennungsmotor. Im Jahr 1900 wurden noch mehr Automobile mit Batterien betrieben als mit Benzin.
- Anders als der Verbrenner wurde die Batterietechnik durch Einführung von Lithium als Basismaterial »neu erfunden«. Und anders als die Verbrennung mit dem Carnot-Wirkungsgrad unterliegt die Speicherung in Batterien keiner physikalischen Begrenzung der Effizienz.
- Durch industrielle Massenfertigung und Technologieentwicklung fallen Batteriepreise noch schneller als die der Solarenergie. Dadurch erobern sie immer neue Marktsegmente. Nach der Elektromobilität und kleinen Heimspeichern aktuell große energiewirtschaftlich und industriell genutzte Speicheranlagen.
- Unzählige neue Materialien und Technologievarianten versprechen eine noch sehr lange anhaltende Leistungssteigerung und Kostensenkung bei Batterien. Materialengpässe werden die Batterien nicht aufhalten. Selbst Lithium ist nicht knapp.

3.4 Flexibilität ist das neue Gold

Den Verbrauch der Erzeugung anzupassen, ist keine verrückte Idee, sondern jahrzehntelange Praxis

Im Zeitalter großer Kohle- und Atomkraftwerke gab es einen einfachen ökonomischen Zusammenhang: Durchlaufende Verbraucher zu versorgen war billig, schwankenden Stromverbrauch zu bedienen hingegen teuer. Denn für diesen mussten Spitzenlastkraftwerke angeschaltet werden, die teures Erdgas verbrennen. Strom aus durchlaufenden Braunkohlekraftwerken hingegen war viel billiger, zumal der CO_2-Ausstoß seinerzeit noch umsonst war. Auch Strom aus durchlaufenden Atomkraftwerken war für die Betreiber billiger – Uran als Brennstoff ist günstig und Endlagerung sowie Risiken wurden ja von der Allgemeinheit getragen. Der Anreiz, große Grundlastkraftwerke durchlaufen lassen zu können, war also groß. Groß genug, um ganze Verbrauchsgruppen zu erfinden, die ausschließlich der möglichst konstanten Auslastung dieser Grundlastkraftwerke dienten. So wurden in Deutschland zu diesem Zweck ab Mitte der 1950er-Jahre Nachtspeicherheizungen aktiv gefördert. Nachtspeicherheizungen laufen insbesondere nachts, wenn Menschen und Unternehmen ruhen und wenig Strom verbraucht wird. Sie wandeln den dann billigen, überschüssigen Strom aus Braunkohle- und Atomkraftwerken direkt in Wärme um und speichern diese für den folgenden Tag zum Beispiel in Schamottsteinen zwischen.

Die Effizienz dieser Art zu heizen ist denkbar schlecht: Unter hohen Umwandlungsverlusten wird aus Kohle oder Uran Strom gewonnen und dann nur im Verhältnis 1:1 in Wärme umgewandelt. Gesamtwirkungsgrad dieser Kette: Unter 40 Prozent der hineingesteckten Energie kommen als Wärme beim Kunden an. Ein einfacher Kohleofen im Haus wäre deutlich billiger und nicht weniger effizient. Doch die Nachtspeicherheizung half eben im Stromsystem dabei, den Verbrauch an die Verfügbarkeit von damals billigem Strom[79] anzupassen. Daher gab es bis in die 1980er-Jahre, also bis ans Ende des aktiven Ausbaus der deutschen Atomkraft, Kampagnen, günstige Anschaffungskredite und Stromtarife für Nachtspeicherheizungen. Überreste dieser Stromtarife gibt es noch heute. Jedoch wird Strom, der für die Wärmeerzeugung dient, heute sinnvollerweise mit Wärmepumpen genutzt. Effizienzhebel: Faktor 3.

In ähnlicher Logik wie mit den Nachtspeicherheizungen wurden zahlreiche weitere Anreize geschaffen, um den Verbrauch der Verfügbarkeit von Strom aus Grundlastkraftwerken anzupassen. So gab und gibt es hohe Rabatte auf Netzentgelte für große Industrieverbraucher, die einen sehr gleichförmigen Stromverbrauch haben. Im Jahr 2011 wurde dies bundeseinheitlich in die sogenannte »7.000–Stunden-Regel« gegossen. Die Regel funktioniert so: Verbraucht ein Unternehmen mit zum Beispiel 1 Megawatt Spitzenleistung mehr als 7.000 Megawattstunden Strom, zahlt es niedrigere Netzentgelte. Da ein Jahr nur 8.760 Stunden hat, muss der Verbrauch eines solchen Unternehmens offenbar recht gleichmäßig anfallen, um einen so hohen Wert bezogen auf die Spitzenleistung zu erreichen. Übersetzt bedeuten 7.000 von 8.760 Stunden eine etwa 80-prozentige Auslastung des Netzanschlusses über ein ganzes Jahr. Zum Vergleich: Normale Haushalte nutzen ihren Netzanschluss nur zu etwa 10 Prozent aus. Ihr Verbrauch schwankt um einen Faktor 8 stärker als der eines Unternehmens in der 7.000-Stunden-Regel.

Andere Länder sind noch »innovativere« Wege gegangen, um ihre Grundlastkraftwerke auszulasten – im Falle Belgiens die Atomkraftwerksflotte. Um den nächtlichen Stromverbrauch zu erhöhen und diese Kraftwerke besser auszulasten, wurde in den 1960er- und 1970er-Jahren sogar eine flächige Beleuchtung der belgischen Autobahnen eingeführt und schrittweise ausgebaut. Man sieht: Auch in der alten Energiewelt wurde viel dafür getan, den Verbrauch an die Eigenschaften und Stärken des damaligen Kraftwerksparks anzupassen. Konstante Last war bares Geld wert.

Auch in der neuen Energiewelt folgt die Last der Erzeugung – nur in anderen Mustern

Dieser ökonomische Zusammenhang dreht sich in der neuen Energiewelt in sein genaues Gegenteil. Oder vielmehr: hat sich schon gedreht. Denn in Ländern wie Deutschland, in denen erneuerbare Energien einen Großteil der Stromerzeugung stellen, schwanken die Preise im Strommarkt in erster Linie nicht mit dem Verbrauch, sondern mit dem Wetter. Strom ist billig, wenn viel Sonnen- oder Windstrom auf eine entsprechend kleinere Last treffen. Bares Geld spart und verdient heute, wer Verbrauch in diese Zeiten verschieben kann oder Strom billig zwischenspeichern und in Zeiten hoher Preise, also bei wenig Sonne und Wind, wieder verkaufen kann. In anderen Worten: Flexibilität ist das neue Gold.

Die Energiewelt durchläuft also einen diametralen Paradigmenwechsel von »starr ist gut« zu »flexibel ist gut«. Das bedeutet nicht nur entsprechende Änderungen bei Planung und Betrieb von Kraftwerken, Stromnetzen und Verbrauchern. Dazu später mehr. Im ersten Schritt erfordert es ein massives Umdenken – denn Menschen und Unternehmen sind über Jahre auf das Gegenteil getrimmt worden.

»Geht nicht« gibt's nicht: Selbst in der Industrie schlummert Flexibilität

So hält sich beispielsweise hartnäckig das Gerücht, die Versorgung einer leistungsfähigen Industrie in Deutschland brauche Grundlastkraftwerke. Schließlich müssten die Prozesse der Großindustrie 24/7 durchlaufen und ließen sich nicht flexibilisieren. Auch nur der kürzeste Stromausfall erzeuge große Schäden. Doch verbergen sich hier gleich zwei gewohnheitsmäßige Denkfehler. Zum einen kann man durchlaufende Lasten – sogenannte Grundlasten – ebenso gut aus fluktuierenden Quellen und Speichern decken (siehe Kapitel 3.6). Und zweitens unterschätzt auch dieses Gerücht die Wirkmacht von Preisen und Innovation. Denn bisher gab es schlicht keinen Anreiz, große Verbraucher zu flexibilisieren. Das Gegenteil war der Fall. Es stimmt zwar:

Wesentliche Teile von Prozessen der Grundstoffindustrie, der Stahlverarbeitung, der Glasherstellung etc. sind tatsächlich darauf angewiesen, Tag und Nacht durchzulaufen. Doch auch hier wird man viele Teilprozesse und Nebenaggregate finden, deren Betrieb man schwankenden Strompreisen nachführen kann und wird, wenn es sich denn nur lohnt. Hier mag weniger Gold verborgen und das Schürfen mühsamer sein – doch auch in der Industrie lässt sich Verbrauch in einem gewissen Maße flexibilisieren.

Dass selbst im Kern der industriellen Grundstofferzeugung mit seinen beeindruckend monströsen Maschinen ungeahnte Potenziale lauern, zeigt ein besonderes Beispiel aus Neuseeland. Der Stahlkonzern Rio Tinto stand vor der Entscheidung, sein Aluminiumschmelzwerk Tiwai Point zu schließen. Die Stromkosten waren zu stark gestiegen, um im internationalen Wettbewerb noch bestehen zu können. Kein Wunder: Die über 570 Megawatt Leistungsaufnahme des Werks machten rund 13 Prozent des gesamten neuseeländischen Stromverbrauchs aus.

In einem so kleinen System hängen die Kosten der eigenen Stromversorgung umso mehr am »Fliegenfänger« des Gesamtsystems. Doch Rio Tinto hat sich in Zusammenarbeit mit Stromerzeugern und dem Netzbetreiber anders entschieden. Das Werk wurde im Jahr 2024 »flexibilisiert«, das heißt, die Fertigung kann schnell und stark auf Schwankungen von Preisen und Verfügbarkeiten im Stromsystem reagieren – um rund 185 Megawatt nach oben (mehr Leistung) und nach unten (weniger Leistung). Diese für das kleine neuseeländische Stromsystem sehr große Lastflexibilität hat einen entsprechenden Wert im Markt und wird von Rio Tinto bezahlt. Gleichzeitig kann das Aluminiumwerk jetzt günstige Stromlieferverträge aus Wind- und Solarenergie mit lokalen Versorgern abschließen. Alle profitieren. Im Ergebnis kann das bisher vor allem auf Wasserkraft und Geothermie basierende Versorgungssystem Neuseelands mehr schwankende Erzeugung der »neuen erneuerbaren« Energien Wind und Sonne aufnehmen.

Ein weiteres aktuelles Beispiel stammt aus den USA. In der Mohave-Wüste fand im Jahr 2025 der Baustart des ersten weitgehend mit Solar- und Windstrom betriebenen Stahlwerks statt. Batterien puffern die

Erzeugung und intelligente Steuerung der Anlagen erschließt die maximal mögliche Flexibilität. Der Betreiber Pacific Steel Group (PSG) gibt an, auf diese Weise 85 Prozent des Energiebedarfs aus lokalen Solar- und Windkraftanlagen beziehen zu können.[80] Mit Technologie und Kosten des Jahres 2025 wohlgemerkt, und vor den weiteren Entwicklungen der Zukunft. Der Nutzen für PSG bereits heute: Das Werk wird unabhängig von den hohen Strompreisen aus konventionellen Kraftwerken im kalifornischen Netz.

Wenn also selbst die härteste aller Nüsse der Flexibilisierung, die Industrie, beweglicher werden kann, gilt für alle anderen Lebensbereiche im übertragenen Sinne: Das Gold liegt auf der Straße. Dabei gibt es so viele unterschiedliche Anwendungen und Geschäftsmodelle, diesen Flexibilitäts-Schatz zu heben, dass die neue Energiewelt wieder einmal etwas unübersichtlich wird. Hier im Folgenden nur im Schlaglicht besonders plastische Beispiele.

Zwei schlafende Flexibilitäts-Riesen: Mobilität und Wärme

Elektroautos stehen im Durchschnitt 23 Stunden am Tag herum. Die in ihnen verbauten Batterien haben aber bereits mit heutiger Technologie eine Lebensdauer, die einer Fahrleistung von über 1,5 Millionen Kilometern entspricht. Waren wir früher mit »fahrenden Heizungen« unterwegs – etwa 80 Prozent der Energie aus Benzin und Diesel geht als Abwärme durch den Kühler –, fahren wir also zukünftig mit »rollenden Speichern«. Und anstatt nutzlos herumzustehen, können die in der Zwischenzeit am Strommarkt Geld verdienen. »Vehicle to grid« nennt sich das.

In Frankreich bietet Renault dieses Modell bereits an. Schließt ein Elektroautobesitzer sein Fahrzeug an eine bidirektionale, also zum Laden und Rückeinspeisen ins Netz befähigte Ladestation an, lädt er sein Auto kostenlos auf. Währenddessen nutzt ein Dienstleister einen Teil der Batteriekapazität für Handelsgeschäfte im Strommarkt. Da die Erlöse aus diesen Geschäften höher sind als die Kosten für den Ladestrom, geht die Rechnung für alle Beteiligten auf. Kostenlos tanken – klingt das nicht wirklich verführerisch? Wenn solche Geschäftsmodelle erst einmal Standard sind, werden wir verwundert zurückblicken auf die Zeiten, in denen Autos für viel Geld an stinkenden Tankstellen befüllt werden mussten.

Und der Nutzen für das Stromsystem ist enorm. Nehmen wir einmal an, jedes zweite Auto führe bereits elektrisch. Nehmen wir weiter an, von den dann 25 Millionen Pkw würden nur 10 Prozent solche Vehicle-to-grid-Angebote annehmen, zum Beispiel am Arbeitsplatz oder zu Hause. Denn sicherlich wird man nicht überall sein Elektroauto komfortabel an eine Ladestation anschließen können. Wenn in jedem Auto eine Batterie mit 50 Kilowattstunden Kapazität verbaut ist, wären auf diese Weise 125 Gigawattstunden Batteriespeicher am Netz. Das ist grob das Dreifache der heute in Deutschland verfügbaren Kapazität von Pumpspeicherkraftwerken. Die bekäme das Stromsystem sozusagen als »Geschenk« der Mobilitätswende kostenlos dazu.

Auch in der Wärmeversorgung schlummern schlafende Riesen. Zukünftig wird Wärme zu wesentlichen Teilen aus Wärmepumpen stammen. Woher auch sonst in einer klimaneutralen Zukunft? Biomasse kann nur einen kleinen Teil beitragen und synthetische Brennstoffe wären viel zu teuer und ineffizient (siehe Kapitel 3.5). Wärmepumpen nutzen Strom, um bei gleichzeitiger Nutzung von Umwelt- und Abwärme ein Mehrfaches an Wärme daraus zu erzeugen. Diese Wärme lässt sich gut kurzfristig puffern, sei es in eigens dafür vorhandenen Wärmespeichern oder gleich in den thermischen Massen des beheizten Gegenstands, also den Wänden und Decken von Häusern, dem Werkstück, das erst etwas später verarbeitet wird etc. In welcher Stunde genau die Heizung läuft, ist also nicht mehr entscheidend, sondern wann die Wärme mit besonders günstigem Strom erzeugt werden kann.

Es gibt zahlreiche innovative Ansätze, für diesen Zweck Wärme auf niedrigen und hohen, industriellen Temperaturniveaus kostengünstig zwischenzuspeichern. Wie bei so vielen Technologien stehen wir hier erst am Anfang unserer Reise, da erst jetzt die wirtschaftlichen Anreize groß genug werden, in die Entwicklung und den Markthochlauf zu investieren. Denn mittlerweile schwanken weltweit in Ländern mit viel Sonnen- und Windstromerzeugung die Strompreise deutlich stärker als früher und beginnt die Elektrifizierung von Wärme und Industrie. In diesen Sektoren tritt das Flexibilitäts-Gold gerade erst an die Oberfläche.

Batterien: »Flexibilität auf die Zwölf«

Viel einfacher und daher noch viel schneller als die eben genannten schlafenden Riesen der Flexibilität ist das einfachste Geschäftsmodell zur Nutzung starker Strompreisschwankungen zu blühendem Leben erwacht: die Speicherung von Strom in Batterien. Ausgehend von der rasanten Technologie- und Kostenentwicklung der E-Mobilität und kleinen Batteriespeichern für die heimische PV-Anlage, boomt weltweit der Einsatz von Großbatterien. Sie werden sowohl zum reinen Geschäft im Stromhandel eingesetzt als auch zur Stützung des Stromnetzes an Stellen, in denen deren Kapazität an Grenzen stößt – sei es die Kapazität zur Aufnahme weiterer Erzeugungsmengen zum Beispiel aus Solar- und Windkraftwerken oder die Kapazität zum Anschluss zusätzlicher Verbraucher.

In beiden Fällen ist es oft günstiger, eine Batterie zu platzieren und bestehende Kabel und Transformatoren gleichmäßiger auszulasten, als neue Kabel zu verlegen und Transformatoren zu errichten. In Deutschland hinkt die Entwicklung bei Großbatteriespeichern dem weltweiten Trend leider noch hinterher, da die Regularien für Planung und Betrieb wie bei so vielen Themen unnötig sperrig sind.

Wo die Reise hingeht, zeigen aber bereits Länder wie Kalifornien oder Südaustralien. Hier werden Batterien bereits massenhaft genutzt, um mittags günstigen Solarstrom zu laden und abends zu entladen. Diese Mengen verdrängen dann teuren Strom aus Gaskraftwerken. In Kalifornien wurde innerhalb von nur drei Jahren eine so große Batteriekapazität errichtet, dass sie in den Abendstunden bereits die größte einzelne Stromquelle darstellen, also mehr Leistung in das kalifornische Netz einspeisen als Gaskraftwerke (Details siehe Kapitel 6.3).

Fazit: In einem Energiesystem mit hohen Anteilen erneuerbarer Energien schwankt das Stromangebot und damit der Strompreis mit dem Wetter. Der Ausgleich dieser Schwankungen ist das Geschäft der Zukunft. Das zeigt auch die Vielzahl an Unternehmensgründungen und Start-ups in diesem Bereich, die sich mit neuen Verfahren und natürlich mit Digitalisierung und künstlicher Intelligenz auf den Weg machen, das »neue Gold« der Flexibilität zu heben. Das reduziert zugleich den Ausbaubedarf der Stromnetze und stützt die Preise der sich kannibalisierenden erneuerbaren Energien.

Wieder ist die Zukunft mehr als die Fortschreibung der Gegenwart

Heute können wir uns noch gar nicht ausmalen, welche technischen Innovationen und neuen Geschäftsmodelle in diesem Goldrausch entstehen und in zehn Jahren Normalität sein werden. Die Vielfalt zur Nutzung und Monetarisierung von schwankenden Strompreisen und Flexibilität ist riesig und der Markt ist erfinderisch. Umso mehr dürfen wir nicht den Fehler machen, aus dem Hier und Jetzt auf ihre Verfügbarkeit in Zukunft zu schließen. Innovation und Technologieentwicklung werden noch viele positive Überraschungen bereithalten. Im Umkehrschluss sollten wir bei der Planung der neuen Energiewelt nicht schon allzu konkrete Mengengerüste flexibler Kraftwerke oder einzelner Speichertechnologien für das Zieljahr 2045 ansetzen und als Mastermind deren Errichtung vorantreiben. Vielmehr sollte der Planungsprozess selbst so flexibel sein, dass wir unterwegs Annahmen anpassen und nachsteuern können (siehe Kapitel 6.1). Tun wir das nicht, drohen »Stranded Assets«, also Investitionen für einen Markt von morgen, die sich dann nicht mehr rechnen, weil das Morgen sich so stark vom Heute unterscheidet. Dass dennoch Anfang 2025 in Politik und Öffentlichkeit der Ruf nach mehr neuen Gaskraftwerken laut geworden ist, hat dabei weniger mit realer Bedrohung von Versorgungssicherheit zu tun. Die aktuell von der neuen Bundesregierung geplanten 20 Gigawatt zusätzlicher reiner Gaskraftwerke statt der bisher geplanten 10 Gigawatt wasserstofffähiger Gaskraftwerke zeigen eher, wie stark noch immer Beharrungskräfte wirken und wie wenig die hier beschriebene Innovationsdynamik als Chance einer intelligenteren Zukunftsgestaltung verstanden wird.

AUF DEN PUNKT

- Auch in der alten Energiewelt mit konventioneller Stromerzeugung aus Kohle und Uran wurden Lasten dem optimalen Erzeugungsprofil der Kraftwerke angepasst.
- Wurde früher mit Nachtspeicherheizungen und Autobahnbeleuchtungen gezielt Verbrauch in sonst verbrauchsarme Zeiten verschoben, um Kraftwerke gleichmäßig auszulasten, werden sie in der neuen Energiewelt in Zeiten besonders hohen und günstigen Solar- und Windstromangebots verschoben werden.
- Selbst bisher starre industrielle Großverbraucher besitzen ungenutzte Flexibilitätspotenziale. Ungleich größeres Potenzial schlummert im Wärme- und Mobilitätssektor, da Wärme einfach in »träger Masse« wie Gebäuden gespeichert werden kann und in Autos, Lkw und Bussen zukünftig große Mengen rollender Speicher auf unseren Straßen stehen werden.
- Batterien und weitere, neue Speichertechnologien sind die einfachste und schnellste Art, Flexibilität aufzubauen. Dies senkt unmittelbar den Netzausbaubedarf und stützt die Preise der sich kannibalisierenden erneuerbaren Energien.
- Das Gros der zukünftigen Entwicklung ist heute noch gar nicht absehbar – denn der Markt ist erfinderisch und Innovation wird systematisch unterschätzt.

3.5 Weniger ist mehr: die große Elektrifizierung

Heute werden über 70 Prozent der weltweit von Menschen eingesetzten Energie verschwendet.[81] Lesen Sie diesen Satz noch einmal und machen Sie sich bewusst, wie grotesk ineffizient die Menschheit aktuell offenbar mit Energie umgeht: 70 Prozent der eingesetzten Energie gehen als Umwandlungsverluste in Kraftwerken verloren, als Abwärme durch den Schornstein oder Auspuff oder dringen durch Wände und Fenster ungenutzt nach außen. Und darin ist noch nicht einmal die Energie enthalten, die wir zur Herstellung von Dingen aufwenden, die später als Verpackung oder Müll auf der Deponie landen, im Mülleimer oder dem Schweinetrog. Die Gesellschaften in den Industrieländern halten den erreichten Entwicklungsstand ihrer Wirtschaften gern für das Höchste der Gefühle. Mehr geht natürlich immer und schrittweise Optimierung auch, so viel wird den Kritikern zugestanden. Aber mit etwas Abstand darauf schauen und ein nüchternes Ingenieurs-Fazit ziehen mag kaum jemand: Wir betreiben global eine gigantische Verschwendungsmaschine. Auch und gerade in der Energieversorgung, in der Mobilität, im Wärmesektor.

Gleichzeitig lässt uns der Klimawandel keine Wahl: Wir müssen innerhalb der nächsten nur 20 Jahre aufhören, zum Heizen und Fahren, zum Fliegen und Antreiben industrieller Prozesse fossile Energieträger zu verbrennen. Lässt man sich auf diese Randbedingung ein, fallen einem dafür drei logische Optionen ein. Spoiler: Ein Weiterbetrieb der Verschwendungsmaschine gehört nicht dazu. Aber spielen wir die logischen Optionen der Reihe nach durch, wie in einem Abzählreim.

Die Verbrennung ist tot! Es lebe die Verbrennung – mit klimaneutralem Kraftstoff?

Warum mit dem Verbrennen aufhören, wenn wir doch auch klimaneutrale, synthetisch hergestellte Kraftstoffe verbrennen könnten? Die binden bei ihrer Herstellung den Kohlenstoff, den der Motor später wieder ausstößt. Ein geschlossener Kreislauf. Die Idee: Wir erhalten die Motorentechnologie und damit die starke Position der deutschen Automobilindustrie, die hier die Nase noch vorn hat. Heizen könnten wir weiter mit Gas, aber halt mit klimaneutral hergestelltem. Und so weiter.

Die Herstellung synthetischer Kraftstoffe benötigt viel Energie, genauer gesagt viel Strom. Im ersten Schritt wird aus diesem Strom Wasserstoff hergestellt. Das Verfahren dafür ist bekannt und etabliert. Man spaltet per Elektrolyse Wasser in Wasserstoff und Sauerstoff. Heute wird Wasserstoff zwar längst nicht in den notwendigen Größenordnungen produziert, aber die ganze Energiewende ist ja eine Geschichte dynamischen Wachstums bestimmter Industrien. Ähnlich könnte man für den notwendigen zweiten Schritt argumentieren, der sich im Vergleich zur Wasserstoffherstellung noch eher im Pilotmaßstab befindet: In diesem Schritt wird Wasserstoff mit Kohlenstoff zu flüssigen Alternativkraftstoffen verbunden. Da diese den Strom als ursprüngliche Energiequelle transportabel machen, werden sie »E-Fuels« genannt.

Doch das Problem der E-Fuels liegt in erster Linie nicht darin, dass die Industrie heute de facto nicht existiert und eine entsprechend dramatische Wachstumskurve geschafft werden müsste. Das Problem sind die Effizienz und damit die Kosten. Bei der Herstellung des Wasserstoffs und im Folgeschritt der Umwandlung in ein E-Fuel geht ein großer Teil der eingesetzten Energie verloren. Nehmen wir an, mit moderner Zukunftstechnologie würde es im Großmaßstab gelingen, dass die Hälfte des sauberen Stroms als nutzbare Energie im E-Fuel ankommt. Im Verbrennungsmotor wird dann aber weiterhin nur etwa 20 Prozent von dieser Energie in Fortbewegung umgesetzt. Der Rest? Wird immer noch als Abwärme über den Kühler »entsorgt«. Die fahrende Heizung wird jetzt lediglich mit dem denkbar edelsten Kraftstoff »E-Fuel« betrieben. Wir können auch nicht davon ausgehen, dass die Verbesserung des Verbrennungsmotors Abhilfe schafft. In ihm stecken bereits über 100 Jahre Technologieentwicklung und seit Einführung des »Model T« auch die Kostensenkungspotenziale der Massenfertigung. In anderen Worten: Das historische Ende des Verbrennungsmotors ist erreicht. Nur so ist auch zu erklären, dass große Autohersteller angekündigt haben, jegliche Weiterentwicklung der Verbrennertechnologie und dazugehöriger Fahrzeugentwicklungen vollständig einzustellen.

Strom ist 5- bis 6-mal so effizient wie Verbrennung von E-Fuels

Wie schon erwähnt setzen Elektroautos bereits heute über 70 Prozent des gespeicherten Stroms in Bewegung um, und das nur gut 15 Jahre nach Beginn ernsthafter Massenfertigung. In Summe ergibt sich der gesamte Effizienzgewinn vom E-Auto zum E-Fuel aus dem Faktor 2 bei der nicht benötigten Herstellung von E-Fuels und dem Faktor 2,5–3 aus dem Wegfall der Verbrennung. Mit wachsenden Reichweiten und dichter Ladeinfrastruktur kommen weitere schlagende Kaufargumente dazu: Elektrisches Fahren ist leise und erlaubt Unterhaltungen in Normallautstärke oder Musikgenuss ohne Motorenlärm. Viel Platz für den Motor fällt weg, das Raumangebot ist größer. Elektrisches Bremsen und wenige bewegte Teile, kein Ölwechsel etc. Das alles senkt Wartungskosten. Schon heute ist das Fahren mit einem E-Auto billiger als mit einem Verbrenner. Bei den Anschaffungskosten setzt die Talfahrt gerade ein. Insbesondere chinesische Hersteller machen da mächtig Druck.

Zwischenfazit: Die erste Idee »verbrennen wir einfach alternative, CO_2-neutrale Kraftstoffe« braucht rund 5- bis 6-mal so viel Wind- und Solarstrom wie elektrisches Fahren. Das übersetzt sich in mindestens 5- bis 6-fach so hohen Kosten pro Kilometer. Gegenprobe: Wäre es nicht merkwürdig, wenn es günstiger wäre, Kraftstoff künstlich herzustellen, als einfach aus dem Boden zu pumpen?

Wasserstoff ist die Lösung – oder doch nicht?

Zurück zu den drei logischen Optionen, ohne fossile Energieträger hinzukommen. Nummer 2: Wir machen das mit den alternativen Kraftstoffen oder dem Wasserstoff, aber verbrennen sie nicht. Vielmehr wandeln wir sie direkt mit einer Brennstoffzelle wieder in Strom für einen elektrischen Antrieb des Autos um. Diese Idee hatte ab den 1990er-Jahren schon einmal Konjunktur. Im Jahr 2004 zeigte sich der amerikanische Gouverneur Arnold Schwarzenegger mit erhobenem Daumen vor einem wasserstoffbetriebenen »Hummer« (mit deutschen Augen betrachtet eher ein Ungetüm von Auto). Kalifornien hatte politisch ehrgeizige Zielvorgaben für emissionsfreie Fahrzeuge gemacht. Die Werbung des Gouverneurs war ein nachvollziehbarer Teil davon.

Doch zwanzig Jahre später gibt es kaum noch Automobilhersteller, die die Brennstoffzellentechnologie weiterverfolgen. Die meisten haben die Entwicklung zugunsten batterieelektrischer Antriebe eingestellt. Der Grund: hohe Komplexität und Kosten der Brennstoffzellentechnik, schwieriges Handling von flüssigem Wasserstoff im Fahrzeug und an der Tankstelle. Selbst in den Zukunftsszenarien für den Bus- und Schwerlastverkehr verdrängt die Batterie gerade ihre Wettbewerber. Der Fokus der Hersteller und die Marktentwicklung sprechen hier eine deutliche Sprache, mindestens für die Kurz- und Mittelstrecke.[82] Es wird abzuwarten bleiben, ob es noch Hersteller schaffen, Brennstoffzellenantriebe auf nennenswerte Stückzahl zu bringen und so überhaupt relevante Kostensenkungen zu erzielen. In einem Umfeld, indem der Wettbewerb batterieelektrischer Antriebe schon voll von der Skalierung profitiert, schließt sich das Zeitfenster dafür schnell. Mit über 14 Millionen produzierten Fahrzeugen im Jahr 2023 dürfte der Vorsprung der E-Auto-Industrie schwer einzuholen sein. Und auch bei Stadtbussen zeigen die Zahlen bereits, dass die Zukunft batterieelektrisch ist. Knapp 50 Prozent der im Jahr 2024 neu angeschafften Stadtbusse in Europa fahren elektrisch, nach 37 Prozent nur ein Jahr zuvor.[83]

Aber wo kommt der Strom her – und wie halten die Netze das aus?

Bleibt Nummer 3 im Abzählreim: das elektrische Fahren. Die Effizienzvorteile hatte ich schon genannt. Auch der weltweite Markthochlauf spricht eine klare Sprache. Rasante Kostensenkung und technologische

Verbesserungen insbesondere der Reichweiten und Ladegeschwindigkeiten führen zu weltweitem Marktwachstum von 25–30 Prozent pro Jahr. In anderen Worten: Jedes Jahr kommen mehr neue Elektroautos und E-Lkw dazu als im Jahr zuvor. Auch die wollen natürlich fahren und regelmäßig geladen werden.

Damit stellt sich die Frage, ob wir überhaupt die gesamte deutsche Infrastruktur und Fahrzeugflotte auf Elektromobilität umstellen können? Zwei Einwände gibt es gegen diese Option: Wo soll all der zusätzliche Strom herkommen? Und was ist, wenn alle gleichzeitig laden wollen und die Netze überlasten?

Hier kommt der Effizienzbooster der großen Elektrifizierung. Genauer gesagt: die beiden Effizienzbooster. In Deutschland werden aktuell rund 400 Terawattstunden Primärenergie für Mobilitätszwecke verbraucht. Im Vergleich: Der gesamte deutsche Stromverbrauch beträgt etwa 550 Terawattstunden. Müssen wir also die Stromproduktion annähernd verdoppeln, um alle elektrisch fahren zu können? Natürlich nicht – denn die Effizienz steigt gegenüber der Verbrennung von Öl oder Diesel um grob einen Faktor 4. Es gehen eben nicht mehr 10–15 Prozent der Primärenergie in der Raffinerie und beim Transport verloren und dann noch mal 80 Prozent der Energie bei der Verbrennung im Motor. Der zusätzliche Strombedarf beträgt also eher 100 Terawattstunden, wenn wir nur eine »Antriebswende« von Verbrenner zu Elektro hinbekommen. Eine echte Verkehrswende mit mehr Bahn, ÖPNV und Fahrrad schafft eine noch stärkere Reduktion. Wir reden also von einer Steigerung des Stromverbrauchs durch Elektromobilität von nicht einmal 20 Prozent im Vergleich zu heute – langsam verteilt über die nächsten 20 Jahre. Das ist dann nicht mal mehr ein Scheinriese.

Weniger ist noch weniger: »Gleichzeitigkeit« entlastet Netz und Märkte

Und die Netze? Was, wenn alle gleichzeitig laden? Die Antwort ist etwas komplizierter, denn sie hat auch mit der Umstellung von Gewohnheiten zu tun. Aber auch hier hilft die Effizienz, namentlich die Kosteneffizienz. Laden, wenn man eben gerade laden will, wird zukünftig nur noch dann sinnvoll und möglich sein, wenn man weite Strecken vor sich hat – oder bereit ist, entsprechend dafür zu zahlen. Wer am nächsten Morgen zu einer langen Reise aufbricht, braucht eine volle Batterie. Und wer auf der Autobahn nachladen muss, braucht die maximale Ladeleistung. Allerdings stehen Autos im Durchschnitt 23 Stunden am Tag auf der Stelle. Zu Hause, am Arbeitsplatz, beim Einkaufen. Die tägliche Fahrleistung eines Autos beträgt in Deutschland nur etwa 30 Kilometer am Tag. Das ist bereits heute weniger als 10 Prozent der Reichweite eines modernen Elektroautos. Und zu welcher Uhrzeit genau das Nachladen erfolgt, bestimmt dann eben nicht mehr der Zeitpunkt der Ankunft zu Hause oder die persönliche Laune, sondern der gewählte Tarif und der Markt. Geladen wird, wenn Strom billig ist, und so, dass die Netze über viele Stunden gut ausgelastet sind. Eben nicht »alle gleichzeitig«. Bereits heute ist das Standard für Kundinnen und Kunden mit einem intelligenten Stromzähler und einem flexiblen Stromtarif. Man gibt an, wann das Auto spätestens wieder voll sein soll, und die App entscheidet, zu welcher Zeit genau das am günstigsten erreicht wird. Ein Booster für die Auslastung von Stromnetzen und damit der Effizienz unserer Infrastrukturinvestitionen!

Wie gesagt: »Flexibilität« im Stromnetz ist das neue Gold. Elektroantriebe verschmelzen mit dem Stromsystem nicht nur als Einbahnstraße beim Laden. Sondern auch umgekehrt: als Pufferspeicher für die riesigen Produktionsüberschüsse aus Solar- und Windkraftwerken oder bei Engpässen im lokalen Stromnetz. Die Batterien von Elektroautos haben heute schon eine rechnerische Lebensdauer von über 1,5 Millionen Kilometer Fahrleistung. Das braucht kein Mensch. Und diese Kapazität 23 Stunden am Tag ungenutzt rumstehen zu lassen, wäre ineffizient und Geldverschwendung. Ein stehendes, ans Netz angeschlossene Elektroauto wird zukünftig Geld verdienen durch Einspeicherung von Strom, wenn er billig ist, und Ausspeicherung zu hohen Preisen. Es werden Angebote von Stromhändlern, Autoherstellern, Leasingfirmen und ganz neuen Akteuren entstehen, die für alle ein gutes Geschäft sind. Es wird spannend werden, die neue Normalität entstehen zu sehen.

Was für Mobilität gilt, gilt für Wärme sowieso

Auch für die Wärmeversorgung in Deutschland werden vor allem Sachen verbrannt. Allen voran Erdgas für Raum- und Industriewärme, in Gegenden ohne Gasnetz aber auch Öl und Holz. Die Verbrennung von Müll spielt bei der Speisung von Wärmenetzen ebenso eine Rolle. Bis auf die Biomasse, die zumindest teilweise klimaneutral ist, kann der Rest so auf keinen Fall bleiben.[84]

Ähnlich wie bei der Mobilität könnten wir nun einen Abzählreim aufbauen: Erstens könnten wir auf die Idee kommen, statt Erdgas zukünftig Wasserstoff oder klimaneutrale Synthesegase zu verbrennen. Doch wie wir in Kapitel 1.2 gesehen haben, ist das im Vergleich zur elektrischen Heizung per Wärmepumpe ähnlich ineffizient und teuer wie das Verbrennen von E-Fuels im Vergleich zu Elektroantrieben. Dröseln wir diesen Schritt daher nicht nochmals auf, sondern springen gleich zur zweiten Idee: der Nutzung von Wasserstoff in Brennstoffzellenheizungen.

In der Brennstoffzelle reagiert dabei der Wasserstoff mit Sauerstoff aus der Luft zu Wasser und es werden gleichzeitig Strom und Wärme erzeugt. Die Wärme könnte man zum Heizen seines Hauses verwenden und den Strom selbst nutzen oder ins öffentliche Stromnetz einspeisen. Berücksichtigt man den energetischen Nutzen von Strom und Wärme, kann der Gesamtwirkungsgrad dieser Kette günstiger ausfallen als die reine Verbrennung von Wasserstoff. Insbesondere dann, wenn man den erzeugten Strom gleichzeitig nutzt, um mit einer Wärmepumpe zusätzliche Wärme bereitzustellen. Solche Anwendungen kann und wird es eventuell geben, insbesondere im Verbund mit großen Wärmenetzen in Ballungszentren. Denn in solchen Fällen kann es gelingen, den Wasserstoff bis zur Heizzentrale zu bringen. Im verteilten Wohnbau jedoch, wo heute Erdgasnetze den Brennstoff in Millionen von Häusern und Unternehmen bringen, scheidet diese Option aus. Die Gasnetze wird es nicht mehr geben, da sich deren Betrieb für die drastisch reduzierten Mengen nicht lohnt (siehe Kapitel 4.4). Gleichzeitig kann man bestehende Erdgasnetze nicht einfach auf Wasserstoff umrüsten. Als kleinstes Element des Periodensystems ist Wasserstoff extrem flüchtig und dringt durch kleinste Ritzen. Auch kann es in die verwendeten Materialien eindringen und sie verspröden. Zu guter Letzt hat Wasserstoff eine kleinere Energiedichte als Erdgas – wollte man ähnliche Größenordnungen an Energie durch die Leitungen schicken, müssten diese deutlich vergrößert werden. Durch die aktuellen Querschnitte passen nicht genug Wasserstoffmoleküle gleichzeitig.

Bis auf Nischen dürfte die zweite Idee in unserem Abzählreim also ebenfalls keine mengenmäßig relevante Rolle spielen. Bleibt auch hier die dritte Variante: die Elektrifizierung des Wärmesektors. Die Wärmepumpe ist die effizienteste und günstigste Form klimaneutraler Wärmebereitstellung. Gängige Studien gehen entsprechend davon aus, dass sie als neues »Arbeitspferd« des Wärmesektors wesentliche Teile der Versorgung mit Raumwärme und Niedertemperaturwärme für die Industrie mindestens bis 200 °C übernehmen wird. Am Gesamtwärmemarkt wird der Anteil der Wärmebereitstellung durch Wärmepumpen auf 60–70 Prozent steigen.[85]

Die Industrie ist wieder die härteste Nuss – doch auch hier stehen die Zeichen auf Elektrifizierung

Viele industrielle Verfahren brauchen Wärme auf höheren Temperaturniveaus, als es mit Wärmepumpen heute gut erreichbar ist. 200–250 °C gilt hierfür aktuell als ökonomische Grenze. Während in der Lebensmittel- und Papierindustrie noch der größte Anteil des Energiebedarfs mit solchen relativ niedrigen Temperaturen funktionieren, brauchen die chemische Industrie, der Fahrzeugbau, Metall- und Maschinenbau zu größeren Anteilen Temperaturen über 500 °C. In der Metallerzeugung und -verarbeitung sowie der Glas- und Keramikindustrie fällt über die Hälfte des Energiebedarfs sogar über 1000 °C an.[86] Hier braucht es zusätzliche Quellen zur Wärmepumpe. Gerade für Hochtemperaturprozesse wie die Metallverarbeitung ist dabei Wasserstoff eine oft genannte Option. Über »Electric Arc Furnaces«, also elektrisch betriebene Lichtbogenöfen erhält aber auch hier die Wärmeerzeugung aus Molekülen Konkurrenz durch die direkte Nutzung von Strom.

Doch die Landschaft industrieller Anwendungen und Prozesse ist vielfältig. Daher gehen die meisten Studien davon aus, dass die Industrie ohne einen chemischen Energieträger wie Wasserstoff nicht dekarbonisiert werden kann. Die Gretchenfrage, welche Teile genau das sind und wie hoch der Wasserstoffbedarf am Ende sein wird, wird erst die Zukunft beantworten. Klar scheint: Ohne Moleküle geht es nicht. In Anbetracht der großen Dynamik bei der Elektrifizierung und der anhaltenden Ernüchterung in der Wasserstoffbranche beim Hochlauf ihrer Kapazitäten scheint aber ebenso klar: Es braucht weniger Moleküle als bisher gedacht. Am Ende macht der schnellere Markt das Rennen.

Warum das alles? Elektrifizierung spart Geld!

Warum die »große Elektrifizierung« also kommen wird, so oder so? Weil sie uns unfassbare Mengen an Geld spart. Im Jahr 2024 hat Deutschland Erdöl im Wert von über 45 Milliarden Euro importiert und Erdgas im Wert von über 17 Milliarden Euro.[87] Wir erinnern uns: Der größte Teil dieses Geldes wird im Wortsinne verbrannt, geht als Abwärme durch Millionen Auspuffe und Schornsteine verloren. Setzt man einen moderaten Wert von zwei Dritteln Abwärmeverluste bei den beiden Energieträgern an, entspricht das über 40 Milliarden Euro. Jedes Jahr. Eine mehr als solide Gegenfinanzierung für die Energiewende – und ein immer größer werdender Kaufanreiz für Elektroautos und Wärmepumpen.

AUF DEN PUNKT

- Verbrennung ist uneffizient. Über 70 Prozent der vom Menschen heute eingesetzten Energie geht über Schornsteine und Auspuffe oder durch Wände und Fenster als Abwärme verloren.
- Die Verbrennung klimaneutraler Kraftstoffe, sogenannter »E-Fuels« kann diese Verluste nicht vermindern. Sie steigen sogar, da Verluste bei der Herstellung der E-Fuels hinzukommen.
- Die direkte Nutzung von Strom in Elektroantrieben und Wärmepumpen ist 5- bis 6-mal so effizient wie die Verbrennung von E-Fuels. Damit ist sie auch der billigste und schnellste Weg und

deswegen schreitet die Elektrifizierung der Mobilität und des Wärmesektors weltweit voran.

- Zwar entstehen durch das Laden von Fahrzeugen und Heizen neue Lastspitzen im Stromnetz. Diese werden jedoch dadurch geglättet, dass nie alles gleichzeitig geladen und geheizt wird. So werden die Spitzen beherrschbar.
- Den höheren Anforderungen an die Stromnetze und den dafür einmalig notwendig werdenden Investitionen stehen hohe jährliche Kostenentlastungen gegenüber. Allein im Jahr 2024 hat Deutschland Erdöl im Wert von 45 Milliarden Euro und Erdgas im Wert von 17 Milliarden Euro importiert.

3.6 Infrastruktur für die Dunkelflaute – Energie organisch denken

Schön sortiert und einfach: die alte Energiewelt

Die klassische Energieversorgung war eine vergleichsweise übersichtliche Angelegenheit. Stellt man sie auf einer Übersichtskarte dar, erkennt man drei große, getrennte Bereiche. Jeder steht für ein weitgehend eigenständiges Infrastruktursystem und ähnelt einem umgedrehten Baum: Der startet jeweils oben im Bild bei wenigen zentralen Quellen, verzweigt sich über immer mehr Zwischenstufen von Aufbereitung, Transport und Zwischenspeicherung, bis er unten in einem dichten Geäst zur Verteilung bei den Endverbrauchern ankommt. Jeder einzelne Pfad eine Einbahnstraße, streng von oben nach unten organisiert.

Erste Einbahnstraße: vom Ölfeld bis zum Auspuff

In der Mobilität ist beispielsweise Erdöl der dominierende Energieträger. Seine Förderung findet hoch zentralisiert in wenigen Regionen der Erde mit großen, wirtschaftlich günstig erschließbaren Vorkommen statt. Der Transport über kürzere Pipelines und Tausende Tankschiffe, die Raffinierung zu Kraftstoffen wie Diesel, Benzin und Kerosin, die Zwischenlagerung: auch noch relativ große Infrastrukturen.

In Deutschland gibt es knapp ein Dutzend Erdölraffinerien, davon sechs mit einer Verarbeitungskapazität von über 10 Millionen Jahrestonnen Rohöl. Die größte, die heute »Energy and Chemicals Park Rheinland« genannte ehemalige Rheinland-Raffinerie bei Köln, erstreckt sich über 4,4 Quadratkilometer. Neben den bekannten Kraftstoffen wie Benzin, Diesel und Kerosin spaltet sie aus dem Rohöl auch Heizöl, Schweröl,

Bitumen sowie Gase wie Propan und Butan ab und erzeugt petrochemische Folgestoffe. Die gewonnenen Kraftstoffe werden über eine Vielzahl von Schiffen und Tanklastern weiter verteilt. Am Ende dieses immer dichter werdenden Geästs stehen gut 14.000 Tankstellen,[88] an denen dann knapp 70 Millionen deutsche Pkw und Lkw ihre Energie beziehen.[89]

Diese gigantische Infrastruktur hat keine relevante Verbindung zur Infrastruktur für die Stromversorgung und auch in den Wärmesektor hinein ist die Verbindung über das Heizöl nur mäßig. Im Jahr 2024 wurden in Deutschland knapp 58 Millionen Tonnen Benzin, Diesel und Kerosin abgesetzt, aber nur etwa 12 Millionen Tonnen leichtes und schweres Heizöl.[90] Zudem ist Heizöl eben kein Benzin. Wer das eine in seinen Pkw füllt oder das andere in seine Heizung, erlebt unschöne Überraschungen. Auch die Abzweigung aus dem Ölsektor in den Wärmesektor ist eine Einbahnstraße. Der Rückfluss von Energie zum Beispiel in die Mobilität ist ausgeschlossen.

So ist also auch die Verbrennung des Kraftstoffs in Motoren – vom Pkw und Lkw über gewerbliche Nutzmaschinen bis zum Rasenmäher – nahezu vollständig getrennt von anderen energetischen Nutzungen von Erdöl. Die Abwärme des Motors eines Pkw wird über den Kühler an die Umwelt abgegeben und wer zu Hause mit Öl heizt, tut dies über einen Heizkessel mit eigenem Tank und andersartigem Brennstoff. In anderen Worten: Motoren sind energietechnische Solitäre. Wie so oft bestätigen nur wenige Ausnahmen die Regel, nämlich wenn die Abwärme von Motoren als Prozesswärme in der Industrie oder über Nahwärmenetze zur Beheizung von Gebäuden genutzt wird. Mengenmäßig ist dies jedoch ein verschwindend kleiner Anteil von vermutlich nur 1–2 Prozent des eingesetzten Erdöls.

Erdgas: auch nur eine Richtung, aber auf parallelen Wegen

Die zweite große Energieinfrastruktur auf unserer Übersichtskarte gehört zum Erdgas. Bei der Förderung von Erdgas gibt es zwar noch gewisse Synergien und Verbindungen zum Erdöl – schätzungsweise 20–30 Prozent stammen als sogenanntes »assoziiertes Gas« aus der Ölförderung. Doch spätestens der Transport des Erdgases über Pipelines oder verflüssigtes LNG, die Verteilung über weitverzweigte Gasnetze in Deutschland und anderswo auf der Welt bis zur Nutzung in industriellen Prozessen oder heimischen Heizkesseln ist wieder vollständig entkoppelt und eigenständig. Durch 40.000 Kilometer Gasfernleitungen und über 550.000 Kilometer Gasverteilnetze werden in Deutschland 11 Millionen Verbrauchsstellen mit Erdgas beliefert.[91] Ein im Vergleich zur Verteilung von Kraftstoffen für die Mobilität nochmals erheblich feineres – und teureres – Geäst von Einbahnstraßen. Dezentrale Einspeisung zum Beispiel von Klärgasen oder Biogas in das Gasnetz ist auch hier die mengenmäßig wenig relevante Ausnahme.

Die dominierende Nutzung von Erdgas ist die Wärmeerzeugung, also sowohl die Raumwärme in Wohn- und Geschäftsgebäuden als auch die industrielle Prozesswärme. Etwa 85 Prozent der energetischen Nutzung von Erdgas entfallen auf die Wärmebereitstellung. Nur etwa 15 Prozent werden zur Stromerzeugung genutzt. Auch als chemischer Grundstoff in der Industrie wird Erdgas eingesetzt, zum Beispiel in der Herstellung von Ammoniak, Methanol, industriellem Wasserstoff oder in der Metallurgie. Mit Blick auf unser Übersichtsbild mit den drei Energieinfrastrukturen erscheint diejenige für Transport, Verteilung und Nutzung von Erdgas dennoch als ebenfalls weitgehend entkoppelter Solitär. So wie die energetische Nutzung von Erdöl vor allem der Mobilität dient, wird Erdgas energetisch vor allem für Wärmeerzeugung und ein bisschen für Strom genutzt.

Strom: noch mehr Einbahnstraßen

Und die Stromerzeugung? Kennt immerhin mehrere Energieträger als primäre Quelle der Stromerzeugung: Allen voran Kohle, gefolgt von Erdgas, den erneuerbaren Energien Wind, Wasser, Sonne und Biomasse sowie Uran. Die leichte Kopplung zwischen Gas- und Stromsektor hatten wir ja schon. Aus Sicht der Gasinfrastruktur ist die Kopplung mit etwa 15 Prozent der energetisch für die Stromerzeugung genutzten Mengen recht gering. Das ist sie auch aus Sicht des Stromsektors: Knapp 16 Prozent der deutschen Stromerzeugung stammen aus Erdgas.[92]

So weit die Kopplungen unserer drei Energieinfrastrukturen aus Sicht der genutzten Energieträger. Noch deutlicher fällt das Bild mit Blick auf die Anwendungen aus, das heißt auf die Nutzung von Strom. Noch sind die Anteile des deutschen Stromverbrauchs für Elektromobilität vernachlässigbar klein. Und auch zum Wärmesektor hin fällt die Kopplung schwach aus – Ausnahme sind wieder zum Beispiel Gasturbinen und -motoren, deren Abwärme in industrielle Prozesse oder Nahwärmenetze eingespeist werden. Doch im Wesentlichen werden die Stromnetze – in Europa das große Verbundsystem – nahezu vollständig entkoppelt vom Mobilitäts- und Wärmesektor betrieben.

Rund 53 Millionen Abnahmestellen für Strom in Deutschland werden über 38.000 Kilometer Übertragungsnetze und rund 1,9 Millionen Kilometer Verteilnetze für vor allem einen Zweck beliefert: zum Betrieb von Millionen Haushaltsgeräten, Kühlschränken, Computern, Elektromotoren, Pumpen, Lüftern, Rechenzentren etc. All das im Wesentlichen als dritter Infrastruktur-Solitär mit den genannten nur geringen Verbindungen zur Infrastruktur für Mobilität und Erdölnutzung oder zu den Gas- und Wärmenetzen. Wobei die letztgenannten Rechenzentren wieder die übliche Ausnahme darstellen – ihr Energieverbrauch und damit ihre Abwärme wurden in den letzten Jahren zunehmend als potenzielle Wärmequelle zum Beispiel für Nahwärmenetze erkannt.

In der alten Energiewelt koppelt nur der Strommarkt die Sektoren

Eine hochgradig relevante Kopplung zwischen Gas- und Stromsektor gibt es dennoch – jedoch nicht mit Blick auf die Infrastrukturen, sondern auf den Markt und die Preisbildung. Grund der Kopplung ist das Marktdesign der sogenannten »Merit Order«. Dabei setzt zu jeder Zeit das Kraftwerk mit den höchsten Grenzkosten, das gerade noch benötigt wird, um die letzte Kilowattstunde des aktuellen Verbrauchs zu decken, den Strompreis für den gesamten Markt. Nicht nur in Deutschland, sondern in den meisten Ländern weltweit ist das aus guten Gründen so organisiert. Nun hat unter allen Stromerzeugungstechniken die Gasverstromung die höchsten Grenzkosten. Zwar sind die Investitionskosten gering, aber die Betriebs- und Brennstoffkosten sind viel höher als bei erneuerbaren Energien, Kohle oder Uran. Das heißt, in Zeiten niedrigen Verbrauchs und niedriger Preise bleiben Gaskraftwerke eher aus – ihre Kilowattstunde wäre preislich nicht wettbewerbsfähig. Das Verbrennen von Gas rechnet sich nicht und der Stillstand des Kraftwerks ist in diesem Fall billiger.

In Zeiten hohen Verbrauchs steigen jedoch die Preise. Gaskraftwerke kommen zum Zug und setzen gemäß der Merit Order den Preis für den gesamten Markt. Das heißt aber auch: Wenn Gas teuer ist, ist auch Strom teuer – selbst der, der nicht aus Gaskraftwerken stammt. In der Energiekrise der Jahre 2021–2023 haben wir das in Deutschland sehr deutlich erleben können. Die zwischenzeitlich dramatische Preisentwicklung beim Erdgas findet sich 1:1 im Verlauf der nicht minder dramatischen Preisentwicklung im Strommarkt wieder.

Zwischenfazit: Trotz dieser marktlichen Kopplung von Strom und Gas sind die Sektoren Mobilität, Wärme und Strom in unserer alten Energiewelt technisch weitgehend entkoppelt. Anwendungen, Infrastrukturen, Investitionen und Betriebsweisen haben wenig miteinander zu tun. Beim Strom: Stromerzeugung in großen Kraftwerken, Verteilung über Netze und Verbrauch bei Kunden. Eine Einbahnstraße. Ebenso in der Wärmeversorgung: Gasförderung und Transport über Pipelines, Verteilung über Netze und Wärmeerzeugung bei den Kunden. Große Gasspeicher und Kohlehalden für kalte und schlechte Tage. Und in der Mobilität: Ölförderung, Transport per Tanker, Raffinierung, Tankstellennetz und von dort ins Auto, den Lkw, das Schiff und das Flugzeug.

Der Vorteil dieses Aufbaus unserer klassischen Energieinfrastruktur in drei getrennten Säulen: Die jeweiligen Strukturen und Märkte waren sowohl für die Marktakteure als auch für die politische Setzung von Rahmenbedingungen vergleichsweise übersichtlich und einfach. Man braucht keine »big theory of everything«, um in einem Sektor etwas weiterzuentwickeln. Das ging schön getrennt, denn Rückkopplungen zu anderen Sektoren waren gering.

Die neue Energiewelt: das große Wimmelbild

In der neuen Energiewelt ist das sehr anders. In ihr verschmelzen die Sektoren, weil Mobilität und Wärmeerzeugung weitgehend elektrisch werden. Dadurch haben plötzlich Ladeinfrastruktur und Gebäudetechnik mit der Leistungsfähigkeit von Stromnetzen zu tun. Oder schwanken die Preise für Ladestrom und Raumwärme erheblich mit der Verfügbarkeit von Wind und Sonne. Wie sich Investitionen in neue Fahrzeuge und Heizsysteme rechnen, hängt plötzlich vom erwarteten Preisniveau im Stromsektor ab, und damit zum Beispiel von der Ausbaugeschwindigkeit von Solar- und Windenergie, der Entwicklung von Gas- und CO_2-Preisen etc. Gleichzeitig entstehen neue Anforderungen an die Stromnetze – Millionen Ladepunkte und Wärmepumpen kommen hinzu. Im Gegenzug werden Gasnetze immer weniger benötigt und müssen zurückgebaut werden. Damit hängen wiederum benötigte Investitionen in Stromnetze und die Bilanzwerte der Gasnetzbetreiber plötzlich davon ab, wie schnell die Elektrifizierung im Mobilitätssektor voranschreitet, wie flexibel sich Verbraucher an schwankende Preise anpassen, wie schnell Investoren und Privatleute Batteriespeicher aufbauen und nach welchem Geschäftsmodell sie diese betreiben. Gleichzeitig entstehen ganz neue Anwendungen und sogar Geschäftsmodelle, in denen die Batterien von Elektroautos im Strommarkt Handel treiben und Geld verdienen, die Zwischenspeicherung von Wärme oder Kälte ein gutes Geschäft wird, weil der Betrieb von Wärmepumpen sich stärker am Strompreis als nur am Wärme- und Kältebedarf ausrichten kann. Die klassische Aufteilung von »Produzenten« und »Verbrauchern« verschwimmt, alle werden irgendwie zu »Prosumern«, also Mischwesen aus eigener Erzeugung, Speicherung und Verbrauch.

Ist Ihnen bei dieser Aufzählung schwindelig geworden? Kein Wunder: Die neue Energiewelt ist unübersichtlich (siehe Abbildung 12). Aus der stringent aufgebauten Übersichtskarte mit drei getrennten Infrastruktursystemen ist ein riesiges Wimmelbild geworden. Ein gigantischer Organismus, in dem alles mit allem verbunden ist und in dem die Energieströme im Rhythmus der Tage und Jahreszeiten pulsieren. Der Unterschied zum alten, vergleichsweise mechanistischen Aufbau von Energieinfrastruktur ist so groß, dass verständlicherweise die Frage laut wird, ob und wie genau dieser neue Organismus funktionieren soll.

Schauen wir in 10 oder 20 Jahren auf das Wimmelbild der neuen Energiewelt, werden wir es als gewohnte Lebensrealität und Selbstverständlichkeit betrachten. Sie wird sich mindestens ebenso komfortabel

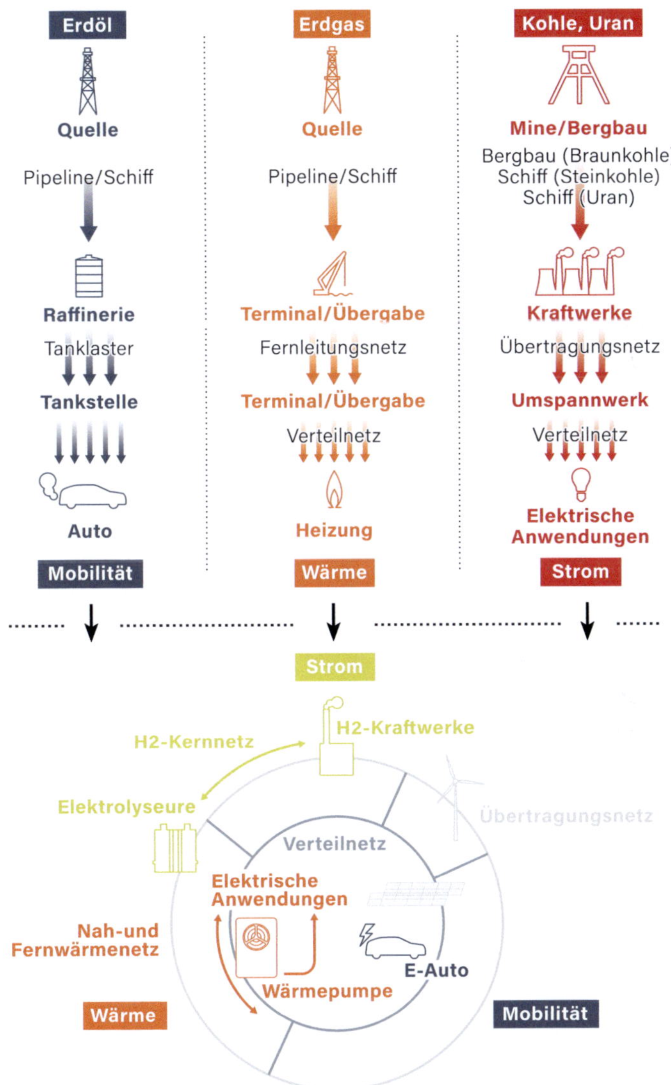

Abbildung 12 (oben): Die bisherige Energiewelt erscheint ordentlich gegliedert in drei weitgehend getrennte Säulen: Öl für Mobilität, Gas für Wärme und Strom für elektrische Anwendungen. (Unten): Die neue Energiewelt im Vergleich zum Wimmelbild: Alles ist mit allem verbunden, Energie fließt zwischen den Sektoren Strom, Mobilität und Wärme hin und her. Sie pulsiert mit dem Angebot von Sonne und Wind im Rhythmus der Tage und Jahreszeiten (eigene Darstellung).

anfühlen wie unsere heutige Lebenserfahrung im Umgang mit Energie, weil wir all das Gewimmel kaum noch erleben. In Tarife und Digitalisierung verpackt wird es uns als Service abgenommen.

Die kalte Dunkelflaute: Das schwarze Loch unserer Zukunftsplanung?

Doch bevor wir ins Klein-Klein der täglichen Automatisierung unserer zukünftigen Energiewelt einsteigen, müssen wir uns mit ihrer größten Herausforderung beschäftigen. Die löst zugleich auch die meisten Zweifel an ihrer Umsetzbarkeit aus. Die Rede ist von der berühmten »Dunkelflaute«. Noch so ein deutscher Begriff, der es in die englische Sprache geschafft hat, ähnlich wie der »Kindergarden«. Die Dunkelflaute steht für Zeiten, in denen die aktuelle Stromerzeugung aus dem schwankenden Angebot von Wind, Sonne und Wasser nicht ausreicht, um den Verbrauch zu decken. Eine einheitliche wissenschaftliche Definition der Dunkelflaute gibt es nicht. Man kann sich ihr aber gut von drei Seiten nähern.

Zunächst einmal ist nicht jede »Flaute« (kein Wind) in der Nacht (keine Sonne) eine »Dunkelflaute«. Im Sommer beispielsweise weht in Deutschland oft über längere Phasen wenig Wind, dafür scheint die Sonne regelmäßig. Verlässlich scheint sie nur nachts nicht. Über einen oder zwei Tage Strom zwischenzuspeichern, ist jedoch technisch und ökonomisch absehbar kein Problem. In ähnlicher Weise ist im Winter, wenn wenig Sonne scheint, nicht jede kurze Windstille eine Dunkelflaute. Kurzum: Es gibt eine zeitliche Untergrenze für das, was wir Dunkelflaute nennen können. Die dürfte abhängig von der Technologieentwicklung bei Batterien und Geschäftsmodellinnovationen rund um die Flexibilisierung von Verbrauch irgendwo oberhalb von vielleicht zwei Tagen liegen.

Gemeinsam sind wir stark: Stromsysteme leben vom Verbund

Die zweite Perspektive auf die Dunkelflaute folgt einer regionalen Betrachtung. Nur weil über meinem Haus eine Wolke steht und ich kein eigenes Windrad habe, erleide ich keine lokale Dunkelflaute. Energiesysteme leben immer vom überregionalen Verbund. Nicht nur bei der Stromerzeugung, sondern auch bei der Verteilung von Lasten. Wenn ich gerade meinen Backofen einschalte und dem Stromnetz 3 Kilowatt Leistung abverlange, machen das nicht zeitgleich auch alle meine Nachbarn. Der Netzausläufer und der Transformator, über den ich mit Strom versorgt werde, muss daher nicht zum Beispiel 1.000-mal diese 3 Kilowatt liefern können, um 1.000 Haushalte versorgen zu können. Er kann ungleich kleiner dimensioniert werden. »Gleichzeitigkeit« nennt man das. Die ist ebenso wie beim Backofen auch beim Laden von Elektroautos eher gering und selbst im Winter laufen nicht alle Wärmepumpen gleichzeitig auf voller Leistung. Daher gilt im Stromsystem: Je größer der Verbund, desto besser gleichen sich lokale Schwankungen in der Stromerzeugung und im Verbrauch aus. Unser stiller Held ist hier das europäische Verbundnetz, das über Grenzkoppelstellen zwischen den europäischen Ländern sogar einen gewissen Ausgleich von Spanien bis Norwegen zu leisten vermag. Doch natürlich können wir uns in Deutschland nicht zurücklehnen und verlangen, dass die Spanier oder Norweger unser Problem einer Dunkelflaute in Deutschland lösen. Gleichzeitig bleibt aber auch richtig: Das Verbundnetz entlastet jedes europäische Land dabei, eine Dunkelflaute im eigenen Land zu beherrschen.

Kurzer und lokaler Mangel an Stromerzeugung aus erneuerbaren Energien ist also auch noch keine Dunkelflaute. Doch es gibt auch längere Phasen, in denen im deutschlandweiten Durchschnitt zu wenig Stromerzeugung insbesondere aus Wind und Sonne zur Verfügung stehen wird, den beiden Arbeitspferden unserer zukünftigen Energieversorgung. Anhand historischer Wetterdaten müssen wir damit rechnen, dass im Extremfall eine solche »Unterversorgung« mit ausreichend frischem Strom bis zu zwei Wochen andauern kann.

»Gar nichts« gibt’s nicht: ein bisschen Erzeugung ist immer

Doch was genau heißt eigentlich »Unterversorgung«? Zunächst einmal kommt es nie vor, dass sich zwei Wochen am Stück gar kein Lüftchen regt, kein Lichtstrahl den deutschen Boden erreicht, die Flüsse mit der

Wasserkraft und alle Biomassekraftwerke stillstehen etc. In der Dunkelflaute vom 6. Dezember 2024, die es aufgrund hoher Preisspitzen am Strommarkt zu besonderer Prominenz in der deutschen Presse geschafft hatte, lag im 24-stündigen Mittel die minimale Erzeugung aus Wind, Sonne, Biomasse und Wasserkraft bei etwas über 7 Gigawatt. Mit weiterem Ausbau der erneuerbaren Energien wird diese Mindesterzeugung weiter anwachsen. Zum genannten Zeitpunkt lieferten auch Pumpspeicherkraftwerke zusätzlich noch gut 6 Gigawatt Leistung und konnten wir über 7 Gigawatt aus Nachbarländern beziehen, die nicht alle gleichzeitig unter derselben Wetterlage litten. Unterversorgung bedeutet also im ersten Schritt nur, dass über mehrere Tage nicht die vollständige Last aus verfügbarer erneuerbarer Stromerzeugung (auch in Nachbarländern) sowie der Entleerung vorhandener Speicher gedeckt werden kann. Am 6. Dezember 2024 lag die vollständige Last im 24-stündigen Mittel bei etwa 60 Gigawatt.

Eine Dunkelflaute beginnt also bildlich gesprochen in dem Augenblick, in dem die Pumpspeicherkraftwerke und Batteriespeicher leer sind. Sie endet damit aber auch nicht in dem Augenblick, in dem kurz mal wieder ausreichend Wind weht oder Sonne scheint, um den Verbrauch zu decken. Sondern erst dann, wenn alle Speicher wieder bis zum Füllstand vor der Dunkelflaute aufgefüllt sind.

Das Loch ist kleiner, als man denkt – und einfacher zu füllen

Auf diese Weise ist die Dauer von Dunkelflauten mit den genannten bis zu zwei Wochen gut beschrieben. Und genau für diesen Extremfall müssen wir unser Energiesystem rüsten. Dabei ist auch die »Tiefe« einer Dunkelflaute wichtig – und die kann ebenfalls sehr unterschiedlich sein. Es macht einen Unterschied, ob über drei Tage lang im Durchschnitt Dutzende Gigawatt Leistung zur Deckung fehlender Mengen benötigt werden oder über zwei Wochen im Durchschnitt nur wenige Gigawatt Leistung fehlen. Denn diese Mengen müssen über Residualkraftwerke gedeckt werden, die im Verlauf der tiefsten denkbaren Dunkelflaute über mehrere Tage fehlende Energie bereitstellen. Im einen Fall also Dutzende Gigawatt Kraftwerksleistung, die nur drei Tage laufen, im anderen wenige Gigawatt Kraftwerksleistung, die zwei Wochen lang durchlaufen.

So oder so wird die Deckung dieser fehlenden Mengen absehbar nur über chemische Energiespeicher gelingen – klimaneutral natürlich. Also zum Beispiel grüner Wasserstoff oder ein aus grünem Wasserstoff gewonnener synthetischer Energieträger. In keinem Fall wird aber die gesamte Spitzenlast des deutschen Stromsystems von solchen Residualkraftwerken gedeckt werden müssen und auch nicht der gesamte Energieverbrauch Deutschlands zum Beispiel über zwei Wochen. Sondern eben nur die beschriebene kumulierte Deckungslücke an Energie.

Wichtig dabei: Auch während der Dunkelflaute können Speicher genutzt werden, um kurzfristige Schwankungen auszugleichen. Die Spitzenlast benötigter Residualkraftwerke bestimmt sich also aus einem mehrtägigen Mittelwert fehlender Energiemengen, nicht aus der maximalen Erzeugungslücke an einem bestimmten Tag. Bildlich gesprochen können die Residualkraftwerke während der Dunkelflaute in ihrer Maximalleistung durchlaufen. Den genauen Ausgleich zu jedem Zeitpunkt zwischen verfügbarer erneuerbarer Stromerzeugung und Verbrauch erledigen dann Speicher und flexible Lasten.

Wie hoch der genaue Bedarf an Residualkraftwerken in Deutschland sein wird, wird sich im Lauf der Energiewende erst weisen. Je schneller der Preisverfall und Technologiefortschritt bei neuen Speichertechnologien verläuft, desto weniger Residualkraftwerke werden wir benötigen. Vielleicht landen wir am Ende irgendwo zwischen 60 Gigawatt und 80 Gigawatt benötigter Kraftwerkskapazität.[93] Vielleicht auch deutlich darunter.

Mal billig und mal teuer ist kein Problem, sondern Markt

Nun zu den Kosten: Strom aus klimaneutralen Residualkraftwerken ist teuer. Denn sie nutzen Brennstoffe wie Wasserstoff, den »Champagner der Energiewende« (siehe Kapitel 5.3). Die gute Nachricht: Residualkraftwerke werden selten benötigt. Studien gehen davon aus, dass sie im Schnitt nur zwischen 500 und 1.000 Volllaststunden im Jahr ausgelastet werden. Sie liefern auf diese Weise deutlich unter 10 Prozent der gesamten Stromerzeugung eines Jahres. Dadurch schlagen sich die hohen Kosten dieser Erzeuger im gesamten Strommix nur wenig nieder.

Aber ist es nicht teuer, so viele Kraftwerke für so wenig Nutzungszeit einfach »rumstehen« zu lassen? Ja und nein. Einerseits sind die Investitionskosten für Gas- und später Wasserstoffkraftwerke relativ klein. Deswegen sind sie technologisch für diese Anwendung perfekt geeignet. Ganz anders als Kraftwerkstechniken mit hohen Investitionskosten und niedrigen Brennstoffkosten (siehe Kapitel 5.1). Sie stellen also die kostengünstigste Option dar, uns sicher durch Dunkelflauten zu bringen. Und irgendeine klimaneutrale Lösung brauchen wir ja.

Gleichzeitig hilft vielleicht ein Perspektivwechsel. Denn die meisten Menschen haben viel Erfahrung damit, teure Dinge anzuschaffen, die man dann nur selten nutzt. Private Pkw stehen im Wesentlichen nur rum. Auch unsere Wohnräume und Büros kommen nicht auf 100 Prozent Auslastung, schon gar nicht die eigene Bohrmaschine oder der Rasenmäher. Offenbar stellen sie dennoch für uns die günstigste Lösung dar und setzen sich Car- und Bohrmaschinen-Sharing nicht in der Breite durch. Der Komfort und die Sicherheit, zu jeder Zeit ins Auto steigen oder ein Loch bohren zu können, ist uns das »tote Kapital« unserer Investitionen wert. So wie es uns wert sein wird, jederzeit Strom aus der Steckdose beziehen zu können – auch in Dunkelflauten.

Die magische Kostenverdünnung: auch »erneuerbare Bandlast« wird günstiger, als man denkt

Und was wird Strom zukünftig kosten? Welche Systemkosten und damit Preise für Endkunden sich am Ende einstellen werden, ist eine der großen und dafür erstaunlich wenig untersuchten Fragen der Energiewende.

Zwei Antworten liefern eine erste Annäherung: So billig wie früher wird es nicht mehr. Strompreise im Großhandel zwischen 2 und 5 Cent pro Kilowattstunde, wie wir sie in den Jahren 2019 und 2020 erleben durften,[94] sind endgültig Geschichte. Einerseits, weil steigende Gas- und CO_2-Preise schon in der alten Energiewelt Strom haben deutlich teurer werden lassen. Im Frühjahr 2025 liegt der Preis im Großhandel um 10 Cent pro Kilowattstunde.[95] Und andererseits ist ein Energiesystem auf Basis fluktuierender erneuerbarer Energien eben teurer als eines, das ohne adäquate Anrechnung von CO_2-Kosten und mit billigem russischem Erdgas betrieben wird. Dabei setzen sich die Mehrkosten aus zwei Elementen zusammen: der reinen Stromerzeugung, also der gesicherten Bereitstellung von Strom, wann immer er benötigt wird. Und seinem Transport und der Verteilung zum Ort des Verbrauchs über die Stromnetze.

Für den reinen Preis des Stroms, also den Großhandelspreis, gibt es einige Studien. Je nach Mix aus Solar- und Windkraft, Batteriespeichern und Elektrolyse mit folgender Rückverstromung in Kraftwerken für die Dunkelflaute liefern sie Werte bis unter 8 Cent pro Kilowattstunde, wie jüngst eine Untersuchung der Wirtschaftsweisen Prof. Veronika Grimm zeigte.[96] Interessanterweise vermittelt der Titel dieser Untersuchung den Eindruck, dass zukünftige Stromkosten im Vergleich zu heute steigen könnten: »Stromgestehungskosten von Erneuerbaren sind kein guter Indikator für zukünftige Stromkosten.« Hinter diesem Titel verbirgt sich jedoch die natürlich richtige Feststellung, dass die reine Betrachtung der Kosten von Solar- oder Windstrom von heute unter 5 Cent pro Kilowattstunde beziehungsweise gut 7 Cent pro Kilowattstunde in Deutschland[97] nicht reicht. Relevanter sind die durchschnittlichen Kosten einer »Bandlieferung«, also der Versorgung einer durchgehenden Last auch in Zeiten mit wenig Sonne und Wind. Doch die in der Studie ermittelten 7,6 Cent pro Kilowattstunde im Jahr 2040 für einen optimalen Quellen-Mix liegen deutlich unter den heutigen 10 Cent pro Kilowattstunde.

Allerdings umfassen die Systemkosten unserer zukünftigen Stromversorgung neben den Energiekosten, die sich in den Preisen im Großhandel niederschlagen, auch die Kosten für Transport und Verteilung des Stroms in unseren Netzen. Wie diese sich entwickeln werden und welcher Anteil davon auf den Ausbau der erneuerbaren Energien zurückzuführen sein wird, ist jedoch eine große Unbekannte. Denn im Rahmen der Elektrifizierung von Strom und Wärme werden die Netze so oder so ertüchtigt und digitalisiert werden müssen. Anders werden die Millionen Ladestationen und Wärmepumpen nicht ins Netz integriert werden können. Doch auch die heutigen Strukturen des Netzbetriebs sind dafür denkbar ineffizient und teuer (siehe Kapitel 3.4).

Symbolhaft steht dafür ein Flickenteppich von über 860 Verteilnetzbetreibern mit unterschiedlichen technischen Vorgaben und Geschäftsprozessen. Was würde der Netzausbau also kosten, wenn man ihn effizient gestaltet? Wenn man zudem statt immer mehr Kupfer zu verlegen die vorhandenen Kabel und Transformatoren besser auslastet, indem man mehr Batterien einsetzt? Und was würde unter diesen Bedingungen der dann noch zusätzlich erforderliche Netzausbau zur Aufnahme großer Mengen Solar- und Windstrom kosten?

Auf diese Fragen gibt es heute leider keine befriedigenden Antworten. Klar scheint auch hier natürlich, dass es eher teurer wird als früher. Im Jahr 2025 liegen die Netzentgelte für Haushaltskundinnen und -kunden bei durchschnittlich 11 Cent pro Kilowattstunde.[98] Eine Studie der ef.Ruhr und des Energiewirtschaftlichen Instituts EWI schätzt bei »business as usual« mögliche Steigerungen der Netzentgelte um bis zu 14 Cent pro Kilowattstunde im Jahr 2045.[99] Dies umfasst wohlgemerkt die Ertüchtigung der Netze für die große Elektrifizierung auch von Mobilität, Wärme und Industrie sowie für den Anschluss großer Mengen erneuerbarer Energien. Zwei Gründe sprechen dafür, dass diese Schätzung zu hoch liegt: die genannten Effizienzpotenziale in der Organisation des Netzbetriebs werden nicht berücksichtigt. Und die Wirkmacht von Innovation und Skalierung wird systematisch unterschätzt. Digitalisierung, innovative Geschäftsmodelle und billige Batterien dürften die zukünftigen Netzkosten deutlich senken.

Zählt man die Energiekosten und die Netzkosten zusammen, könnte die Zukunft also immer noch irgendwo unter 30 Cent pro Kilowattstunde liegen. Ein vertretbarer Preis für klimaneutralen Strom. Und zugleich die billigste Option (siehe Kapitel 5.1).

Die Krux: Alles hängt mit allem zusammen

Im Zielbild scheint also alles klar und lösbar. Doch eine Herausforderung gibt es noch: den Übergang zwischen alter und neuer Energiewelt zu organisieren. Denn wenn zukünftig alles mit allem organisch verbunden ist, kann man nicht einfach das eine tun und das andere lassen. Die neue Energiewelt verlangt ein ungleich vielfältigeres Zusammenspiel von Millionen verteilten Stromerzeugern, stationären und fahrenden Batteriespeichern (Elektroautos), Energieverteilung in verschiedensten Richtungen und für verschiedene Nutzungen (Stromverbrauch, Wärmebereitstellung, Fertigungsprozesse), saisonale Speicherung und Wasserstofferzeugung und last but not least: dem europäischen Verbundnetz zum Ausgleich verschiedener Wetterzonen und Systeme.

Und nicht nur das: Auch der Zeitpunkt des jeweiligen Mengenhochlaufs zum Beispiel von Elektrofahrzeugen und Wärmepumpen muss zum Umbau des restlichen Systems passen. Ohne eine deutlich schnellere Elektrifizierung des Mobilitäts- und Wärmesektors würde es sehr teuer werden, das endlich wieder erreichte hohe Ausbautempo bei den erneuerbaren Energien aufrechtzuerhalten. Denn den Jahr für Jahr größeren Mengen Grünstrom stünde eine zu langsam wachsende Nachfrage gegenüber. Der Preis für Solar- und Windstrom würde weiter verfallen und damit neuer Förderbedarf entstehen. Andersherum wird ein Schuh daraus: Wer staatliche Förderung oder Absicherung erneuerbarer Energien sparen möchte, muss einen geeigneten Rahmen für Elektroautos, Wärmepumpen und Batteriespeicher schaffen.

Doch hier droht auch in Deutschland aktuell eine Schieflage. Während der Koalitionsvertrag der neuen Bundesregierung den weiteren Ausbau der erneuerbaren Energien verspricht und deutliche Impulse für die Elektrifizierung der Mobilität in Aussicht stellt, wird im Wärmesektor weiter auf Erdgas und sogar »defossilierte Energieträger« gesetzt. Doch die wären viel zu teuer und werden sich im Markt nie durchsetzen (siehe Kapitel 5.3). Und bis das erkannt wird, fehlt unserem Energiesystem wichtiger flexibler Verbrauch durch zu langsames Wachstum des Wärmepumpenmarkts.

Zusätzlich ist die regionale Organisation von Erzeugung und Verbrauch von Bedeutung. Denn wir können Deutschland nicht zu einer »Kupferplatte« ausbauen, wie man in der Energiewirtschaft sagt. Damit ist gemeint, dass nicht so viele Kupferkabel im Erdreich vergraben oder auf Strommasten aufgelegt werden können, dass für die Durchleitung auch der letzten Kilowattstunden Strom an jedem Ort und zu jeder Zeit immer genug Leitungskapazität vorhanden ist. Die Kosten für das Stromnetz würden unverhältnismäßig stark steigen und der Nutzen des zusätzlich verlegten Kupfers wäre klein.

Die Veränderung kommt so oder so – sie müssen nur geschickt orchestriert werden

Und noch eines ist wichtig: die logische Reihenfolge der Veränderung zu verstehen und richtig einzuordnen. Elektromobilität und Wärmepumpe werden sich weltweit durchsetzen, weil sie günstiger und leistungsfähiger sind als ihre jeweilige Vorgängertechnologie aus der Welt der Verbrennung. Das bedeutet, dass die Verbraucher so oder so mehr Leistung, mehr Stromnetz, mehr Digitalisierung, mehr Zugang zu guten (schwankenden) Marktpreisen etc. fordern werden. Industrielle Revolution eben. Die große Frage für die Energiewende besteht daher darin, wie diese neue Kundenanforderung möglichst kostengünstig erfüllt werden kann. Und hier ist das zwar komplexe, aber organisch vernetzte System der neuen Energiewelt unschlagbar: Denn Kunden und Verbraucher werden selbst zu aktiven Teilen des Systems und stützen es. Marktlich und über Preise organisiert, verdienen und sparen alle daran (siehe Kapitel 3.7). Märkte und Preise sind der magische Klebstoff, der alles mit allem verbindet und trotz der Komplexität für ein nahtloses Zusammenspiel sorgt. Natürlich digital organisiert und automatisiert, mit vielen innovativen Geschäftsmodellen, die wir uns heute noch kaum vorstellen können.

Wir sparen viel Geld – doch dafür müssen wir etwas ganzheitlicher denken

Es gibt noch eine gute Nachricht: Ein solches System hat viel mehr lokale Wertschöpfung als der reine Verbrauch von Brennstoffen, die zu über 95 Prozent importiert werden. Über 60 Milliarden Euro jährlich sparen wir allein für Öl und Gas. Die notwendigen Investitionen zum Aufbau des neuen Wimmelbilds, in Netzinfrastruktur und Digitalisierung lassen sich damit refinanzieren. Im Vergleich dazu bleiben selbst beim Betrieb von Solaranlagen, die mit chinesischen Solarmodulen gebaut werden, über 85 Prozent der Wertschöpfung bei uns: für Elektrotechnik und Gestellsysteme sowie für Service, Wartung und Finanzierung über 25 Jahre Laufzeit.

Zugleich ist die neue Energiewelt als Organismus resilienter gegen Störungen und geopolitische Unwägbarkeiten. Mit Kriegen oder Zöllen kann man Deutschland von jetzt auf gleich seiner lebenswichtigen Gas- und Ölimporte berauben. Hierzulande betriebene Solar- und Windkraftanlagen hingegen nicht.

Im Gegenzug kann man nicht nur halb »ja« sagen zur neuen Energiewelt. Fehlt ein Organ, wie etwa die Kopplung von Strom- und Wärmesektor oder die flächendeckende Digitalisierung unserer Netze, wird das ganze System schwächer und teurer. Unsere Regulierung, öffentliche und politische Diskussionen müssen ganzheitlicher werden. Eine »Stromwende« ohne »Wärmewende« macht jedenfalls keinen Sinn.

AUF DEN PUNKT

- Die Energieinfrastrukturen für Mobilität (Erdöl), Heizen (Erdgas) und Strom sind heute weitgehend voneinander getrennt – von der jeweiligen Quelle bis zum Endverbraucher. Kopplungen zwischen den Sektoren sind die Ausnahme.
- Die Verteilung der Energie erfolgt jeweils »von oben nach unten« über immer dichter verzweigte Netze und Wege der Verteilung.
- In der alten Energiewelt koppelt nur der Strommarkt die Sektoren: Strompreise folgen aufgrund des Marktdesigns der »Merit Order« den Gaspreisen.
- In der neuen Energiewelt verschmilzt alles mit allem zu einem großen Wimmelbild. Strom für Geräte und Industrie, Wärme und Mobilität wird eng vernetzt erzeugt, verbraucht, zwischengespeichert und gehandelt. Das Stromsystem wird zu einem im Rhythmus der Tage und Jahreszeiten pulsierenden Organismus.

- Die »Dunkelflaute« als größtmögliche Herausforderung der Versorgungssicherheit wird durch regionalen und zeitlichen Ausgleich großer Verbünde beherrschbar sowie durch Speicher und Residualkraftwerke für lange anhaltende Phasen geringem Solar- und Windstromangebots.
- Residualkraftwerke werden wenig genutzt und sind daher spezifisch pro Kilowattstunde teuer. Sie liefern aber nur einen kleinen Teil der gesamten Erzeugungsmenge, sodass sich diese Kosten verdünnen.
- Studien gehen von deutlich unter 8 Cent pro Kilowattstunde für Bandlastlieferungen aus, erheblich weniger als die Kosten aller alternativen Pfade für klimaneutrale Stromerzeugung.
- Doch der Weg in die neue Energiewelt ist komplex, da der klimaneutrale Umbau der Sektoren miteinander verbunden ist: Ausbau erneuerbarer Energien, von Speichern, Elektromobilität, Wärmepumpen und Elektrifizierung der Industrie müssen zusammengedacht werden.

3.7 Preise statt Mastermind – den Umbau über Märkte organisieren

Nichts ist teurer als Nostalgie und Scheuklappen

Das Ziel Deutschlands wirtschafts- und industriepolitischer Reise ist im ersten Teil des Buches klar beschrieben. Nur wenn wir uns neu erfinden, auch im Energiesektor, der Mobilität und der Wärme, können wir im internationalen Wettbewerb bestehen. Denn die weltweite Energierevolution wartet nicht auf uns. Sie hat allerdings die Kraft, uns zu überrollen. Unsere alten Stärken und Exportschlager der Verbrennungstechnologie, allen voran der Ottomotor und der Dieselmotor, schützen uns davor nicht – eher bremsen sie uns. Der Blick auf den 2015 aufgedeckten Dieselskandal zeigt: Selbst die Vergangenheit konnte nur noch mit Tricks und Täuschung »gewonnen« werden. Doch wenn man sich verzweifelt ans Alte klammert, kann der Preis sehr hoch werden. 32 Milliarden Euro musste der VW-Konzern für Bußgelder, Schadensersatz und Rückrufe aufwenden. Hinzu kamen 2 Milliarden Euro Rechtskosten – sowie in die falsche Sache investierte Forschungs- und Entwicklungsgelder und viel verlorene Zeit. Zu wenig Vision, zu wenig Investition in zukunftsfähige Technologie, Produkte und Services, stattdessen Milliardenstrafen und -kosten. Wer es mit dieser Art von Nostalgie übertreibt, landet im Industriemuseum.

Dabei ist nicht nur die langfristige Entwicklung des internationalen Wettbewerbs seit Jahren bekannt und nachlesbar – siehe die chinesischen Fünfjahrespläne seit den frühen 2000er-Jahren –, auch die langfristige Entwicklung der CO_2-Emissionen liegt auf der Hand. Sie kann und wird steil nach unten weisen. Jedes Jahr etwas schneller, mit immer häufigeren und härteren klimabedingten Extremereignissen, Ernteausfällen, Dürren und Überschwemmungen, mit dem immer regelmäßigeren Versagen von Infrastruktur und gelerntem Alltag in immer größeren Regionen Deutschlands und der Welt. Der Mensch lernt leider oft erst aus Katastrophen, aus seinen eigenen Einschränkungen und seinem eigenen Schmerz. Aber dann lernt er. Damit ist auch seit Langem klar, welche wirtschafts- und industriepolitische Strategie die einzig zukunftsfähige ist: Dekarbonisierung. Die Märkte dafür sind bereits heute riesig und werden aus dem genannten Grund immer schneller wachsen.

Doch warum haben wir es bisher nicht geschafft, wirklich aufzubrechen in diese so klar vor uns liegende Zukunft? Natürlich gibt es ein ganzes Panoptikum an Gründen dafür, von denen ich viele bereits aufgeführt habe – von systemischen Fehlanreizen in der globalen Organisation menschlichen Wirtschaftens über die organisierte Beharrung und Desinformation durch die Fossilindustrie und fehlende strategische Weitsicht der Politik und von Firmenlenkern bis zur menschlichen Bequemlichkeit und den Komfort des Gewohnten. Aus der Vogelperspektive betrachtet hat all dies zu dem alles entscheidenden Ergebnis geführt: Wir haben es nicht geschafft, unsere Märkte so zu organisieren, dass sie Unternehmen und Gesellschaft in die richtige Richtung führen.

Märkte sind Menschenwerk, keine unsichtbaren Hände oder Geister

Zwar wird gern gesagt, »der Markt bestimme«, doch das stimmt nur oberflächlich betrachtet. Denn auch Märkte fallen nicht vom Himmel und geben von sich aus vor, wie die Welt sich entwickelt. Märkte sind immer Ausdruck des Umfelds und der Regeln, die Menschen ihnen geben. Wir haben es in der Hand, welche Marktanreize und Preissignale auf die Menschen und Unternehmen wirken, die dann zu diesem oder jenem Verhalten motivieren. Werden gerade relativ neu entstandene Märkte zu lange nicht aktiv reguliert, können sie sogar völlig aus dem Ruder laufen oder in die Hände weniger übermächtiger Großunternehmen fallen. Dann sind sie keine freien Märkte mehr, sondern der Manipulation von Preisen und Anreizen ausgesetzt.

Spätestens in diesem Extremfall zeigt sich, dass am Ende die Politik »die Hosen anhat«. Beispiele sind die Zerschlagung des von J. D. Rockefeller gegründeten Öl-Multis Standard Oil in den USA Anfang des 20. Jahrhunderts oder die des US-amerikanischen Telekommunikationskonzerns AT&T in den 1980er-Jahren. Auf europäischer Ebene spricht die Blockierung der Fusion der beiden großen europäischen Energietechnikanbieter von Siemens und Alstom Ende der 2010er-Jahre dieselbe Sprache. In Deutschland wurden mehrere industrielle Großkonzerne zerschlagen, die sich in der Zeit des Dritten Reichs eine Monopolstellung erarbeitet hatten wie Krupp und die IG Farben.

Aktuell liegen wieder hoch relevante Fälle auf dem Tisch, in denen die Freiheit von Unternehmen und ihre Machtstellungen begrenzt werden müssen, um erheblichen Schaden von Gesellschaft und Wirtschaft abzuwenden. Im relativ jungen Markt der großen Internet-, IT- und Datenanbieter gibt es zu wenige und zu schwache Spielregeln, ist die Machtkonzentration gefährlich hoch und dringt das brisante Potenzial, dass ganze Gesellschaften manipuliert und gelenkt werden, immer stärker ins Bewusstsein. Es ist überfällig, dass die europäische Politik hier noch viel klarer eingreift.

Märkte sind also Ergebnis menschengemachter Spielregeln. Und wenn sie in ihren eigenen Exzessen aus dem Ruder laufen, können Menschen sie wieder einhegen. Auch die Richtung, die die Energie-, Mobilitäts-, und Wärmemärkte in den letzten Jahrzehnten eingenommen haben, ist entsprechend kein Ergebnis einer übermächtigen, der Natur irgendwie innewohnenden Kraft oder sich selbst bestimmender Wesen, die man »Markt« nennt. Wir haben lediglich den verfügbaren Instrumentenkasten der Marktgestaltung zu lange zur Bewahrung der Vergangenheit genutzt und nicht zur Gestaltung der Zukunft. Wir haben Umweltkosten internalisiert und so den Märkten die Preissignale vorenthalten, wohin die Reise langfristig so oder so gehen wird. Wir haben sogar reihenweise steuerliche Anreize und Förderungen in die Vergangenheit gerichtet. Auch im Jahr 2025 gibt es noch Elemente bundes-, landes-, und regionaler Förderungen für den Einbau neuer Ölheizungen. Das Dienstwagenprivileg fördert klar und erkennbar Verbrennerfahrzeuge. Die Liste ließe sich beliebig fortsetzen.

Deutschland kann die Welt nicht verändern? Hat es längst!

Doch nicht nur unsere eigene Wirtschaft können wir so in die eine oder andere Richtung lenken. Wenn der Rahmen richtig gesetzt ist, kann Deutschland als drittgrößte Volkswirtschaft sogar direkten Einfluss auf die Weltmärkte nehmen. Glauben Sie nicht? Genau das haben wir aber jahrzehntelang in unserer Rolle als Exportweltmeister getan. Und im Energiesektor gibt es ein besonders plastisches Beispiel: Ohne Deutschland wäre die Solarenergie heute nicht da, wo sie steht.

In den 2000er-Jahren waren wir über den damals weltweit größten Solarmarkt, über führende Forschung und Entwicklung und die größten Herstellerfirmen sozusagen der Geburtshelfer der weltweiten Solarindustrie. Oder genauer gesagt, der chinesischen. Über das EEG und die großen Zubaumengen in Deutschland haben wir ganz wesentlich die Erfolgsspirale aus Volumensteigerung, Kostensenkung und Technologieverbesserung in Gang gesetzt. Der frühere Umweltbundesminister und UNEP-Chef Klaus Töpfer sagte dazu sehr richtig, dass Deutschland den Friedensnobelpreis für diese Starthilfe verdient habe. Was hierzulande damals mit über 100 Milliarden Euro Einspeisevergütungen gefördert wurde, reduziert heute weltweit die Abhängigkeit von fossilen Energieträgern und damit die geopolitischen Konflikte um das »schwarze Gold«.

Kluge Märkte beschwören Geister nicht, sondern lenken sie

Märkte sind also Menschenwerk. Vor allem sind sie aber das effizienteste Instrument, das die Menschheit hervorgebracht hat, um knappe Ressourcen zu bewirtschaften. Über Preissignale steuern Märkte das wirtschaftliche Miteinander von Millionen Individuen und Unternehmen, deren Einsatz von Zeit und Geld. Märkte sind wahre Organisations- und Effizienzwunder. Das wichtigste Kommunikationsmittel ist dabei der Preis. Bei hoch verfügbaren Produkten und Dienstleistungen hat der Wettbewerb um den günstigsten Preis den gleichen Effekt wie die Chancen auf hohe Preise in noch unerschlossenen Marktsegmenten und bei Knappheiten. Sie sind eingebaute Innovationsmotoren, Effizienz und Wachstumstreiber. Nur wer die bessere Idee, das bessere Verfahren, die günstigste Produktion und effizientesten Geschäftsprozesse hat, besteht auf Dauer im Wettbewerb um das beste Verhältnis von Preis und Leistung.

Auf der Gegenseite dieser wunderbaren Kraft von Märkten und Preisen steht ihr zerstörerisches Potenzial. Daher ist die kluge Regulierung von Märkten, sind gesetzliche Regeln und Auflagen unendlich wichtig. Nur so können die immensen Kräfte, die Märkten innewohnen, eingehegt und produktiv gelenkt werden. Gute Spielregeln stellen sicher, dass die Wirkung der Marktkräfte positiv ist. Mit schlechten Spielregeln wirken sie langfristig meist zerstörerisch. Siehe Klimawandel, um nur ein Beispiel von vielen zu nennen.

Für den Umbau unserer Energiesysteme brauchen wir Märkte aber nicht nur, weil sie das effizienteste und wirksamste Mittel sind, wirtschaftliche Aktivität und Investitionen zu lenken. Sie sind auch mit Abstand das schnellste Mittel.

Nichts ist schneller als der Markt – wenn die Anreize stimmen

Von der atemberaubenden Dynamik, die Märkte entfachen können, hatten wir es schon in den vorherigen Kapiteln. Auch das unfassbar schnelle, unser aller Leben tiefgreifend umkrempelnde Wachstum von Smartphone und Internet zeugen von der Geschwindigkeit und Wirkmacht von Märkten. Wenn man mit innovativen Angeboten Geld verdienen kann, gibt es kein Halten mehr. So gibt es auch in der Wirtschaft regelrechte Kipppunkte, ab denen alle wie verrückt in dieselbe Richtung laufen. Wer dann zurückbleibt, verliert. Siehe Nokia, um beim Beispiel der Smartphones zu bleiben.

Märkte verändern die Welt, die Bedürfnisse und selbst die Werte von Menschen. Auch Bildung und öffentlicher Diskurs vermögen dies, ebenso wie die Änderung von Gesetzen und Verordnungen oder die Änderung von Infrastrukturen. Mit einer leistungsfähigen Bahn fahren weniger Menschen Auto, ändern sich dadurch Erfahrungen und Gewohnheiten und kann Bahnfahren das neue Normal für viele werden statt die Fahrt auf den eigenen vier Rädern. Doch die Analyse gesellschaftlicher Veränderungsprozesse zeigt, dass keiner der letztgenannten Wege die Geschwindigkeit marktlicher Veränderungen erreicht. Der Umbau oder die

Modernisierung von staatlichen Infrastrukturen mit einem Vielfachen an politischen Aushandlungsprozessen und Planung braucht meist Jahre, bis überhaupt Investitionsentscheidungen getroffen werden können. Der Autobauer Tesla hatte verstanden, dass sein Markterfolg von einer leistungsfähigen Infrastruktur abhängen würde, und wollte auf den Staat nicht warten. Er hat kurzerhand selbst ein flächendeckendes Infrastrukturnetz von »Superchargern« zum Laden der Elektroautos seiner Kundinnen und Kunden aufgebaut.

Demokratie ist langsam, die Veränderung von Normen und Werten ist es erst recht

Auch echte strukturelle Veränderungen von politischen und gesellschaftlichen Systemen wie große Sozial- oder Rentenreformen haben meist Jahrzehnte Vorlauf oder erfordern harte Krisensituationen, bis diese Aushandlungsprozesse über alle Interessengruppen und demokratische Institutionen mit föderalen und kommunalen Mitspracherechten organisiert sind. Noch tiefer und noch langsamer wirken Verschiebungen und Änderungen in unseren Werte- und Normensystemen. Wollten wir Klimaschutz und Energiewende rein über Bildung und öffentlichen Diskurs erreichen, also über die Anerkennung der moralischen Implikationen unseres eigenen Lebensstils – es bräuchte noch mehrere Generationen, bis eine ausreichende gesellschaftliche Mehrheit geschaffen wäre und die öffentliche Meinung zu diesen Themen »kippt«. Denn auch der Klimawandel macht sich zwar stetig, aber eben schleichend bemerkbar. Der Handlungsdruck wächst langsam, und wie der berühmte Frosch im Kochtopf bewegt sich die Menschheit nicht, wenn die Temperatur im Topf nur langsam steigt. Bis es dann zu spät ist. Ausnahme auch hier: harte Krisensituationen. Die Akzeptanz für Klimaschutz und erneuerbare Energien erreichte während der Energiekrise 2022/23 ungeahnte Spitzenwerte in Deutschland. Selbst der damalige FDP-Finanzminister Christian Lindner sprach mit Blick auf Wind und Sonne plötzlich von »Freiheitsenergien«. Der Schmerz und Handlungsdruck entstanden allerdings nicht aufseiten der Ökologie, sondern in unser aller Geldbeutel. Wie gesagt: Märkte führen zu den schnellsten Veränderungsdynamiken, selbst bei Politikern der Beharrung wie Christian Lindner. Natürlich steigert auch jedes neue Extremwetterereignis hierzulande die Akzeptanz von Klimaschutz und Energiewende. Doch kaum ist die akute Krise überwunden, kehrt Normalität ein und verschwindet der Druck, die eigenen Werte und Normen zu hinterfragen.

Zugleich haben wir ein logisches Problem, wenn wir auf harte Krisen als wesentlichen Treiber unserer wirtschaftlichen Modernisierung setzen wollen: Wir sind immer zu spät. Denn ist unsere internationale Wettbewerbsfähigkeit erst einmal »gekippt«, ist der Weg zurück umso schwerer. Ist gar das Klima gekippt, gibt es gar keinen Weg mehr zurück.

Langfristig benötigt die Menschheit auch die drei genannten langsameren Ebenen der Veränderung und Weiterentwicklung: Normen und Werte, politische und gesellschaftliche Systeme und staatlich regulierte Infrastrukturen. Am schnellsten, effizientesten und wirksamsten ist aber Nummer vier, funktionieren Märkte als Treiber von Veränderung. Daher müssen wir dafür sorgen, dass Menschen die Energie- und Mobilitätswende positiv im Portemonnaie und Unternehmen in ihrer Gewinn-und-Verlustrechnung spüren. Individuelles Verhalten, Innovation und Investitionen kennen dann nur noch eine Richtung.

Ein Mastermind hingegen, der all das mit großartigem Plan, detaillierten Regeln und Auflagen steuern wollte, scheitert zwingend an der Komplexität der Aufgabe. Das kann man sich nicht nur selbst vorstellen, sondern zeigt auch die ganz konkrete Erfahrung im Energiesektor. Das deutsche Gebäudeenergiegesetz war im Jahr 2024 der größte gesellschaftliche Aufreger. Desinformation und politische Instrumentalisierung spielten dabei zwar eine große Rolle, aber es folgte eben auch mehr dem Konzept eines »Masterminds«, der versucht, detaillierte Regeln für verschiedenste Anwendungsfälle von Wärmeversorgung und Heizungssystemen aufzustellen.

Die skandinavischen Länder sind bei der klimaneutralen Wärmeversorgung viel weiter als Deutschland. Obwohl es dort deutlich kälter ist, sind in Ländern wie Dänemark und Norwegen Wärmepumpen längst der Heizungsstandard. Die skandinavischen Länder haben vorgemacht, wie man dasselbe Ziel geräuschlos und effektiv erreicht: über Preissignale. Seit Jahrzehnten ist dort Strom für Wärmepumpen viel billiger als

Erdgas für den Heizkessel. Es entspricht daher der wirtschaftlichen Logik jeder einzelnen Investitionsentscheidung für eine neue Heizung, als Erstes an die Wärmepumpe zu denken. Heute nutzen gut zwei Drittel aller Haushalte im kalten Norwegen eine Wärmepumpe als primäre Heizungstechnik. Rund 60 Prozent des gesamten Wärmebedarfs in Norwegen stammt aus Wärmepumpen. In Deutschland waren es im Jahr 2024 gut 4 Prozent.[100]

AUF DEN PUNKT

- Die klimaneutrale Modernisierung unser Wirtschaft und Infrastruktur nicht anzupacken, ist die teuerste Option – sowohl mit Blick auf unsere Wettbewerbsfähigkeit als auch auf zukünftige Klimaschäden.
- Dass die Märkte diesen Weg nicht von sich aus wählen, liegt an den von Menschen für diese Märkte gemachten Regeln. Es handelt sich keinesfalls um »wirtschaftliche Naturgesetze«.
- Deutschland kann als drittgrößte Volkswirtschaft die Weltmärkte verändern. Und es hat dies bereits getan, zum Beispiel mit dem Anschub der globalen Solarindustrie als größter Markt der Welt in den 2000er-Jahren.
- Märkte und Preise verändern menschliches und wirtschaftliches Verhalten um Größenordnungen dynamischer, als Politik oder gar Änderungen von Normen und Werten es vermögen.
- Den klimaneutralen Umbau zum guten Geschäft zu machen, ist daher der schnellste Weg – auch zur Eindämmung des Klimawandels.

KAPITEL 4

DAS WIRD UNS IM WEG STEHEN

4.1 Die Beharrungskräfte der Verlierer

Keine Revolution hat nur Gewinner. Und Revolutionen gehen selten zimperlich mit dem Establishment um. Aus Sicht der Fossilindustrie hat die weltweite Energierevolution das Zeug, ein wahres Blutbad anzurichten: Ihre Geschäftsmodelle brechen zusammen, Billionen-Buchwerte von Förder- und Produktionsanlagen gehen in Rauch auf. Herrschaftliche 1.000 Milliarden US-Dollar Branchengewinn jährlich (!) versiegen.[101] Das sind etwa 3 Milliarden US-Dollar Gewinn jeden Tag im Jahr. Wer eine ganze industrielle Epoche lang so erfolgreich und fürstlich leben konnte, wird den Aufbruch in eine neue Welt nach Kräften bekämpfen. Wird alle finanzielle Macht und unternehmerischen Einfluss nutzen, bevor er Geschichte wird. Und die Wirtschaftsgeschichte zeigt: Unternehmen, die einem potenziellen Totalverlust gegenüberstehen, greifen allzu oft auch zu Betrug und Lügen.

Die Öl- und Gasindustrie kämpft seit Jahrzehnten systematisch um ihr Überleben

Eine der wichtigsten und dunkelsten Quellen globaler Beharrungskräfte und Desinformation ist die Öl- und Gasindustrie. Bereits ab den 1950-Jahren mehrten sich die wissenschaftlichen Anzeichen, dass die fortwährende Verbrennung fossiler Brennstoffe und die resultierenden CO_2-Emissionen das Weltklima nachhaltig verändern würden. Veröffentlichungen wie »The Carbon Dioxide Theory of Climatic Change« von Gilbert N. Plass im Jahre 1956 wiesen auf eine absehbare Erderwärmung durch steigende CO_2-Konzentrationen hin.[102] Ab dem Jahr 1958 hat Charles D. Keeling anhand von Messungen auf Hawaii die stetig steigenden CO_2-Konzentrationen in der Erdatmosphäre nachgewiesen. Heute ist die »Keeling-Kurve« Standardwissen der Klimaforschung. Im Jahr 1965 hat das wissenschaftliche Beratergremium des US-amerikanischen Präsidenten Lyndon B. Johnson auf den Zusammenhang zwischen der Verbrennung fossiler Rohstoffe und Erderwärmung hingewiesen.[103] Spätestens ab den 1970er-Jahren herrschte unter Klimaforschern Gewissheit und war politischem Führungspersonal bekannt, dass sich die Menschheit bei einem »Weiter so« in große Probleme manövrieren würde.

Diesen Erkenntnisprozess haben auch diejenigen Firmen eng verfolgt, die ihr Geld mit der Förderung und Verbrennung fossiler Energien verdienen. Den großen Ölfirmen der USA, »Big Oil« genannt, wurde die Tragweite des Problems schnell klar – und damit das Ausmaß möglicher Auswirkungen auf das eigene Geschäft. Sie haben unverzüglich gehandelt. Bereits in den 1970er-Jahren wurden systematisch Netzwerke und Thinktanks aufgebaut und mit hohen Millionenbeträgen finanziert, die in den folgenden Jahrzehnten als industrielles Bollwerk nicht nur jegliches Umsteuern bekämpft, sondern gleich an der Wurzel angesetzt haben: dem Umdenken. Und sogar an der Wurzel der Wurzel: der Wissenschaft als Quelle möglichen Umdenkens.

Zu jeder noch offenen Frage beim Verständnis des Klimawandels, zu jedem noch so kleinen nicht menschengemachten Beitrag zu klimatischen Schwankungen und jeder noch so abstrusen alternativen Theorie wurden pseudo-wissenschaftliche Gegenstudien beauftragt. Professionelle PR- und Marketingagenturen erhielten die Aufgabe, Drehbücher zur gezielten Diskreditierung der Klimawissenschaften zu verfassen und diese in Kampagnen umzusetzen. All das wohlgemerkt, obwohl auch den Vorständen von Firmen wie Exxon, BP und Shell genaue Informationen über die katastrophalen Auswirkungen ihres Geschäfts vorlagen.[104] Wie gesagt: Unternehmen, die einem potenziellen Totalverlust gegenüberstehen, greifen allzu oft zu Lügen und Betrug. In den Jahren 1989 bis 2001 konzertierte die »Global Climate Coalition« (GCC) den Widerstand der Fossilindustrie gegen jegliche Klimaschutzbemühungen. Die perfide Namensgebung hat dabei Methode: Auch heute aktive Lobbyverbände verschiedenster Branchen bekleiden sich mit Namen, die das genaue Gegenteil von dem aussagen, wofür der Verband eigentlich steht. Die GCC löste sich erst auf, nachdem die Leugnung des Klimawandels auch öffentlich nicht mehr durchhaltbar war und die Machenschaften der Koalition dem Ruf der Firmen zu schaden begannen.

Analoge Erzählungen und Strukturen wurden nicht nur im Geburtsland der Klimawandel-Leugnung, den USA, aufgebaut, sondern von den jeweiligen Firmen und Interessengruppen ebenso in Russland, China, Australien, England und Europa. Nicht nur die klassische Energieindustrie, auch große Verlage und Strukturen der Medienlandschaft wie Murdoch/Springer spielten und spielen hier eine tragende Rolle.[105]

Der Erfolg dieser Desinformationskampagnen wirkt bis heute nach – und wird mit neuen Kampagnen und Geschichten laufend neu genährt. Begriffe wie »Klimahysterie«, naive Vorstellungen von möglicher Anpassung an den Klimawandel oder der Zweifel, ob wir überhaupt noch Einfluss auf die weltweite Entwicklung haben, sind nicht nur unter »Spinnern« und Verschwörungstheoretikern verbreitet, sondern auch in Publikumsmedien und Parteiprogrammen gelernte und viel zu selten hinterfragte Normalität.

Erst wurde Klimawissenschaft diskreditiert, dann die Alternativen zu Öl und Gas

Nachdem der Zusammenhang zwischen Verbrennung, CO_2-Emission und Erderwärmung mit ihren katastrophalen Folgen nicht mehr zu leugnen war, wurde der Fokus der Desinformation und der politischen Landschaftspflege darauf ausgerichtet, Öl, Gas und Kohle als unverzichtbar darzustellen und die Alternativen zu diskreditieren. Die schon erfolgreich auf die Klimawissenschaft angewandte Methode wurde in der Folge auf die erneuerbaren Energien angewandt, die Elektromobilität etc. Auch deren Diskreditierungskampagnen wurden mit großen Budgets ausgestattet und professionell gemanagt. Von angeblichen Umweltschäden über hohe Energieverbräuche bei der Herstellung von Wind- und Solartechnik bis zu massenhaftem Vogelschlag durch Windräder. Systematisch wurden Zweifel gesät, ob die erneuerbaren Energien mit Blick auf ihre Umweltauswirkungen überhaupt vorteilhaft seien. Gleichzeitig wurde so die Aufmerksamkeit von den irrsinnigen Stoffströmen fossiler Energienutzung und ihren gigantischen Umwelt- und Klimaschäden abgelenkt. Heute ist belegt, dass in Deutschland über 1.000-mal so viele Vögel an Glasscheiben verenden wie an Windrotoren.[106] 700-mal so viele Vögel fallen dem Straßen- und Bahnverkehr zum Opfer wie der Windkraft. Auf Platz zwei auf der Liste steht allerdings die Hauskatze mit ebenfalls bis zu 1.000-mal so vielen Vogelopfern. Doch seien Sie ehrlich: Haben Sie nicht auch schon oft vom Vogelschlag an Windmühlen gehört und ein etwas flaues Gefühl im Magen, ob es da nicht ein Problem gibt? Und wie war das noch mit dem Lithium-Abbau? Ist doch ganz schön schädlich, was die da in Chile und Australien machen – und die Minen sind ja riesig! Kennen Sie auch dieses Argument und das zweifelnde Gefühl? Umgekehrt gefragt: Wann haben Sie zuletzt einen Bericht gelesen oder gesehen über die Stoffströme fossiler Energien? Die fallen jedes Jahr an und werden in Gigatonnen gemessen, also Milliarden Tonnen. Über ein Drittel des weltweiten Schiffsverkehrs geht allein auf den Transport von Öl, Kohle und Gas zurück.[107] Wie oft stolpern Sie über diesen Sachverhalt oder sprechen mit Bekannten darüber? Und wie oft im Vergleich über Rohstoffe für Batterien? Dabei werden die zusammengenommen noch in Megatonnen gemessen, also Millionen Tonnen.[108] Das ist ein Faktor 1.000 weniger als für Öl, Kohle und Gas. Zudem gibt es einen wesentlichen Unterschied: Batterien werden über zehn Jahre lang genutzt und die Materialen anschließend recycelt. Die Menge an fossiler Energie wird jedes Jahr verbrannt. Desinformation besteht nicht nur aus dem Verbreiten falscher Behauptungen. Sie zieht auch Nebensächlichkeiten in das öffentliche Bewusstsein, um das Eigentliche zu verschleiern.

Desinformation und ihre mächtigsten Werkzeuge

Dass langfristig solche auf sachlicher Ebene vorgetragene Desinformation gegen »Cleantech« widerlegt würde, konnte sich die Befürworter der »Old-Energy-Tech« natürlich ausrechnen. Schon bei der Klima-Desinformation hatte man diese Erfahrung gemacht. Ab einem gewissen Punkt der Evidenz ist Leugnen einfach zwecklos. Weitsichtig wurden daher Alternativen zum eigenen Verbrennungsgeschäft nicht nur auf sachlich-technischer Ebene diskreditiert, sondern auch auf emotionaler Ebene. Erfolgreich wurden sie politisch so geframed, dass ein anständiger Amerikaner/Europäer/Deutscher sie gar nicht ernstnehmen kann. Das Ergebnis sind ganz eigene gesellschaftspolitische Muster.

Ein frappierendes Beispiel dazu stammt aus den USA. Dass jede Bevölkerungsgruppe Themen wie Klimawandel anders bewertet, ist naheliegend und normal. Wie groß die Unterschiede in der Bewertung sind, hängt heute aber nicht wie bei vielen anderen Themen an Geschlecht, Alter, Religion oder Ähnlichem, sondern allen voran an der politischen »Stammesidentität«. Nach einer Studie des Pew-Instituts halten 73 Prozent der Anhänger der Demokraten Klimawandel für eine große Bedrohung, aber nur 23 Prozent der Anhänger der Republikaner.[109] Verbrennen ist konservativ, Windkraft ist links. Solche Umdeutungen und Spaltungen zeigen, wie fürchterlich erfolgreich die genannten Kampagnen waren – und dass sie eine echte Gefahr nicht nur für das Klima, sondern auch für den gesellschaftlichen Zusammenhalt sind.

In seinem Buch »Männer, die die Welt verbrennen« fasst Christian Stöcker das so zusammen: »Es ist den Propagandisten der Fossilbranchen gelungen, die Liebe zum Verbrennen und die Ablehnung erneuerbarer Energien zu einem Aspekt konservativer Stammesidentität zu machen. Das ist fatal, denn wenn es mal so weit ist [...] wird Information so verarbeitet, dass das eigene Weltbild nicht infrage gestellt wird«.[110]

Die Wiederwahl von Donald Trump zum 47. Präsidenten der USA stellt den vorläufigen Höhepunkt dieser Entwicklung dar. Er steht für »Drill, Baby, drill« und brachte kurz vor seiner Amtseinführung im Januar 2025 sogar ein Verbot von Windkraftanlagen ins Gespräch. Die eigene Macht über Emotionen und Verdrehungen zu gründen anstatt auf Fakten, funktioniert eben erschreckend gut. Und so überrascht es nicht, dass immer mehr und immer stärkere libertäre Kräfte unselige Allianzen mit »Big Oil« eingegangen sind, wie die großen amerikanischen Ölkonzerne gemeinsam genannt werden. Aus ihrem ganz eigenen Wirtschaftsverständnis und Menschenbild heraus geht es auch ihnen nicht um die Verbesserung des Lebens für viele, sondern um die Verteidigung und den Ausbau des eigenen Geschäfts, der Konzentration von Macht und Geld sowie der immer tieferen Einflussnahme auf politische Institutionen.

Die Kunst der Umdeutung: »Cleantechs« sind das Problem und ideologische Fata Morganas »technologieoffen«

Begriffe wie »Blackout-Angst« oder »Zappelstrom« sind heute Alltag in der deutschen Energiedebatte. Dabei sagen sie mehr über die politische Stammesidentität derjenigen Personen, die solche Begriffe verwenden, als über reale technische und marktliche Herausforderungen der laufenden Energierevolution.

Die Ursprünge solcher Emotionen und Begriffe kann man ebenfalls weit zurückverfolgen. Das prominenteste Beispiel ist eine Kampagne aus dem Jahr 1993, die eine Gruppe großer Energieversorger um RWE und PreussenElektra (heute E.On) in Deutschland durchgeführt haben. Die Botschaft: Maximal 4 Prozent des Stroms könne jemals aus erneuerbaren Energien bezogen werden, danach würden die Lichter ausgehen.[111]

Die damalige Umweltministerin Angela Merkel griff diese Aussage auf und pflichtete der geballten Kompetenz der deutschen Energiewirtschaft bei. Es kam allerdings anders. Im Jahr 2024 machten erneuerbare Energien über 62 Prozent des deutschen Strommixes aus.[112] Blackouts? Fehlanzeige. Zur Ehrenrettung von RWE und E.On muss man allerdings sagen, dass die Unternehmen ihren Kurs grundsätzlich auf Pro-Energiewende verändert haben, inzwischen große Summen in den Ausbau der erneuerbaren Energien und Stromnetze investieren und Nebelkerzendiskussionen um einen Wiedereinstieg in die Kernenergie ablehnen. Gleichwohl finden die Unternehmen mehr zentrale Gaskraftwerke und CCS sinnvoll und attraktiv und geht ihnen der Umbau gerade zu schnell. Langsamer lässt sich das eigene Geschäft vermutlich besser verteidigen.

Auf politisch-medialer Ebene tobt der Kampf um das Geschäft mit dem Verbrennen von Sachen und die Deutungshoheit zu möglichen Alternativen also bereits seit Jahrzehnten. Und mit Fortschreiten des Umbaus unseres Energiesystems und damit der Entwertung alter Geschäftsmodelle und Wahrheiten wird dieser Abwehrreflex immer stärker. Die vom russischen Angriffskrieg auf die Ukraine ausgelöste Energiekrise hat dies nochmals verschärft. Energiewende und neue Technologien wie Elektroautos und Wärmepumpen wurden dabei in breiter Front von

Unions-Parteien, FDP und natürlich der AfD als Quelle allen Übels verkauft – entgegen der realen energiewirtschaftlichen und energietechnischen Zusammenhänge, und oft genug auch ohne jegliches Verständnis der Technologie an sich.

Besonders plakative Beispiele dafür liefert in Deutschland regelmäßig die Bild-Zeitung. So musste im Jahr 2023 die Chefredakteurin der Bild-Zeitung Marion Horn nach Monaten der Kampagne gegen Wärmepumpen in einem Treffen mit der Belegschaft feststellen: »Wir haben hier verdammt noch mal niemanden, der weiß, wie so eine Wärmepumpe funktioniert.«[113] Umso bemerkenswerter, dass regelmäßig auch namhafte Politiker die Überschriften der Bild-Zeitung auf Social Media verbreiten und als Argument für ihre Position verwenden.

Den meisten Menschen sind Ausmaß und Vielfalt der fossil finanzierten Desinformation, der sie täglich ausgesetzt sind, nicht bewusst. Zur Einordnung wäre es auch hilfreich zu wissen, dass Springer-Verlag und Bild-Zeitung sich mehrheitlich in den Händen des Finanzinvestors KKR befinden – und dieser wiederum zu einem der großen Investoren im Geschäft mit fossiler Energieerzeugung zählt.

Beharrung wird sehr bewusst und mit klaren Zielen vor Augen organisiert, Grundlagen für fossile Geschäftsmodelle verteidigt und Alternativen verunglimpft – von den erneuerbaren Energien über die E-Mobilität, die Wärmepumpen bis hin zu grünem Stahl. Das Perfide und gleichzeitig Fatale an der jahrzehntelangen Desinformations- und Lobbyarbeit der Öl- und Gasindustrie ist, dass sie es auf diese Weise geschafft hat, bis tief in die begrifflichen Grundlagen der heutigen Debatten hinein die Spielregeln zu bestimmen. Windkraft ist eben links, Sachen verbrennen konservativ. Und Wärmepumpen sind »Ideologie«, die Fata Morgana vom Heizen mit Wasserstoff oder Fahren mit E-Fuels hingegen »technologieoffen«.

Veränderung bedeutet auch realen Verlust

Und die Menschen? Wenn ganze Branchen abgeschafft oder tiefgreifend umgebaut werden, verlieren Menschen ihre Arbeit, damit auch die tägliche Verbindung zu Freundschaften und oft ihre Identifikation. Wer wollte sich darüber wundern, dass die schrittweise Schließung der deutschen Steinkohle-Zechen ab den 1960er-Jahren immer wieder von wütenden Protesten begleitet war, dass der Verlust des einstigen Zukunftsmotors Steinkohle und des ehrbaren Berufs des Bergmanns beklagt wurde? Der Begriff »Kumpel« stammt aus dem Bergbau und steht für Verlässlichkeit und Freundschaft – unter Tage war das lebenswichtig. Das sollte plötzlich nichts mehr zählen? Und wie sollte man zukünftig sein Geld verdienen? Kurzum, dass sich auch die Menschen innerhalb einer Branche gegen die Veränderung wehren und dankbar auch allzu dünne Argumente gegen das Neue aufnehmen, ist nachvollziehbar.

Das Auto und das Verbrennen als Sinnstifter ganzer deutscher Generationen

Die Revolution bei den Antrieben rüttelt sogar am Selbstverständnis nahezu der ganzen Nation. Die Liebe zum Auto, die Autobahn ohne Tempolimit … Wie viele deutsche Männer wurden über einen Motorraum gebeugt sozialisiert, haben selbst noch Vergaser eingestellt und für das Quartett-Spiel für Dutzende Autos PS-Werte, Beschleunigungen und Höchstgeschwindigkeiten auswendig gewusst? Und all das soll jetzt Schnee von gestern oder genauer Technologie von gestern sein? Aufheulende Motoren sollen »out«, leise und – ungleich beschleunigungsstärkere – E-Autos »in« sein? Chinesische Fahrzeuge besser als deutsche?

Entsprechend gern glauben und verbreiten sie die Argumente und (Des-)Information der Öl- und Gasindustrie. Elektroautos seien umweltschädlicher (der Lithium-Abbau! Der Braunkohlestrom!), seien unsicherer (explodierende Akkus!), könnten nie in ausreichender Stückzahl hergestellt werden (die seltenen Erden!), könnten nie alle geladen werden (wo soll der ganze Strom nur herkommen?) und seien überhaupt nur eine Erfindung grüner Politik.

Alle diese Punkte sind erwiesenermaßen falsch,[114] bei den meisten kann man die Quelle bis zu Thinktanks und Kampagnen der Öl- und Gasindustrie zurückverfolgen.[115] Doch diese einfachen Wahrheiten sind eben einfach zu verführerisch. Und Umdenken kostet Kraft. Unser Gehirn ist für das Wiederholen von vormals Gelerntem optimiert. Neues zu denken und in unseren Köpfen umzuprogrammieren, benötigt viel zu viel Energie.[116]

Wirtschaftlicher Verlust braucht sozialen Ausgleich

Neben den großen Unternehmen der alten Welt und den emotionalen Verlierern gibt es noch eine weitere wichtige Gruppe (potenzieller) Verlierer: sozial schwache Menschen und Unternehmen, deren Geschäft heute nur mit den Versorgungs- und Preisstrukturen der alten Energiewelt funktioniert. Das reicht von großen Grundstoffherstellern wie der Stahlindustrie bis zum Bäcker vor Ort.

Nehmen wir als Beispiel nur das wichtigste und einfachste Steuerungsinstrument zur Neuausrichtung unserer Wirtschaft und Infrastruktur auf Klimaneutralität: den CO_2-Preis. Natürlich müsste dieser stärker steigen und damit der Verbrauch von Erdgas und Strom nochmals deutlich teurer werden. Doch das träfe dann genau die Menschen und Unternehmen, bei denen Energiekosten heute schon einen relevanten Teil der Ausgaben ausmachen und die einfach kein weiteres Geld für zusätzliche Kosten aufbringen können – oder es an Stellen sparen müssten, an denen auch das sehr schmerzhaft und mit tiefen persönlichen Einschnitten verbunden wäre. Auch der Ausbau der Stromnetze – sowohl für die Elektrifizierung von Mobilität und Wärme als auch für die Integration von mehr erneuerbaren Energien – kostet Geld und macht über die Netzentgelte Strom teurer.

Die Angst vor unmittelbaren und persönlichen wirtschaftlichen Folgen ist also nachvollziehbar. Denn in den letzten Jahren sind die Energiepreise tatsächlich spürbar gestiegen. Allerdings vor allem deshalb, weil Gas und damit auch Strom zuvor in Deutschland über große Importmengen aus Russland niedrig gehalten wurde. Doch zukünftige Belastungen kämen noch obendrauf. Also muss ein Ausgleich her – und genau der fehlt. Die Energiewende kann und wird nur funktionieren, wenn über neue Instrumente wie ein Klimageld oder über eine große Steuerreform Belastungsausgleich geschaffen wird.

Besser noch: Auch Verlierer müssen profitieren können

Noch wirksamer bekämpft man die Beharrungskräfte in der Gesellschaft, wenn Verlierer sogar von Veränderung profitieren können. Doch das kostet Geld. Dass die Beharrung uns alle am langen Ende mehr kostet, weil wir unsere wirtschaftliche Zukunft verspielen und den gesellschaftlichen Zusammenhalt schwächen, hilft den konkreten Verlierern nicht. Der ehemalige CDU-Umweltminister und Leiter des UNEP-Umweltprogramms Klaus Töpfer hat das bereits in den 1990er-Jahren erkannt und vorgeschlagen, die Abwicklung alter Industrien wie bei den »Bad Banks« der Finanzkrise gesamtgesellschaftlich zu organisieren und zu finanzieren. Also denjenigen, die jahrelang Profit auf Kosten unserer Zukunft gemacht haben, jetzt die Altschuld zu erlassen. Gleichzeitig gibt es Vorschläge, die gewaltigen Investitionsbedarfe in neue Infrastrukturen über Instrumente wie »Deutschlandfonds« gesamtgesellschaftlich zu finanzieren. Beides ist wichtig und richtig, so ungerecht sich das für einige anfühlen mag. Denn es wäre schneller und nachhaltiger.

Doch leider werden in Deutschland selbst Begriffe wie »Nachhaltigkeit« noch umgedeutet zum Erhalt des Alten. Gerade vermeintlich wirtschaftsnahe Vertreter aus Politik und Medien interpretierten bis kurz nach der Bundestagswahl 2025 Nachhaltigkeit, also die Nicht-Belastung zukünftiger Generationen durch das eigene Handeln, in erster Linie als das Einhalten enger Schuldengrenzen. Investitionsprogramme in moderne Infrastruktur und Technologien oder gar den Klimaschutz wurden hingegen als Raubbau an der Zukunft unserer Kinder gebrandmarkt. Und wenn man sich im demokratischen Prozess nicht einigen kann, ob man beim Dienstwagenprivileg sparen soll oder beim Bürgergeld, gibt's eben auch keine Zukunftsinvestitionen oder Klimaschutz. Glücklicherweise ist mittlerweile die Kehrtwende erfolgt und die Schuldenbremse im Grundgesetz angepasst worden. Die zusätzlichen Investitionsmittel des Infrastrukturfonds sind sogar mit der Zweckbindung »Klimaneutralität 2045« versehen. Das ist gut.

Neue Narrative braucht das Land

Mittlerweile sind nicht nur in der Zivilgesellschaft starke Kräfte für Klimaschutz und Modernisierung unserer Wirtschaft am Werk und haben viele verstanden, dass sich etwas ändern muss. Auch in der deutschen Wirtschaft setzen vielerorts neue Führungskräfte mit großer Kraft Strategien zur Dekarbonisierung um, die auf einem ganz anderen Verständnis der Wirklichkeit basieren und die Chancen der Energiewende erkennen. Doch selbst in diesen Unternehmen, die nah dran sind an der neuen Welt und gezielt in diese neue Richtung geführt werden, verschwinden Vorbehalte und Ängste nicht einfach so. Wer jahrelang Kraftwerker oder Kraftfahrer war, ist nicht plötzlich begeistert von Sonne, Wind und Elektro-Lkw. Und wer kurz vorm Ruhestand steht, wird in der Regel kein Vorreiter bei der Digitalisierung der Stromnetze mehr.

Dass im Trommelfeuer von Desinformation und geprägt von jahrzehntelangem Selbstverständnis das Umlernen außerhalb der Energiewirtschaft noch viel schwieriger würde, war abzusehen. Zu tief ist der maß- und kostenlose Verbrauch von Umwelt in unserer wirtschaftlichen und gesellschaftlichen DNA eingeprägt, nicht nur in Form der Entsorgung von CO_2 in der Erdatmosphäre. Plötzlich soll das schlecht sein und nicht mehr gehen? Meine Arbeit, mein Verhalten, mein tägliches Stück Fleisch, mein Flug in den Urlaub – das soll alles falsch gewesen sein? Obwohl das doch alle so machen? Viele Menschen empfinden die notwendigen Veränderungen der Energiewende als Verlust. Als regelrechte Entwertung von Lebensleistung und Lebenswahrheiten, vielleicht vergleichbar mit der Entwertung von Lebensleistung, die mit dem Zusammenbruch der DDR und der Wiedervereinigungen Millionen Menschen über Nacht ereilt hat.

Energiewende wurde und wird selbst von ihren Erfindern und Profiteuren zu wenig positiv erzählt

Doch auch die Befürworter und Vertreter der erneuerbaren Energien haben ihren Anteil daran, dass sich die verschiedenen Lager im aktuellen »Endkampf« um die Zukunft der Energieversorgung so unversöhnlich gegenüberstehen. Deutschland hat 70 Jahre Wirtschafts- und Wohlstandserzählung genießen dürfen, in der die Schattenseiten seines Tuns in einer gesamtgesellschaftlichen Verdrängungsleistung ignoriert wurden. Erste Umweltkrisen der jungen Republik wie der saure Regen waren lokal begrenzt, spätere globale Krisen wie das Ozonloch waren reversibel und konnten mit vergleichsweise einfachen Mitteln und weltweit konzertiert behoben werden. Der Ersatz von FCKW als Kühlmittel und Treibgas durch andere Stoffe reichte aus. Ein mit Blick auf die gesamte Weltwirtschaft kaum wahrnehmbarer Eingriff.

Der Ersatz von Öl, Kohle und Gas ist da ein ganz anderes Kaliber. Ganze Branchen, wirtschaftliche Logiken und weltweite Infrastrukturen stehen zur Disposition. Lange hat die Umweltbewegung und im politischen Spektrum die Grüne Partei auf die Notwendigkeit eines so tiefgreifenden Umbaus hingewiesen. Sie haben vor den Folgen der Verbrennung und der Dramatik der Klimakatastrophe gewarnt und die erneuerbaren Energien als die Lösung für unsere Energieprobleme beworben. Doch meist fand das umwölkt von Negativerzählungen statt, klang nach Verzicht und oft genug – weil der Mainstream ja ganz anders dachte und fühlte – als Besserwisserei.

Es hat eine gewisse Tragik: In den frühen Jahren der Umweltbewegung und der erneuerbaren Energien schien eine solche Wagenburgmentalität notwendig und verständlich. Schließlich war man umzingelt von Gegnern und wurde ausgelacht, wenn man an die Zukunft von Sonne und Wind glaubte. Ich selbst habe das auch so erlebt: Als ich mich Ende der 1990er-Jahre für eine Promotion am Fraunhofer ISE entschied, dem »Solar Mekka« Deutschlands, flehte mich mein Patenonkel regelrecht an, mich doch nicht unglücklich zu machen. Warum ich denn nicht zu RWE ginge, da hätte ich immer einen sicheren Job. So falsch kann man liegen …

Später wurde die Erneuerbaren-Branche beschimpft und anschließend mit harten Bandagen bekämpft. So wird auch erklärlich, warum der damalige Umweltminister Jürgen Trittin in einer Pressemeldung des Jahres 2004 so übertrieben tiefgestapelt hat: »Es bleibt dabei, dass die Förderung erneuerbarer Energien einen durchschnittlichen Haushalt nur rund 1 Euro im Monat kostet – so viel wie eine Kugel Eis.«[117] Aus der Kugel

Eis ist im Laufe der Jahre ein Finanzierungsvolumen von über 250 Milliarden EUR über das Erneuerbare-Energien-Gesetz geworden.[118] Kein Wunder, dass dieses Zitat auch heute noch von Gegnern der erneuerbaren Energien gern verwendet wird. Denn spätestens seit Ende der 2010er-Jahre, als die erneuerbaren Energien bereits um die 40 Prozent der deutschen Stromerzeugung stellten und zunehmend systemrelevant wurden, hätte sich auch die junge »Cleantech«-Branche kommunikativ neu erfinden müssen. Die Geschichte, dass einfach immer mehr Solar- und Windenergie ausgebaut werden müssten, dass Speicher und Netz dann schon irgendwie folgen würden, war nicht mehr ausreichend. Um die Menschen mitzunehmen, hätte es mehr gebraucht. Denn jede so tiefgreifende Veränderung löst Fragen aus und schafft Ängste. Und sie fühlt sich für viele wie eine Entwertung von Lebensleistung und -wahrheiten an. Die alte Energiewirtschaft mit Hunderttausenden Angestellten, mit Hightech-Forschung zu immer besserer Kraftwerkstechnik, mit lebenswichtiger Bedeutung für die gesamte Volkswirtschaft brauchte mehr als die tiefe Überzeugung, dass die Menschheit Sonne und Wind als die billigste denkbare Energiequelle nutzen kann. Oder dass der Klimawandel katastrophale Folgen nicht nur für unser aller Leben, sondern auch für unsere Wirtschaft haben wird. Wir brauchen eine neue Vision, eine Erzählung von neuem, sauberem Wohlstand und persönlicher Freiheit, die wir durch den Aufbruch in die Zukunft gewinnen. Verlieren sollten wir dabei möglichst nur das schlechte Gewissen. Doch selbst zu Einschränkungen wären die Menschen bereit, wenn sie nur wüssten, für welches Ziel.

Womit ersetzt man 70 Jahre Wohlstands- und Wachstumserzählung?

Eine solche tektonische Verschiebung in der gesamten Gesellschaft braucht mehr als nur den berechtigten Hinweis darauf, dass der Umbau große wirtschaftliche Chancen bietet und ein Nicht-Handeln für nachfolgende Generationen viel teurer wird. Sie braucht eine positive Erzählung, die stark genug ist, 70 Jahre Wohlstands- und Wachstumsgeschichte zu ersetzen. Wenn wir ehrlich sind: Eine solche Erzählung, plastisch und einfach, haben wir auch heute noch nicht. Wie wollen wir leben? Was ist eigentlich Wohlstand? Was ist Leistung und was ist welche Art von Arbeit und Leistung wert? Welchen Wert hat Zeit, welchen hat Geld?

Innerhalb der Umweltbewegung und auch innerhalb der grünen Wirtschaft gibt es viele kluge Antworten auf diese Fragen. Doch ein Problem wird immer noch übersehen: Es braucht Raum und Lösungen für alle gesellschaftlichen Gruppen und für alle Parteien, ihre Rolle in diesem gigantischen Veränderungsprozess zu finden. Ansonsten bleibt es bei Ablehnung allein schon deshalb, weil man sich politisch oder emotional abgrenzen muss von dem, was man jahrzehntelang für naiv oder falsch hielt. In diesem Sinne sind erneuerbare Energien und Elektroautos tatsächlich so lange »woke«, bis auch andere gesellschaftliche Gruppen ihre eigene Erzählung und Rolle gefunden haben und ihren eigenen Beitrag zur positiven Gestaltung des Prozesses einbringen können, ohne dass die anderen den Eindruck vermitteln: »Siehste, hab ich ja immer schon gesagt«.

Nach Jahrzehnten neoliberaler Wachstumserzählung erscheint das Denken wirklich sehr verdreht. Doch da müssen wir durch. Demokratie kostet oft Nerven und Zeit.

AUF DEN PUNKT

- Zur Verteidigung ihres hochprofitablen Geschäfts überzieht die Öl- und Gasindustrie wider besseres Wissen die Klimawissenschaft seit Jahrzehnten mit Deligitimationskampagnen und verbreitet in der Öffentlichkeit systematisch Desinformation.
- Die Inhalte dieser Kampagnen lässt sie aus von ihr selbst gut finanzierten »Thinktanks« erarbeiten und über professionelle PR-Agenturen in Politik und Medien verankern. Auch erneuerbare Energien als Alternative zu Öl und Gas wurden so gezielt diskreditiert und politisch als »links«, »woke« und »unzuverlässig« geframed.

- Jede Veränderung erzeugt auch Verlierer unter den Menschen, sowohl wirtschaftlich in Form steigender Preise oder gar von Arbeitsplatzverlust als auch emotional, wenn sinnstiftende Gewohnheiten wie der eigene Lebensstil oder die Liebe zum Auto infrage gestellt werden.
- Um breit verankerte Beharrungskräfte überwinden zu können, muss Ausgleich geschaffen werden und müssen auch Verlierer gewinnen können.
- Auch die Befürworter eines engagierten und zügigen Umbaus unserer Energiesysteme müssen daher lernen, die Veränderung positiv zu erzählen und nicht – wie früher oft geschehen – als Geschichte des Verzichts oder mit Kleinreden realer Herausforderungen.

4.2 Das Gestrüpp aus Regulierung und Bürokratie

Aus kurz mach lang: Gesetzestexte kennen bisher (fast) nur eine Richtung

Als im Jahr 1990 das Stromeinspeisungsgesetz (StromEinspG) verabschiedet wurde, das erste Gesetz zur Regelung der Einspeisung von Strom aus Solar- und Windanlagen ins deutsche Stromnetz, passte es auf eine einzige Seite und hatte 5 Paragrafen. Geregelt wurde die Verpflichtung der Netzbetreiber, den erzeugten Strom aufzunehmen, sowie die Höhe der Vergütung, die die Betreiber der Anlagen dafür erhalten sollten. Mehr war damals nicht nötig. Das Erneuerbare-Energien-Gesetz (EEG), das das Stromeinspeisungsgesetz im Jahr 2000 abgelöst hat und seitdem vielfach novelliert wurde, umfasst heute 176 Paragrafen und 5 Anhänge auf 139 Seiten. Natürlich enthält es viele zusätzliche, sinnvolle Regeln, auch für weitere Energieerzeugungsarten wie Biomasse und Geothermie. Aber braucht das wirklich 30-mal so viel Gesetz?

Aus einem mach viele: Gesetze bekommen laufend Nachwuchs

Und nicht nur die Regulierung für erneuerbare Energien ist um Größenordnungen umfangreicher und komplizierter geworden, das Energierecht insgesamt und das dazugehörige Baurecht sind es auch. Im Jahr der Liberalisierung des Strommarkts, der größten Reform des bundesdeutschen Energierechts, gab es neben dem Energiewirtschaftsgesetz als Hauptgesetz lediglich das bereits genannte Stromeinspeisungsgesetz im Energiebereich. Daneben gab es zwei einschlägige Verordnungen für die Belieferung von Endkunden mit Strom und Gas. All diese Regelungen kamen zusammen auf gut 80 Seiten mit 200 Paragrafen. Das war 1998. Ein Jahr später kam als erste Erweiterung des Rechtsrahmens das Stromsteuergesetz hinzu mit 18 Paragrafen. In den Folgejahren wurden immer weitere Detailgesetze und Verordnungen erlassen, bestehende Regelwerke novelliert und dabei zumeist detaillierter und komplizierter. Die deutsche Regelungswut schlug zu. Ergebnis: Bezieht man sich nur auf die 18 heutigen Kerngesetze, die das Energierecht und die Energiewirtschaft speziell betreffen[119] und rechnet die Teile des Gebäudeenergiegesetzes (GEG) hinzu, die unmittelbar energiewirtschaftliche Relevanz haben, kommt man in Summe auf über 1.000 Paragrafen auf 800 Seiten.

Ihnen wird schon jetzt schwindelig? Zum bundesweiten Recht kommen jeweils spezifische Landesgesetze insbesondere aus dem Baurecht für die Planung und Genehmigung von Windkraftwerken, Solar- und Biomasseanlagen, Speichern und Netzen sowie natürlich eine umfassende immissions-, natur- und wasserschutzrechtliche Gesetzes- und Verordnungslage mit weiteren Hunderten Seiten und Tausenden Paragrafen hinzu. Übergreifend ist all das in die europäische Gesetzgebung eingebettet. Es gibt EU-Vorgaben vom Energiemarktdesign bis zu technischen und prozessualen Standards. Umgekehrt müssen deutsche Gesetze, in denen Förderungen oder staatlich garantierte Zahlungen für Kraftwerkskapazitäten, Strom-, Gas- oder Wärmelieferungen, Infrastrukturen etc. geregelt werden, von der EU beihilferechtlich genehmigt werden.

All das verknotet sich zu einem kafkaesk anmutenden Regelungsdickicht. Ein prominent gewordenes Beispiel dafür sind die Anträge für die Genehmigung von Windkraftanlagen. In Dutzenden Aktenordnern müssen viele Tausend Seiten mit Planungsunterlagen, Fachgutachten und Studien zusammengestellt und Achtung: ausgedruckt und den verschiedenen zuständigen Genehmigungsbehörden in Papierform übergeben werden. Fristgerecht. Und natürlich mehrfach, da sich im Antragsverfahren Änderungen und neue Anforderungen ergeben. Dutzende Meter Aktenordner, die alle gelesen und geprüft werden wollen. Doch auch im Betrieb von Kraftwerken, Transformatoren, Stromnetzen, Wind- und Solaranlagen lässt die deutsche Regelungswut nicht nach. Besonders enger und steter Begleiter ist immer auch das Steuerrecht, dazu das Gesellschafts- und allgemeine Handelsrecht und, und, und.

Ein multidimensionaler Gesetzesknoten: viel Arbeit, wenig Output

Doch dieses Regelungs-, Antrags- und Genehmigungsdickicht ist nicht nur einfach da und muss von allen berücksichtigt werden bei der Planung von Projekten oder der Ausführung ihres Geschäfts. Es muss auch von Behörden und Unternehmen im laufenden Betrieb verwaltet werden. Meldepflichtige Daten werden eingesammelt, bearbeitet und abgeglichen. Oft müssen dabei dieselben, ähnliche oder gerade im Detail genau ein bisschen andere Zahlen für verschiedene Meldepflichten verschiedener Gesetze und Verordnungen zusammengestellt, aufbereitet, im schlimmsten Fall auf Papier geschrieben und dann händisch wieder übertragen und ausgewertet werden. Deutschland ist kein Vorreiter der Digitalisierung.

Komplexität und Menge von Regulierung und Bürokratie bremsen so den Umbau unseres Energiesystems und verbrauchen wertvolle Ressourcen auf beiden Seiten, in den Verwaltungen und bei den Marktakteuren. Und wenn das schon gruselig für Sie klingt: Zwei weitere Schreckensdimensionen fehlen sogar noch. Weil viele Gesetze historisch gewachsen immer komplexere Dinge geregelt haben, passen zahlreiche Vorschriften nicht mehr zueinander. Das reicht bis in Begriffsdefinitionen hinein. Was zum Beispiel die »räumliche Nähe« oder der »räumliche Zusammenhang« einer Stromerzeugungsanlage wie ein Solar- oder Windkraftwerk zu einem Stromabnehmer ist, beschreiben verschiedene Gesetze unterschiedlich. Das entscheidet aber über nennenswerte finanzielle Vor- und Nachteile. Was »Biomasse« ist, da sind sich das EEG und das Kreislaufwirtschafts- bzw. Abfallrecht nicht wirklich einig. Ein »Stromspeicher« wiederum ist im EEG etwas anderes als im EnWG. Selbst was ein Endkunde oder Letztverbraucher ist, kann Ansichtssache sein. So kann ein Unternehmen gem. EnWG Endkunde sein, aber nach Stromsteuergesetz nicht »Letztverbraucher«, sondern »Versorger«. Die Liste könnte man fortführen.

Das Ergebnis von all dem? Widersprüchliche Regelungen erzeugen ebenso wie Unschärfen in Gesetzen und Verordnungen Unsicherheit, Streitfälle und Gerichtsverfahren. Die übersetzen sich in viel Arbeit für Verwaltungen und Unternehmen und ein gutes Geschäft eigentlich nur für Anwälte.

Atmen Sie jetzt einmal tief durch und führen Sie sich den beschriebenen dreidimensionalen Knoten aus Regelungsmenge, Bürokratie und Widersprüchlichkeiten noch einmal vor Augen. Wie in der realen Welt fehlt jetzt noch die vierte Dimension: die Zeit. Gesetzgeber auf Bundes-, Landes- und kommunaler Ebene passen laufend alle möglichen Regelungen an. Es ist also entscheidend, aus welchem Jahr ihre Genehmigung, Einspeisezusage, Betriebsaufnahme etc. stammt, da für sie je nachdem ganz unterschiedliche Anforderungen, Förderungen, Betriebslauflagen etc. gelten. Damit niemand stolpert, müssen also alle Marktakteure, Behörden und Netzbetreiber für alle Gesetze und Verordnungen eine laufende Versionskontrolle durchführen, in ihren Unterlagen und Softwaresystemen mitschleppen, korrekt abrechnen, melden und Fristen überwachen.

Langsam aufknoten oder besser gleich durchschlagen?

Wenn etwas in Deutschland die Diagnose einer systemischen Krise verdient, dann ist es das über Jahrzehnte gewachsene Dickicht aus gesetzlichen Regelungen und Verwaltungsbürokratie. Bereits für die Weiterentwicklung der heutigen Energiesysteme ist dies ein Problem. In der neuen Energiewelt mit seinen Abermillionen Akteuren und Prosumern, mit den immer weiter verwischenden Grenzen zwischen den Sektoren Strom, Mobilität und Wärme, mit den immer komplizierteren und widersprüchlicheren Beziehungen zwischen Bund, Ländern und Kommunen zieht es sich zu einem gordischen Knoten zusammen.

Das Beste wäre es, mit diesem gordischen Knoten das zu tun, was man mit gordischen Knoten eben macht: durchschlagen. Eine vollständige Neudefinition des Energierechts und seiner Schnittstellen zu Bau-,

Umwelt-, Steuerrecht etc. Auch keine einfache Aufgabe, aber Teil dessen, was Deutschland ebenso in anderen Bereichen und Rechtsgebieten bevorsteht. Das zeigt auch der Zwischenbericht der »Initiative für einen handlungsfähigen Staat« unter Schirmherrschaft des Bundespräsidenten, der im Frühjahr 2025 vorgelegt wurde.[120]

Das ist alles zu groß gedacht? Wir kennen historische Beispiele, in denen Ähnliches gelang. Im Jahr 1900 trat das Bürgerliche Gesetzbuch BGB in Kraft. Es führte oft widersprüchliche und lückenhafte Regelungen aus den verschiedensten zuvor geltenden Gesetzen zusammen wie dem Preußischen Allgemeinen Landrecht von 1794, dem Sächsischen Bürgerlichen Gesetzbuch von 1863, dem französischem Code Civil, römisch-gemeines Recht und lokalen Gewohnheitsrechten. Mit dem BGB wurden Hunderte Einzelnormen bereinigt, neu systematisiert und in einem heute noch funktionalen Sammelgesetz verbunden. Ist ein ähnlicher Kraftakt im Schulterschluss von Bund, Ländern und Gemeinden auch im Energierecht möglich? Die deutsche »Stiftung Umweltenergierecht« hat den Vorschlag für ein solches Durchschlagen des Gordischen Rechtsknotens bereits vor Jahren gemacht. Es ist wie so häufig: Gute Ideen und Konzepte gibt es genug. Wir müssen sie nur endlich in die Tat umsetzen. Und ohne groß zu denken, wird das nicht gelingen.

Nur einen Fehler der heutigen Gesetzeslage sollten wir dabei nicht wiederholen: Der notwendige soziale Ausgleich für sich verschiebende Energiekostenanteile gehört nicht in die Detailgesetze jedes Ressorts. Das schafft nur immer komplexere und widersprüchlichere Ausnahme- und Kompensationsregeln, also neues Regulierungsdickicht im Bau- und Mietrecht, bei Stromsteuern, Netzentgelten oder wo auch immer der Gesetzgeber glaubt, Menschen mit geringen Einkommen vor höheren Energie- oder CO_2-Kosten schützen zu müssen. Die neue Energiewelt erreichen wir nicht über Ressortpolitik, sondern nur mit einer begleitenden, eigenständig und parallel verankerten Gerechtigkeitspolitik im Steuer- und Sozialsystem.

AUF DEN PUNKT

- Seit der Liberalisierung der Energiewirtschaft im Jahr 1998 ist die relevante Gesetzgebung für den Bau von Anlagen, den Handel mit Strom und die Belieferung von Endkunden immer komplizierter und unübersichtlicher geworden.
- Neben der Gesetzgebung auf Bundesebene kommen spezifische Rechtslagen auf Länderebene sowie Vorgaben der europäischen Union hinzu. Die Genehmigung neuer Wind- und Solaranlagen, Batterien oder Netzabschnitte ist dadurch sehr langwierig und aufwendig geworden. Der Betrieb dieser Anlagen mit zahlreichen, sich teilweise doppelnden Datenmeldungen ist aufwendig.
- Ungenauigkeiten und Widersprüche in den Rechtslagen sorgen für Rechtsunsicherheit und dadurch für langwierige und teure Streitigkeiten und erhöhte Risikoaufschläge bei der Finanzierung.
- Über die notwendigen Vereinfachungen hinaus würde eine grundlegende Reform des Energierechts helfen, die Geschwindigkeit der Energiewende zu erhöhen und ihre Kosten zu senken.

4.3 Die unvorbereitete Infrastruktur: unsere Stromnetze

Als im Jahr 1990 der erste Einstieg in den Ausbau der erneuerbaren Energien in Deutschland begann, waren ihre Mengen aus Sicht des Gesamtsystems irrelevant. Selbst im Jahr 2000, als das Erneuerbare-Energien-Gesetz das Stromeinspeisungsgesetz ablöste, spielte Windstrom mit 1,7 Prozent Anteil eine vernachlässigbare Rolle im deutschen Strommix. Anteil Solarstrom: unter 0,01 Prozent. Klimawandel war zwar bekannt, auf der politischen Agenda aber ähnlich relevant wie Wind und Sonne im deutschen Strommix. Insofern mag man Verständnis dafür haben, dass damals nicht schon aktiv mit der Vorbereitung der Infrastruktur auf das begonnen wurde, was wir heute Energiewende nennen. Nennenswerte Auswirkungen von Wind- und Solarstrom auf die Stromnetze oder gar ein massenhafter Aufbau von Ladeinfrastruktur und Wärmepumpen schienen in unendlich weiter Ferne.

Dabei war in Fachkreisen längst klar, dass ein weitgehend elektrifiziertes, auf Wind- und Sonne gestütztes Energiesystem gänzlich anders aussehen muss als eines auf Basis fossiler und nuklearer Brennstoffe. Denn das Stromangebot der erneuerbaren Energien schwankt mit dem Wetter, mit Tages- und Jahreszeiten. Ein großer Bedarf an Stromspeichern war ebenso absehbar wie der Bedarf einer ganz neuen Architektur für Transport und Verteilung von Strom. Die stammte bislang aus den frühen Tagen der Elektrizitätsversorgung zu Zeiten von Thomas Edison und George Westinghouse Ende des 19. Jahrhunderts. In dieser Architektur wird Strom in wenigen großen Kraftwerken zentral erzeugt und über Verteilnetze aus Hoch-, Mittel- und Niederspannungsnetzen zu den Abnehmern geleitet. In Höchstspannungsnetzen, den sogenannten Übertragungsnetzen, wird er auch über sehr weite Strecken quer durch Deutschland und Europa transportiert. Der Energiefluss findet dabei nur in eine Richtung statt: von oben, den Kraftwerken, nach unten, zu den Verbrauchern. Das Stromangebot wird laufend der Nachfrage der Abnehmer angepasst: Wird mehr verbraucht, werden mehr Kraftwerke betrieben. Einfache Welt.

Die neue Energiewelt braucht eine andere Infrastruktur – das wissen wir seit über 30 Jahren

In einem erneuerbaren Energiesystem ändert sich nahezu alles: Strom fließt plötzlich auch »von unten nach oben«, also aus der privaten Solaranlage im Niederspannungsnetz oder dem Windrad im Mittelspannungsnetz bis auf Hoch- und Höchstspannungsebene und von dort über große Freileitungen und weite Strecken bis zu den Orten, wo der Strom gerade gebraucht wird. Um Windstrom aus dem Norden Deutschlands nach Süden zu leiten, werden beispielsweise aktuell die Übertragungsnetze auf der Nord-Süd-Achse deutlich ausgebaut. Und das Gleichgewicht aus Angebot und Nachfrage muss ebenfalls neu organisiert werden. Denn im Stromnetz müssen weiterhin zu jeder Zeit Strombereitstellung und Verbrauch gleich groß sein. Auch dann, wenn große Mengen Wind- und Solarstrom mit dem Wetter schwanken. Gelingt dies über längere Zeit und in größerem Umfang nicht, drohen Blackouts. Daher braucht es ganz neue Formen des Kraftwerks- und Netzbetriebs – auf regionaler, nationaler und europäischer Ebene im Verbundnetz.

Diese Notwendigkeit ist bereits bei Einführung des Stromeinspeisungsgesetzes in Fachbüchern nachzulesen, zum Beispiel im ebenfalls 1990 erschienenen Buch »Energieversorgung der Zukunft« der wissenschaftlichen Vordenker der neuen Energiewelt Joachim Nitsch und Joachim Luther.[121] Gleichzeitig war bekannt, dass Planung und Bau von Stromnetzen viel Zeit benötigen. Im Durchschnitt >10 Jahre im Übertragungsnetz[122] und 5–7 Jahre im Verteilnetz.

Schon früh war also klar: Für eine dermaßen veränderte Art der Erzeugung und Nutzung von Strom braucht es eine neue Architektur. Man stelle sich vor, ein Bürogebäude soll zukünftig als Wohnraum genutzt werden oder aus einem wunderschönen alten Industriegebäude wird ein Hotel. Die eine oder andere Wand, die Zuwegung und Fluchtwege wären wohl anzupassen? Vermutlich käme niemand auf die Idee, die neue

Nutzung mit der alten Architektur durchzuziehen. Und wohl auch nicht auf die Idee, die Umplanung des Gebäudes erst nach Einzug der Hälfte der neuen Mieter zu beginnen.

Doch die meisten Planungen dafür haben gerade erst begonnen

Umso frappierender ist es zu sehen, wie wenig wir unsere Stromnetze in den letzten Jahrzehnten auf die Energiewende vorbereitet haben. 35 Jahre nach dem Buch »Energieversorgung der Zukunft« stammen über 50 Prozent des deutschen Stroms aus erneuerbaren Energien, davon weit über 40 Prozent aus den fluktuierenden Quellen Wind und Sonne. Aber nur wenige Hausaufgaben sind erledigt.

Am besten sieht es bei den Übertragungsnetzen aus, also den bereits erwähnten »Stromautobahnen« zum Beispiel von Nord nach Süddeutschland. Planung und Bau wurden im Jahr 2019 mit dem »Netzausbaubeschleunigungsgesetz« (NABEG) deutlich vorangebracht. Wichtige Netzabschnitte sind in Betrieb gegangen oder werden in den nächsten Jahren in Betrieb gehen. Doch die Ausbaumengen werden nicht reichen, wenn nicht auch in Bayern mehr Windkraftanlagen errichtet werden. Tatsächlich dramatisch und aus heutiger Sicht völlig unverständlich wird es jedoch, wenn man auf den Stand der Dinge bei der Modernisierung der Verteilnetze blickt.

Digitalisierung? Gute Idee!

Stromnetz und Strommarkt werden auf Basis von 15-Minuten-Intervallen gemanagt und abgerechnet. Die intelligente Marktorganisation und Steuerung von Millionen Erzeugungsanlagen und Verbrauchern braucht daher vor allem eines: Daten. Für schätzungsweise 45–50 Millionen Haushalts- und kleinere Gewerbekunden in Deutschland gibt es bis heute aber lediglich einmal im Jahr eine händische Ablesung des Stromzählers. Intelligente, fernauslesbare Stromzähler, sogenannte Smart Meter, gibt es für diese Kundengruppe hierzulande noch wenige. Schätzungen belaufen sich auf zwischen 500.000 und einer Million. Die Quote liegt im niedrigen einstelligen Prozentbereich. Mit großem Abstand ist Deutschland mit diesen Zahlen europäisches Schlusslicht. Länder wie Spanien, Finnland, Italien und Norwegen liegen längst bei 100 Prozent Smart-Meter-Quote, Frankreich und Holland deutlich über 80 Prozent.[123]

Doch Deutschland hat nicht einfach »vergessen«, dass intelligente Messsysteme und Daten zwingende Voraussetzungen für die Energiewende sind. Vielmehr wurden hierzulande die Vorgaben für Smart Meter technisch und organisatorisch so kompliziert gestaltet, dass trotz eines ersten »Gesetzes zur Digitalisierung der Energiewende« im Jahr 2016 nahezu nichts passiert ist. Im Jahr 2023 wurde daher ein »Gesetz zum Neustart der Digitalisierung der Energiewende« beschlossen. Auch das wirkt bisher jedoch kaum. Unendlich viel verlorene Zeit. Zum Glück verfügen wir in Deutschland über eine leistungsfähige Industrie für Elektronik, Mess- und Steuerungstechnik. Die gute Nachricht lautet also: Wenn wir die regulatorischen Fesseln lösen und die Strukturen im Netzbetrieb konsolidieren, können wir den Rückstand aufholen.

Mal über den Bedarf an Netzausbau nachdenken? Auch eine gute Idee!

Auch die Planung und Modernisierung der Verteilnetze selbst wurde erst im Jahr 2022 (!) auf Energiewende ausgerichtet. Damals wurde mit einer Novelle des Energiewirtschaftsgesetzes erstmalig festgelegt, dass Verteilnetzbetreiber eine systematische Planung für ihre Netze durchführen müssen – auf Basis ebenfalls erstmalig festzulegender, in sich stimmiger Mengengerüste, also Annahmen zu anzuschließender Leistung von PV- und Windkraftwerken, Wärmepumpen, Ladeinfrastruktur etc. Denn natürlich bedeuten der Ausbau erneuerbarer Energien sowie die weitgehende Elektrifizierung der Mobilität und des Wärmesektors einen massiven Anstieg sowohl des Stromverbrauchs insgesamt als auch der Anzahl und des Leistungsbedarfs aller Einspeiser und Verbraucher. Bis ins Jahr 2021 hinein galt jedoch eine politische Vorgabe, diese absehbare und aus Klimaschutzperspektive notwendige Entwicklung zu ignorieren. Der damalige Bundeswirtschaftsminister Peter Altmaier beharrte darauf, dass Stromverbräuche in Deutschland nicht steigen werden und die bundesweite Planung darauf abzustellen sei. Denn gemäß der vom Ministerium beauftragten Prognos-Studie sollte der Stromverbrauch im »Zielszenario« bis zum Jahr 2050 annähernd konstant bei 510–520 TWh verbleiben.[124] Ich selbst durfte erleben, wie sich Räume voller Fachleute bei der öffentlichen Verteidigung solcher Thesen an den Kopf gefasst haben.

Erst 2022 wurde mit diesem Unsinn aufgeräumt. Die vom neuen BMWK[125] unter Bundesminister Robert Habeck in Auftrag gegebenen »Langfristszenarien« gehen heute von einem Stromverbrauch von etwa 760 Terawattstunden im Jahr 2030 und über 1.200 Terawattstunden im Jahr 2045 aus.[126] Dass eine solche Verdopplung der Planannahmen Auswirkungen auf die dafür erforderlichen Stromnetze hat, kann man sich leicht vorstellen.

So kommt es, dass erst seit dem Frühsommer 2024 immerhin für 80 Prozent der Bundesrepublik überhaupt stimmige und mindestens im Groben für Energiewende taugliche Planungen für den Ausbau der Verteilnetze vorliegen. Galt schon bei den Smart Metern, dass die verlorene Zeit kaum aufzuholen ist, ist die Diagnose bei Ausbau und Modernisierung der Verteilnetze noch gravierender. Denn die Vorlaufzeiten für Planung und Bau sind erheblich länger, im Verteilnetz beträgt sie im Schnitt 5–7 Jahre. Doch auch hier gibt es Hoffnung: Mit günstig gewordenen Batterien und durch die sogenannte »Überbauung« von Netzanschlüssen, also die höhere Belegung mit Wind- und Solaranlagen, können die bereits bestehenden Netze deutlich besser ausgenutzt werden. So wird weniger Netzausbau nötig – und der erst später. Neue Regeln zur Überbauung sind 2025 in Kraft getreten, bei Batterien ist das noch zu erledigen. Auch hier die gute Nachricht: Kleine Gesetzesänderungen würden reichen und wir sehen einen Boom an netzdienlichen Batterien.

Auch im Bestand der Verteilnetze gibt es Modernisierungsstau

Leider war das noch nicht die ganze Geschichte. Denn in den Verteilnetzen haben wir zusätzlich zur fehlenden Vorbereitung auf die Energiewende einen Investitionsstau schon mit Blick auf die alte Architektur und Funktionsweise der Netze. Wie bei Schulen, Schienen und der

Bahn hat Deutschland auch bei den Verteilnetzen lange von der Substanz gelebt. Die sogenannte »Anreizregulierung« der Bundesnetzagentur (BNetzA), die den Netzbetreibern enge wirtschaftliche Vorgaben zu Planung, Ausbau und Betrieb ihrer Netze vorgibt, sah sich vornehmlich dem Verbraucherschutz verpflichtet. In anderen Worten: möglichst niedrigen Netzkosten. So wurde auch der alte Transformator, der seinen Zweck noch tat, weit über seine planmäßige Lebensdauer gefahren und nicht durch einen modernen, regelbaren Transformator ersetzt. Energiefluss in zwei Richtungen: begrenzt. Ähnlich sieht es bei der Digitalisierung der Verteilnetze aus. Viele Netzbetreiber müssen mit viel Erfahrung und großen Sicherheitspuffern das Netz als weitgehende »Black Box« betreiben. Optimierung: schwierig.

Ein Flickenteppich aus Netzbetreibern – Effizienz geht anders

All diese Knoten müssen nun schnell aufgelöst werden. Ein Hindernis gibt es dabei allerdings – der Betrieb der Verteilnetze ist auf über 860 Netzbetreiber verteilt. Dabei liegt zwischen dem kleinsten Netzbetreiber und dem größten (E.On) mehr als ein Faktor 1.000 in bedienter Fläche und Trassenlänge. Durch die Fragmentierung des Betriebs wird alles 860-mal und dafür teilweise sehr kleinteilig benötigt: Planungs- und Entscheidungsprozesse, Softwaresysteme inklusive deren laufender Anpassung an neue Vorgaben und Geschäftsprozesse, Kompetenz für Management und Service und nicht zuletzt: Finanzierung. Bereits heute stehen viele Kommunen, häufig Eigentümer der lokalen Netzbetreiber, an der Belastungsgrenze. Sie können die Finanzierung des Netzausbaus nicht mehr stemmen. »Geld ist genug da«, heißt der alte Sponti-Spruch. Doch auch bei der Finanzierung gilt der Zusatz »nicht immer an der notwendigen Stelle«.

Kein Unternehmen mit 860 dermaßen eigenständigen Regionalbüros innerhalb eines Landes wäre wettbewerbsfähig. Es hätte längst eine umfassende Restrukturierung durchgeführt, um überhaupt überleben zu können. Auch in der Organisation der Verteilnetze wird dies unvermeidlich sein. Denn in dermaßen kleinteiligen Strukturen dauert alles viel zu lange, ist nicht effizient und damit unnötig teuer. Den Luxus von 860 Netzbetreibern können wir uns nicht mehr leisten.

Leidtragende sind nicht nur die Netzbetreiber selbst, sondern vor allem die Netzkunden

Wer heute zu Hause eine Wallbox für sein Elektroauto in Betrieb nehmen möchte oder eine neue Wärmepumpe, kann regional sehr unterschiedliche Erfahrungen machen. In einem Netzgebiet geht alles flott, kann der Elektriker die notwendigen Anmeldungen elektronisch vornehmen und bekommt innerhalb von Tagen einen Termin mit dem zuständigen Mitarbeiter des Netzbetreibers. In anderen Netzgebieten funktioniert all das nicht und dauert es Wochen oder gar Monate, bis der Anschluss endlich läuft.

Besonders unübersichtlich wird es für Betriebe und Unternehmen, die in mehreren Netzgebieten tätig sind oder gar bundesweit. Je nach Netzbetreiber, in dem der Kunde bedient wird oder das Solar-, Wind-, Batterie- oder Ladeprojekt geplant wird, sind unzählige verschiedene Anlaufstellen, Formulare und Prozesse nötig, gelten verschiedene technische Anforderungen und können nicht dieselben Komponenten wie Transformatoren, Schaltschränke etc. genutzt werden. Die Unternehmen müssen einen ganzen Zoo von Vorgehensweisen und Technik beherrschen und ganze Teams nur damit beschäftigen, unterschiedlichste Melde- und Geschäftsprozesse auszuführen. Und vieles dauert sehr, sehr lange.

Wie schon beim Flickenteppich der Gesetzeslagen schafft auch der Flickenteppich bei den Verteilnetzen vor allem eins: viel unproduktive Arbeit und viel verlorene Zeit. Wenn in Deutschland über steigende Entgelte für die Stromnetze geklagt wird, liegt ein wesentlicher Grund nicht nur an den gestiegenen Anforderungen an die Netze durch erneuerbare Energien und die große Elektrifizierung, sondern auch darin, dass wir diese Anforderungen höchst ineffizient bedienen.

Wenn etwas die Energierevolution in Deutschland bremsen kann, dann die Verteilnetze

Aktuell sind die Stromnetze die Achillesferse der Energiewende. Sowohl technisch, weil ohne sie nichts geht, als auch wirtschaftlich. Der Zustand der Netze und ihrer Organisation hinkt dem Ausbau der erneuerbaren

Energien vielleicht fünf bis zehn Jahre hinterher. Selbst der Charakter der Netze hat sich vielerorts schon weit von ihrer ursprünglichen Aufgabe entfernt. In ganzen Regionen Ost- und Norddeutschlands übersteigt die angeschlossene Leistung der Wind- und Solarkraftwerke bereits heute die Höchstlast aller Verbraucher im Netz um den Faktor 4 oder mehr. Ein Verteilnetz ist dort längst kein »Verteilnetz« mehr oder ein »Netz zur öffentlichen Versorgung«, wie es rechtlich heißt. Es verteilt nicht mehr den Strom von oben, dem Kraftwerk, nach unten und versorgt dort die Verbraucher. Aus dem Verteilnetz in diesen Regionen ist vielmehr ein »Einspeisenetz« geworden. Sein Hauptzweck besteht darin, Strom aus vielen Erzeugungsanlagen aufzusammeln, an höhere Spannungsebenen weiterzuleiten und weit wegzubringen. Und ja: Ein paar Kunden werden auch noch versorgt. Die alte Architektur steht Kopf.

Den Kopf in den Sand stecken müssen wir dennoch nicht. Denn die Lösungen für dieses Problem haben wir bereits ebenso wie die Marktakteure, die diese umsetzen können: Digitalisierung, Batteriespeicher und Überbauung. Es ist nur Papier, nur Regulierung, die zum Entfesseln auch dieser Märkte geändert werden muss.

AUF DEN PUNKT

- Über Jahrzehnte bestand »Energiewende« in Deutschland lediglich aus dem Ausbau der erneuerbaren Energien. Erst in den letzten Jahren kam der systematische und beschleunigte Ausbau der Übertragungsnetze insbesondere für den Transport von Windstrom von Nord nach Süd hinzu.
- Dass auch die Verteilnetze zur Aufnahme großer Mengen erneuerbarer Energien und Belieferung von Millionen Ladestationen und Wärmepumpen modernisiert und ausgebaut werden müssten, war zwar seit Jahrzehnten bekannt. Doch erstmalig im Jahr 2024 mussten die Verteilnetzbetreiber eine in sich stimmige und auf sinnvolle Energiewendeziele ausgerichtete Planung vorlegen.

- Auch die Digitalisierung der Verteilnetze sowohl in ihrer Planung als auch im Betrieb, die Digitalisierung und Automatisierung von Geschäftsprozessen für Netzanschlussanfragen und -meldungen wurde lange vernachlässigt.
- In vielen Regionen Deutschlands stößt die Aufnahmefähigkeit der Verteilnetze für mehr Wind- und Solarstrom an ihre Grenzen – zumindest in der bisherigen Logik des Netzbetriebs. Im Ergebnis hinkt die Realität in den Verteilnetzen der Realität beim Ausbau von Windkraft- und Solaranlagen um fünf bis zehn Jahre hinterher.
- Doch die heutigen Netze lassen sich besser ausnutzen. Die kurzfristige Lösung des Knotens liegt in der Anpassung heutiger Planungs- und Betriebsregeln wie der »Überbauung« sowie in der systematischen Nutzung von Batteriespeichern an Netzengpässen.
- Langfristig ist jedoch weiterer Netzausbau notwendig und scheint auch eine Strukturreform des Netzbetriebs unausweichlich: Die heutige Organisation über 860 Verteilnetzbetreiber mit eigenen technischen Regeln, Prozessen, Software-Systemen, Management-Entscheidung und Finanzierungsbedarf etc. ist zu langsam und kostenintensiv.

4.4 Die überflüssig werdende Infrastruktur: unsere Gasnetze

Ist das Infrastruktur oder kann das weg?

In der neuen Energiewelt wird nicht mehr im großen Stil Erdgas verbrannt. Wie sonst sollte unsere Energieversorgung und Wirtschaft klimaneutral werden? Doch auch eine so simple Erkenntnis kann sehr weitreichende Konsequenzen haben. Im letzten Jahr wurden in Deutschland knapp 800 Terawattstunden Erdgas verbraucht – das entspricht einem Volumen von etwa 80 Milliarden Kubikmetern. Transportiert wurde dieses Gas durch etwa 46.000 Kilometer Fernleitungsnetz und über 557.000 Kilometer Gasverteilernetze und an etwa 14,5 Millionen Verbraucher weitergeleitet.[127]

Ganz schön viel Infrastruktur in Anbetracht der Tatsache, dass Deutschland in 20 Jahren klimaneutral sein muss. Im Umkehrschluss bedeutet dies, dass über 14 Millionen gasbetriebene Heizungen und gewerbliche Öfen durch neue Technik ersetzt werden müssen. Und dass wir fast das gesamte Gasverteilernetz nicht mehr benötigen. Denn selbst wenn einige große industrielle Verbraucher und Kraftwerke für die Dunkelflaute zukünftig mit Wasserstoff als Ersatz für Erdgas betrieben werden: Für die Abermillionen Kleinverbraucher ist dies keine wirtschaftliche Alternative. Wärmepumpen und lokale Wärmenetze sind für sie die weitaus günstigere Alternative. Wasserstoff als »Champagner der Energiewende« ist keine Option (siehe Kapitel 5.3).

Im Ergebnis werden Teile des heutigen Transportnetzes für Erdgas, also Teile der ganz großen Leitungen zum bundesweiten Transport von Gas, in einem zukünftigen Wasserstoffnetz aufgehen. Das sogenannte »Wasserstoffkernnetz«, dessen Errichtung im Jahr 2024 beschlossen wurde, ist bislang mit etwa 9.000 Kilometern Leitungslänge geplant und genehmigt. Davon werden etwa 5.000 Kilometer durch Ertüchtigung vorhandener Gasleitungen entstehen, der Rest wird neu gebaut. Nur 5.000 Kilometer von heute 46.000 Kilometern Transportnetz werden also weitergenutzt. Und selbst wenn zusätzliche Teile Verwendung finden würden, zum Beispiel für mehr Wasserstoffkernnetz oder gar den Transport von CO_2 aus großen Industrieanlagen in irgendwelche Lagerstätten: Das meiste wird stillgelegt werden. Die 557.000 Kilometer Gasverteilnetz hingegen werden nahezu vollständig überflüssig.

Vom Ende her denken: Der Rückbau der Gasnetze muss jetzt schon finanziert werden

Die exakte Bestimmung des Restwerts der heute existierenden Gasnetze scheint schwierig – auch aufgrund der großen Anzahl von knapp 700 Gasnetzbetreibern in Deutschland. Schätzungen belaufen sich auf zwischen 20 und 60 Milliarden Euro. Und noch Anfang der 2020er-Jahre wurde kräftig in den Ausbau der Gasnetze investiert. Allein im Jahr 2021 waren es über 1 Milliarde Euro.[128]

Das erste Problem: Bis zum Jahr 2045 werden die Restwerte des Gasnetzes nicht vollständig abgeschrieben sein. Ohne Änderungen drohten bis zu 10 Milliarden Euro »Stranded Assets«, das heißt entsprechende Verluste für die Netzbetreiber, Stadtwerke und Kommunen.

Das zweite Problem: Im Lauf der schrittweisen Umstellung von Erdgas auf Wärmepumpen wird immer weniger Gas durch die Leitungen geschickt. Ihre Abschreibung und ihr Betrieb verursachen aber weiter dieselben Kosten. In der Folge würden die von den verbliebenen Verbrauchern zu zahlenden Netzentgelte immer weiter steigen – bis auf das 10-Fache des heutigen Preises.[129] Daher wurde im Jahr 2024 durch die Bundesnetzagentur festgelegt, dass die Netzbetreiber den Restwert ihrer Gasnetze beschleunigt abschreiben dürfen. Mit »KANU 2.0«,[130] so die technokratische Abkürzung dieser Festlegung, wird die Last des Werteverfalls auf die heute noch größere Anzahl Verbraucher verteilt. In der Folge sind die Netzentgelte vielerorts bereits zum Jahr 2025 angehoben worden. Vom Ende her gedacht, kann all das nicht überraschen. Dennoch ist für viele die Überraschung groß.

Das System wird sich unweigerlich abwürgen – frühe Aufklärung vermeidet Fehlinvestitionen

Es ist absehbar, dass diese Entwicklung der Gasnetzentgelte sowie die weiter steigenden CO_2-Preise die Nutzung von Erdgas immer weiter verteuern und so den Wechsel auf Alternativen wie Wärmepumpen beschleunigen werden. Wer in den nächsten Jahren ein neues Heizsystem braucht, wird sich die dann herrschenden Kosten und Perspektiven für eine Gasheizung genau ansehen – und für eine Wärmepumpe entscheiden. Das System der Gasnetzfinanzierung würgt sich immer schneller selbst ab. Es bleibt abzuwarten, ob am Ende die Betreiber, Stadtwerke und Kommunen nicht doch staatliche Unterstützung benötigen, um die finanzielle Last der obsolet werdenden Gasinfrastruktur zu stemmen.

In jedem Fall ist es wichtig, alle Unternehmen, Kundinnen und Kunden frühzeitig zu informieren, wann ihr Gasanschluss abgeschaltet werden wird. Stadtwerke wie die MVV in Mannheim haben dies zum Jahr 2035 angekündigt und das Stadtwerk Augsburg für einen Zeitpunkt »innerhalb der nächsten 10 Jahre«. Dass solche Meldungen einen Aufschrei in Teilen der Presse verursachen, ist zumindest aufgrund der beschriebenen Logik nicht nachzuvollziehen: Wie sollte ein Weiterbetrieb einer so großen Netzinfrastruktur weiter wirtschaftlich sein, wenn im Jahr 2045 nur noch ein Bruchteil an Gas hindurchgeleitet wird? Ein Teil der Aufregung dürfte damit zu tun haben, dass wir aus der alten Energiewelt gewohnt sind, nahezu unbegrenzte Dienstleistungen von Energieinfrastruktur in Anspruch nehmen zu können. Gas und Strom zu jeder Zeit und in jeder Menge, wo immer eben ein Netz vorhanden ist. Zu guten Teilen dürfte der öffentliche Aufschrei jedoch auch den Beharrungskräften und Interessen der Gasindustrie geschuldet sein, die gegen den Verlust ihres Geschäftsmodells anarbeiten. Und natürlich den Interessen der Aufmerksamkeitsökonomie, in der auch die Medien mit jedem Aufreger Geld verdienen – egal wie schlagend die Logik hinter einer Entwicklung ist. Nur so ist vermutlich auch zu erklären, wie es ein absolut technologie-, markt- und weltfremdes Versprechen in den Koalitionsvertrag der neuen Bundesregierung geschafft hat: »Wir erarbeiten einen Fahrplan für defossilisierte Energieträger. Dafür müssen Gasnetze erhalten bleiben, die für eine sichere Wärmeversorgung notwendig sind.«[131] Hier werden unter der Vorgabe von »Technologieoffenheit« Luftschlösser gebaut. Und bis die sich tatsächlich auch im letzten Kopf in Luft auflösen, ist wieder wertvolle Zeit verloren gegangen.

AUF DEN PUNKT

- Im bisherigen Energiesystem hat der Energieträger Erdgas die Hauptlast bei der Wärmeversorgung von Gebäuden, Gewerbe und Industrie getragen. Mit der weitgehenden Elektrifizierung des Wärmesektors schrumpft diese Aufgabe zukünftig massiv zusammen.
- Es verbleiben nur wenige Anwendungszwecke, zum Beispiel von Wasserstoff als klimaneutralem Ersatz von Erdgas in der Stromerzeugung (etwa in Residualkraftwerken) oder in der Industrie für Hochtemperaturprozesse. Doch die zu transportierenden und zu verteilenden Mengen werden auf einen Bruchteil heutiger Gaslieferungen zurückgehen.
- Damit ist ein wirtschaftlicher Betrieb kleinteiliger Gas-Verteilnetze nicht mehr möglich. Bereits im Lauf der nächsten Jahre wird sich in vielen Regionen die Frage stellen, wie die konstanten Kosten des Netzbetriebs auf immer weniger Abnehmer verteilt werden sollen. Das System der Netzfinanzierung würgt sich selbst ab. Ein weitgehender Rückbau der Gas-Verteilnetze ist unausweichlich.
- Nur mit transparenter Information über diese absehbare Entwicklung werden neue Kaufentscheidungen für Gasheizungen, die dann in ein paar Jahren nicht mehr betrieben werden können, vermieden. Begriffe wie »Technologieoffenheit« wecken falsche Hoffnungen und erzeugen unnötige Kosten.

KAPITEL 5

WORAUF WIR NICHTS BAUEN KÖNNEN (AUSSER LUFTSCHLÖSSER)

5.1 Kernkraft (Spaltung und Fusion)

Stellen Sie sich vor, Sie müssen umziehen. Lange schon schwebte die Befürchtung im Raum, dass Ihre aktuelle Wohnung oder Ihr aktuelles Haus schwere Konstruktions- und Baufehler aufweist und umfassend saniert werden muss. Nun ist aus der Befürchtung Gewissheit geworden. In einem Jahr – so die Frist – müssen Sie draußen sein, dann rücken die Handwerker mit dem schweren Gerät an. Sie besprechen die Situation mit Ihrer Familie. Alle verstehen, dass ein Umzug unausweichlich ist. Zumal die immer größer werdenden Risse in den Wänden bei allen ein ungutes Gefühl auslösen und auch bei den Nachbarn der Zustand des Hauses und die eigenen Zukunftssorgen Dauerthema sind.

Kurzum: Es muss etwas geschehen! Und Sie machen: nichts. Denn da gab es ja diese Baufirma, die damit wirbt, im nächsten Jahr ganz in der Nähe ein futuristisches Wohnquartier zu planen. Mit innovativer Architektur und bisher gänzlich unbekannten Baustoffen, alles top-modern, mit großzügig geschnittenen Wohnungen und auch noch spottbillig. Dass es keine konkreten Baupläne gibt oder gar eine Baugenehmigung und Finanzierung wundert Sie zwar schon ein bisschen. Schließlich ist ein Jahr nicht viel Zeit für ein solches Projekt. Auch hört man eher Schlechtes von dieser Firma und scheinen die Erfahrungen aus anderen Städten gelinde gesagt mäßig. Überhaupt nur drei Projekte haben es mit Mühe bis zur Fertigstellung geschafft. Die waren ähnlich vollmundig angekündigt und endeten mit einem Vielfachen an Bauzeit, ausgeuferten Baukosten und astronomischen Mieten. Nach diesem Vorbild würde das bei Ihnen niemals etwas werden in nur einem Jahr. Und niemals könnten Sie sich das dann leisten. Aber die Versprechen klangen einfach zu gut, also machen Sie weiter: nichts.

Und so geht die Zeit ins Land, aber außer immer mal einer neuen Werbung und weiteren Ankündigungen futuristischer Superprojekte in Nachbarstädten hören Sie wenig von Ihrem neuen Zuhause. Gleichzeitig kommen Sie in Ihrer aktuellen Wohnung ja noch zurecht. Alles ist schön vertraut und die Risse nehmen Sie schon gar nicht mehr wahr. Also wetten Sie weiter auf Ihre Traumwohnung. Mit steigendem Einsatz natürlich, denn es bleibt immer weniger Zeit, sich um Alternativen zu kümmern. Gerade streiten Sie mit Ihrer Familie darüber, ob es klug war, auf die fabelhafte Rettung in letzter Minute zu hoffen, als es klingelt. Ein Bauleiter steht vor der Tür und teilt Ihnen mit, dass man jetzt damit beginnen werde, die ersten Wände zu entfernen. Jetzt steigt Ihr Puls. Natürlich haben Sie keine Chance mehr, innerhalb von Tagen eine neue Wohnung zu finden oder auch nur ein Umzugsunternehmen. Die Zeit ist vertan, Ihre Probleme haben sich komprimiert bis zur Unlösbarkeit.

Eine Renaissance der Atomkraft existiert nicht

Würden Sie so handeln – für sich persönlich oder gar in Verantwortung für die eigene Familie? Wohl kaum. Doch im energiepolitischen Diskurs funktionieren in Deutschland ähnliche Erzählungen und machen Millionen Menschen das Nichtstun schmackhaft. Die Hoffnung auf Atomkraft als energie- und klimatechnische Rettung ist eine dieser Erzählungen. Die Botschaft: Eine fabelhafte »Renaissance der Atomkraft« mache den Umbau unseres Energiesystems oder anstrengende Themen wie die Dunkelflaute in Zukunft schlicht obsolet.

Eine solche Renaissance wird es nicht geben. Gleich drei triftige Gründe sprechen dagegen. Doch zunächst zu Vergangenheit und Gegenwart. Dass weltweit die Menge nuklear erzeugten Stroms seit Jahrzehnten sinkt, hatten wir schon in Kapitel 1.1 gesehen. Dabei war die Atomenergie in den 1960er-Jahren mit dem Versprechen gestartet, zu billig zu sein, um überhaupt gemessen und abgerechnet zu werden (»too cheap to meter«). Doch seit den 1980er-Jahren ging der Zubau neuer AKW massiv zurück und hielt nicht mehr Schritt mit dem wachsenden Energiehunger der Menschheit. Ihr Marktanteil sank. Seit Anfang der 2000er sank sogar die absolute Menge der weltweiten Atomstromproduktion. Zuletzt hat sie sich grob auf dem Niveau der späten 1990er-Jahre stabilisiert.

Und beim Blick nach vorn? Wirft da irgendeine Renaissance ihre Schatten voraus? Vor allem in China befinden sich tatsächlich zahlreiche neue Reaktoren im Bau. Mitte des Jahres 2024 waren es 27 Bauprojekte. Aber auch Indien (7), Russland (6) und die Türkei (4) sowie acht weitere Länder tragen zu den insgesamt 59 im Jahr 2024 in Bau befindlichen Kraftwerken bei.[132] Doch die meisten dieser Projekte wurden bereits vor mehreren Jahren gestartet. Wenn es eine Mini-Renaissance gab, lag die im Zeitraum von 2010–2015 mit bis zu 15 neuen Baustarts in nur einem Jahr. Die leicht gestiegene Atomstromproduktion im Jahr 2024 geht also auf Entscheidungen vor zehn Jahren zurück.[133] In den Jahren 2023 und 2024 waren es nur noch fünf beziehungsweise vier neue Baustarts pro Jahr. Kein Wachstum, nirgends.

Weltweit werden mehr Reaktoren stillgelegt als neu gebaut

Umgekehrt gehen aber immer mehr Reaktoren vom Netz, auch in Zukunft. Im Zeitraum von 2024–2030 betrifft das absehbar allein 124 Reaktoren mit über 100 Gigawatt Leistung.[134] Der Grund: Die weltweite Bestandsflotte der Atomkraftwerke ist überaltert. Die meisten Anlagen stammen aus den 1970er- und 1980er-Jahren. Das Durchschnittsalter der gut 400 aktuell in Betrieb befindlichen AKW beträgt 32 Jahre. 137 Reaktoren sind über 40 Jahre alt. Dabei muss man wissen, dass ab einem gewissen Alter die Ertüchtigungen für die Verlängerung der Lebensdauer und damit verbundene Updates auf den aktuellen Stand der Sicherheitstechnik selbst bei bereits vollständig abgeschriebenen Kernkraftwerken unwirtschaftlich sind. In anderen Worten: Auch nach 2030 werden laufend weitere Abschaltungen erfolgen, sogar mit ansteigendem Trend. Konkrete Planungen für Neubauten, die dieses Volumen ersetzen, gibt es aktuell nicht. Auch wenn neben den heute 19 Ländern mit konkreten Bauvorhaben und Planungen etwa zehn weitere Länder politische Ziele und Vorplanungen für neue AKW angekündigt haben: Bislang ist das vor allem Papier. Vieles davon dürfte dasselbe Schicksal ereilen wie zahlreiche Ankündigungen zuvor. Es verschwindet in Schubladen.

Aber warum ist das so? Blickt man auf die Länder, in denen sich heute neue Atomkraftwerke im Bau befinden, kann der Grund nicht in mangelnder politischer Akzeptanz liegen. China, Russland, Indien, Türkei, Pakistan, Ägypten … in diesen Ländern wird gemacht, was die politische Führung vorgibt. Emotionalisierte Atomausstiegsdebatten wie in Deutschland scheiden damit als Grund für das globale Siechtum der Atomkraft aus. Nein, es sind viel nüchternere Faktoren: Die drei triftigen Gründe lauten Zeit, Geld und schlechte Passform. Fangen wir bei der Zeit und dem Geld an.

Planung und Bau von AKW sind unendlich langsam – und teuer

In Europa erlebten in den letzten 20 Jahren ganze fünf Atomkraftwerke ihren Baustart: Olkiluoto 3 in Finnland, Flamanville 3 in Frankreich, Hinkley Point C in England sowie Mochovce 3 und 4 in der Slowakei. Die ersten drei nutzen den neuesten Stand europäischer Atomtechnik, den sogenannten »EPR«-Druckwasserreaktor. Er wird von der französischen Framatome angeboten und ist eine gemeinsame Entwicklung von Areva, Siemens und dem französischen Energieversorger EDF. Ein Kraftwerksblock hat 1,6 Gigawatt Leistung. Damit ist der EPR deutlich größer als bisherige Druckwasserreaktoren mit ihren 1,2–1,4 Gigawatt Leistung. Man wollte offenbar das letzte bisschen Skalierungseffekt aus der Kraftwerksgröße ziehen. In Mochovce wurden zwei kleinere Reaktoren russischer Bauart mit jeweils 0,45 Gigawatt Leistung errichtet.

Der erste EPR-Reaktor überhaupt wurde im finnischen Olkiluoto errichtet. Sein Bau begann im Jahr 2005. Die konkreten Planungen für dieses Kraftwerk starteten Jahre zuvor. In der Ausschreibung des Projekts im Jahr 2003 durch den finnischen Energieversorger TVO und der anschließenden Vergabe wurde von Areva eine Inbetriebnahme für das Jahr 2009 zugesagt. Der Kaufpreis betrug 3 Milliarden Euro »schlüsselfertig«, das heißt, der Hersteller hat wesentliche Ausführungsrisiken übernommen. Doch nach Baubeginn stapelten sich Verzögerungen und Kostensteigerungen in mehreren Schritten immer höher aufeinander. Um es kurz zu machen: Seinen kommerziellen Regelbetrieb nahm das Kraftwerk im April 2023 auf. Die Gesamtkosten waren auf über 11 Milliarden Euro gestiegen.[135] Hinzu kamen Schadensersatzkosten für während der Verzögerungen nicht gelieferten Strom in Höhe von knapp 1 Milliarde Euro. Bereits im Jahr 2015 hatte der Versorger TVO den ursprünglich geplanten Bau eines vierten Kraftwerksblocks in Olkiluoto abgesagt – obwohl ihn die Mehrkosten nicht getroffen hatten. Doch allein schon eine Verzögerung von 14 Jahren (!) ist für keinen Kraftwerksbetreiber akzeptabel – schließlich bedeuten sie 14 Jahre lang immer neue Umplanungen, Ersatz- und Zwischenlösungen für die Versorgung der eigenen Kunden.

Dass die desaströse Bilanz in Olkiluoto nicht dem Umstand geschuldet war, dass hier der erste jemals gebaute EPR-Reaktor entstand, zeigten die nächsten beiden Projekte. Nach Jahren der Vorbereitungen und Planungen startete der Bau des ersten französischen EPR-Reaktors in Flamanville im Jahr 2007. Zieltermin: 2012. Geplante Kosten: 3,3 Milliarden Euro. Den ersten Probebetrieb nahm das Kraftwerk mit 12 Jahren Verspätung im Dezember 2024 auf. Baukosten bis dahin: über 13 Milliarden Euro zuzüglich außerplanmäßiger Finanzierungskosten. Denn während des langen Baus eines Atomkraftwerks sind riesige Kapitalmengen gebunden, die mangels Stromproduktion ihre Zinsen und Renditen nicht erwirtschaften können. Zusammen beziffert der französische Rechnungshof die Gesamtkosten von Flamanville 3 aus Bau und Finanzierung auf 23,7 Milliarden Euro.[136]

Noch schlimmer läuft es im dritten EPR-Projekt, dem englischen Hinkley Point C. Nach den Jahren der Planung fand der Baubeginn im Jahr 2016 statt. Bis 2025 sollten für 22 Milliarden Euro gleich zwei EPR-Rektoren mit insgesamt 3,2 Gigawatt Leistung gebaut werden. Immerhin schien der Kostenansatz mit nun 11 Milliarden Euro pro Reaktor realistischer als in Olkiluoto und Flamanville. Doch weit gefehlt: Der Betreiber EDF prognostizierte bereits im Jahr 2024 voraussichtliche Gesamtkosten des Projekts in Höhe von atemberaubenden 58 Milliarden Euro.[137] Ein erster Probebetrieb könne demnach im Jahr 2031 stattfinden – vorausgesetzt, das bekannte Muster weiterer schrittweiser Verzögerungen bleibt plötzlich und ab sofort aus.

Nicht nur der EPR, auch russische, amerikanische und chinesische Technik ist langsam

Doch nicht nur der europäische EPR kennt lange Bauzeiten und Verzögerungen. Die Arbeiten an den Projekten Mochovce 3 und 4 begannen ursprünglich im Jahr 1986 und wurden 1992 aus Geldmangel abgebrochen. Im Jahr 2008 genehmigte die EU-Kommission den Weiterbau der beiden Kraftwerke russischer Bauart, der auch im selben Jahr startete. Zu diesem Zeitpunkt wurde mit 2,8 Milliarden Euro Kosten für die Fertigstellung kalkuliert. Nach weiteren Bauverzögerungen und auch Korruptionsvorwürfen ging der erste der beiden Reaktoren im Jahr 2022 in Betrieb, der zweite folgte im Jahr 2024. Die Kosten waren auf 5,7 Milliarden Euro gestiegen.[138]

Neben der französischen und russischen Atomindustrie hat auch die amerikanische in den letzten Jahrzehnten eine miserable Performance gezeigt. Der Bau der jüngsten Atomreaktoren Vogtle 3 und 4 wurde im Jahr 2009 gestartet. Die Firma Westinghouse sollte zwei Blöcke mit je 1,1 Gigawatt Leistung errichten. Kalkulierte Kosten: 14 Milliarden US-Dollar. Das Ende der Geschichte: Im April 2024 startete der kommerzielle Betrieb des zweiten Blocks. Gesamtkosten bis dahin: 35 Milliarden US-Dollar.[139]

Doch scheitern nur westliche Demokratien an ihren eigenen Plänen? Selbst in China, das sonst die meisten selbst gesteckten Ziele im Energiebereich vorzeitig erreicht, dauern AKW-Neubauten länger als geplant. Immerhin: Im Schnitt liegen sie bei gut sechs Jahren zuzüglich Planungsvorläufen. Zu den Kosten gibt es keine transparenten Zahlen.

Erste Gretchenfrage der Atomenergie: Was machen wir in der Zwischenzeit?

Halten wir also fest: Neue Atomkraftwerke benötigen viel Zeit und Geld. Der Erfahrungswert in Europa beträgt über 20 Jahre, in China inklusive Planungsvorlauf unter 10 Jahren. Nehmen wir einmal an, dass mit deutlicher Verbesserung der Abläufe in Europa nur 15 Jahre vergehen zwischen einer konkreten Planung inklusive der Sicherung der Finanzierung sowie der schlussendlichen Inbetriebnahme. Dann wäre bei einer Entscheidung für den Wiedereinstieg in Deutschland noch im Jahr 2025 das erste Atomkraftwerk frühestens 2040 am Netz. Dort würde es auf einen Markt treffen, der noch stärker von erneuerbaren Energien dominiert wird und der aus heutiger Sicht viele Unwägbarkeiten mit Blick auf das

Marktumfeld von Grundlastkraftwerken bereithält. Die erste der vielen Gretchenfragen in diesem Zusammenhang lautet also: Welche Art Energie- und Klimapolitik will man in der Zwischenzeit eigentlich machen? Will man günstige Energieträger und Innovationen ausbremsen oder gar verbieten, weil man Kraftwerke mit Lieferung in 15 Jahren bestellt hat? Und wo kommt der wachsende Strombedarf in der Zwischenzeit her? Wollen wir alte Kohlekraftwerke wieder ans Netz nehmen oder die teuerste Stromerzeugung aus Gas hochfahren?

In anderen Worten: Atomkraft ist viel zu langsam. Revolutionen sind hochdynamische Veränderungen. Dabei ist zwar zu Beginn absehbar, welche Ideen und Konzepte sie antreiben– aber niemand kann jedes Detail der langfristigen Umsetzung vorhersagen. In einem solchen Umfeld hat etwas so Träges wie die Atomkraft keine Chance. Zur Erinnerung: Zwischen der Erfindung des Smartphones im Jahr 2007 und unserer heutigen Lebensrealität liegen auch nur etwas mehr als 15 Jahre. Absehbar wird künstliche Intelligenz unser Leben und Wirtschaften tiefgreifend ändern, erleben wir weitere technologische und geopolitische Umbrüche … Niemand kann sagen, in welche Zukunft des Jahres 2040 uns dies führen wird.

Und mehr noch: Häufig wird argumentiert, der wachsende Energiebedarf von Rechenzentren sei nur mit Atomkraft zu bewältigen. Und Rechenzentren laufen meistens 24/7 durch, sind also perfekte Grundlastabnehmer. Aber der Boom von KI und Rechenbedarf findet JETZT statt. Allein Microsoft investiert jede Woche (!) 1 Milliarde US-Dollar in neue Rechenzentren. Die will das Unternehmen dann auch betreiben und nicht erst in 15 Jahren, wenn ein neues AKW fertig ist. Die Kraftwerke, die diese Rechenzentren antreiben, müssen also sehr kurzfristig gebaut werden. Die Wahl wird auf die aktuell günstigste und schnellste Option fallen: einer Kombination aus Wind, Sonne, Batteriespeichern und Backup-Kraftwerken. Wenn dann in 15 Jahren das AKW fertig wäre, würde es nicht mehr gebraucht. Zumal wenn sein Strom so viel teurer ist als der aus abgeschriebenen Wind- und Solarkraftwerken.

Zum Abschluss ein kurzer Logik-Check: Wie gut ist die Idee, einen sehr schnell wachsenden Bedarf mit etwas decken zu wollen, was erst mit großer Zeitverzögerung in Jahrzehnten lieferbar ist?

Zweite Gretchenfrage: Wer trägt das Risiko, dass die Welt sich weiterdreht?

Würden Sie heute einen neuen superteuren Hightech-Fernseher Modell Baujahr 2035 bestellen, ohne zu wissen, was der kostet, was der Wettbewerb zu diesem Zeitpunkt kann oder ob dann nicht alles längst über VR-Brillen oder neue Projektionstechniken läuft? Wohl kaum. Wer soll also in Anbetracht ähnlicher Unwägbarkeiten heute eine verbindliche Bestellung und Finanzierungszusage für Multi-Milliarden-Investitionen für neue Atomkraftwerke mit Lieferung in 15 Jahren abgeben?

Richtig: Staaten sind die Einzigen, die solche Risiken übernehmen könnten – wenn sie es denn wollen. Aus diesem Grund wird in keinem Land der Welt Atomkraft ausgebaut, ohne umfängliche staatliche Garantien und Sicherheiten. Dass diese nicht nur irgendwelche Zusagen auf dem Papier sind, sondern auch in der Realität zu hohen Kosten führen, zeigen die genannten drei europäischen Projekte. Der Staatskonzern EDF ist mit über 60 Milliarden Euro verschuldet. Mit Olkiluoto befasst sich ein Untersuchungsausschuss und auch das Drama in Hinkley Point wird noch Jahre der Aufarbeitung nach sich ziehen. Hier haben die staatlichen Garantien übrigens die Form garantierter Abnahmepreise für den Strom, werden also auf alle Stromkunden umgelegt. Dazu gleich mehr. Doch warum übernehmen manche Staaten solche Risiken überhaupt? Nicht immer ist es nur die Hoffnung, dass diese Risiken nicht eintreten und die Garantien nicht in Anspruch genommen werden. Wie die Liste der aktuellen AKW-Betreiberstaaten und AKW-Neubauprojekte zeigt, gibt es einen weiteren, weniger öffentlich diskutierten Grund: Nur wer Atomkraftwerke hat und eine eigene Atomwirtschaft, hat Zugang zu spaltbarem und damit indirekt auch atomwaffenfähigem Material. Für China, Indien, Pakistan, die USA, Frankreich, England etc. gibt es handfeste militärstrategische und geopolitische Gründe für eine heimische Atomindustrie, »koste es, was es wolle«. Die meisten Atomländer sind auch Atommächte.

Dritte Gretchenfrage: Wer will so teuren Strom bezahlen?

Doch zurück zu unserer Liste der triftigen Gründe, dass es eine »Renaissance der Atomkraft« nicht geben wird. Von den hohen Investitionskosten neuer Atomkraftwerke hatten wir es schon. Und in Kapitel 1.4 haben wir gesehen, wie die Massenfertigung dezentral nutzbarer Energieerzeugung die Regeln der alten Energiewelt auf den Kopf stellt und atemberaubende Kostensenkungen erzielt. Die Skaleneffekte bei Großkraftwerkstechnologien sind hingegen ausgereizt. Auch das Desaster der EPR-Technologie spricht diese Sprache. Die Steigerung von den bislang üblichen 1,2–1,4 Gigawatt Leistung je Kraftwerksblock auf 1,6 Gigawatt war offenbar schon zu viel. Und nicht nur der EPR ist teurer als vorherige Kraftwerksgenerationen. Weltweit hat es die Atomkraft als einzige Energietechnologie geschafft, in ihrer Entwicklung über die Jahre immer teurer zu werden. Lagen die Kosten für eine Kilowattstunde Strom aus einem neu gebauten Atomkraftwerk im Jahr 2009 noch bei bereits teuren 123 US-Dollar pro Megawattstunde (12,3 Dollar-Cent pro Kilowattstunde), waren es im Jahr 2024 rund 182 US-Dollar pro Megawattstunde (18,2 Dollar-Cent pro Kilowattstunde).[140] Die Zahlen stammen vom Beratungshaus Lazard und gelten für in den USA kalkulierte Kraftwerke. Wohlgemerkt, das sind die Kosten nur für den Strom selbst, ohne Netzentgelte, staatlich veranlasste Abgaben, Umlagen, Steuern etc.

Zum Vergleich: In Deutschland lag der durchschnittliche Preis an der Strombörse im Jahr 2024 bei etwa 80 Euro pro Megawattstunde (8 Cent pro Kilowattstunde).[141] Selbst bei diesem hohen Wert, der durch die hohen Gaspreise bestimmt war, wären neue AKW unwirtschaftlich. Auch ein Grund, weswegen die ehemaligen deutschen AKW-Betreiber RWE, E.On und EnBW nichts von neuen Atomkraftwerken wissen wollen.

Dass neue Atomkraftwerke auch in anderen Ländern nur mit massiver staatlicher Hilfe finanzierbar sind, zeigt erneut Hinkley Point C. Weil der Strom aus dem geplanten Kraftwerk bereits mit den ursprünglich budgetierten 22 Milliarden Euro Baukosten viel zu teuer wäre, um ihn am Markt zu verkaufen, garantiert der englische Staat 30 Jahre lang eine hohe Einspeisevergütung für den Strom aus Hinkley Point C. Der Wert dieser Vergütung steigt jedes Jahr mit dem durchschnittlichen Satz der

Inflation. Hätte das Kraftwerk bereits im Jahr 2025 Strom liefern können, hätte es pro Kilowattstunde rund 15 Cent erhalten – also 150 Euro pro Megawattstunde. Und jedes Jahr wird es mehr. Die Zahlen passen gut zu denen von Lazard für die USA mit 183 US-Dollar pro Megawattstunde. Und liegen weit über dem, was in liberalisierten Strommärkten erlöst werden kann und was der Strom aus einem System mit 100 Prozent erneuerbaren Energien und Speichern kostet.

Sind neue Reaktorkonzepte die Lösung? Oder doch eher Feenstaub?

Atomstrom ist also richtig teuer. Natürlich ist das Versprechen einiger Hersteller der Atomindustrie, die Erfahrung der letzten Jahrzehnte mit ganz neuen Reaktortypen widerlegen zu können. »Small Modular Reactors« (SMR) heißt eines der Zauberworte. Die Idee: Kostensenkung durch Menge statt durch Größe. Sie erinnern sich? Das funktioniert bei den erneuerbaren Energien, Batterien etc. ganz wunderbar. Doch das »Small« in SMR und damit die erreichbare Menge an Kraftwerken ist sehr relativ. Man kann auch sagen: nicht klein, sondern immer noch sehr, sehr groß. Typische Leistungseinheiten von SMR sollen um die 50 bis 300 Megawatt liegen. Das ist das 10- bis 60-Millionenfache der Leistung einer Solarzelle und das 100- bis 600-Tausendfache der Leistung eines Solarmoduls. Umgekehrt verhält es sich mit den Stückzahlen, also dem Skaleneffekt aus Massenfertigung. Dieser Effekt ist auf ein 10- bis 60-Millionstel beziehungsweise ein 100- bis 600-Tausendstel reduziert. Mit anderen Worten: SMR werden nicht skalieren. Selbst wenn wie angekündigt ab dem Jahr 2030 erste SMR auf den Markt kommen und in den darauffolgenden zehn Jahren weltweit »große« Stückzahlen von einigen Hundert realisiert würden: Die Logik von Massenfertigung wird nie erreicht werden. SMR können eine maßvolle Standardisierung und damit eventuell eine maßvolle Kostendämpfung gegenüber konventionellen AKW leisten. Mehr nicht.

Noch gibt es keine verbindlichen Aussagen zu den Kosten von Atomstrom aus SMR. Man darf hoffen, dass sie immerhin den Trend bei den Kosten von Atomstrom aus konventionellen AKW brechen. Es wäre aber mehr als erstaunlich, wenn SMR im großen Stil wirtschaftlich gegen die erneuerbaren Energien bestehen könnten. Zumal die bis zum Erscheinen des ersten SMR in fünf oder mehr Jahren weiter von Kostensenkung und Technologieentwicklung profitieren und ihre Wettbewerbsvorteile weiter ausbauen. Und damit auch den Energiemarkt noch stärker prägen werden als heute schon. Wir erinnern uns: Ein Energiesystem mit hohem Anteil fluktuierender Stromerzeugung aus Sonne und Wind braucht als Ergänzung flexible Kraftwerke. Das sind eben gerade keine Grundlastkraftwerke. Je später SMR kommen, desto schlechter passen sie in eine moderne Energiewelt.

Selbst wenn ein Wunder geschähe: Atomstrom passt nicht in die neue Energiewelt

Womit wir beim dritten triftigen Grund wären, weswegen die Atomenergie keine große Rolle in der globalen Energierevolution spielen wird: Ihre Struktur passt nicht ins System. Es ist ein bisschen so wie bei einem Tetris-Spiel (siehe Abbildung 13): Das Stromsystem der Zukunft wird noch stärker als heute schwanken zwischen Zeiten besonders großen und kleinen Stromverbrauchs, besonders großer und kleiner erneuerbarer Stromerzeugung. Die verschiedenen Bausteine der Stromerzeugung aus Wind, Sonne, Wasser, Biomasse etc. sowie die Bausteine verschiedener Speichertechnologien und flexibler Lasten lassen sich in den meisten Zeiten des Jahres genau so stapeln, wie es die aktuelle Last von Haushalten, Gewerben, Industrie, Mobilität, Wärme gerade erfordert. Aber es bleiben die berühmten Zeiten der Dunkelflauten (siehe Kapitel 3.6), in denen sich Angebot und Nachfrage über mehrere Tage bis zu vielleicht zwei Wochen partout nicht in Deckung bringen lassen. In diesen Zeiten springen dann flexible Kraftwerke an. Diese Residualkraftwerke stehen die meiste Zeit des Jahres ungenutzt rum oder werden nur bei kleiner Leistung betrieben, um kleine Lücken zu füllen. Über ein gesamtes Jahr laufen sie vielleicht noch 1.000 Volllaststunden. Als Vollaststunde ist dabei eine fiktive Größe definiert: Die Energiemenge, die das Kraftwerk im gesamten Jahr abgibt, wird geteilt durch die maximale Leistung, die es erzeugen kann. Bildlich gesprochen wird so getan, als gäbe es genau

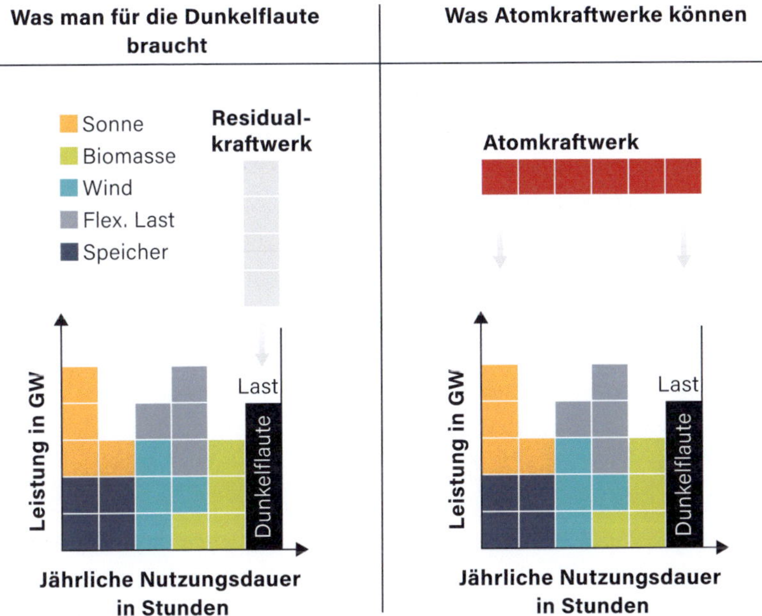

Abbildung 13: Energiesystem-Tetris. Deckungslücken der berühmten »Dunkelflaute« werden mit flexiblen Gas- oder Wasserstoffkraftwerken gedeckt, die über das gesamte Jahr nur geringe Betriebsstunden aufweisen. Die optimale ökonomische Struktur dafür verlangt niedrige Investitionskosten, Betriebskosten dürfen hingegen hoch sein. Atomkraftwerke haben hohe Investitions- und niedrige Betriebskosten. Sie liegen im Tetris »quer« und passen nicht ins System (eigene Darstellung).

»an« und »aus« beim Kraftwerk und keine Zwischenstufen. In der Energieökonomie entscheidet diese fiktive Kennzahl darüber, welche Kraftwerkstechnologie für welche Anforderungen wirtschaftlich passt und sinnvoll betrieben werden kann.

Die Kostenstruktur entscheidet: Hohe Investitionskosten oder hohe Betriebskosten?

Die Logik ist dabei recht einfach: Stromerzeugungskosten jedes Kraftwerks setzen sich aus zwei Teilen zusammen: den zu Beginn erforderlichen Investitionskosten zum Bau des Kraftwerks (Capital Expenditures, CAPEX) und die späteren Betriebskosten (Operating Expenditures, OPEX). Die Betriebskosten setzen sich wiederum zusammen aus Positionen, die unabhängig von der Auslastung des Kraftwerks immer anfallen, wie Personalkosten, und solchen, die erst durch die Stromerzeugung selbst entstehen, wie zum Beispiel Brennstoffkosten. Kein Betrieb, kein Brennstoffverbrauch.

»Grundlastkraftwerke« nennt die Energieökonomie solche Kraftwerksarten, die hohe Investitionskosten und niedrige Betriebskosten aufweisen. Braunkohlekraftwerke sind klassische Vertreter dieser Gattung, aber auch die Atomkraftwerke wurden in dieser Logik errichtet. Die hohen Investitionskosten müssen über die Lebensdauer des Kraftwerks abgeschrieben und finanziert werden. Dafür müssen ausreichende Erlöse erwirtschaftet werden. Da die Betriebskosten gering sind, gelingt dies genau dann gut, wenn das Kraftwerk möglichst viel läuft und viel Strom produziert. In diesem Fall verdünnen sich die hohen Abschreibungen und Finanzierungskosten über große Strommengen, sodass jede einzelne Kilowattstunde spezifisch relativ günstig wird. Die Menge macht's also. Grundlastkraftwerke werden typischerweise mit über 8.000 Volllaststunden gefahren. Nur Wartungsintervalle und möglichst wenige marktbedingte Leistungsmodulationen sollen die Auslastung unter das theoretische Maximum von 8.760 Stunden des Jahres mit Höchstleistung drücken.

Die Kostenstruktur von Residualkraftwerken für die Dunkelflaute muss hingegen genau spiegelbildlich aussehen. Da die Kraftwerke wenig in Betrieb sind, dürfen die Investitionskosten nicht hoch sein. Hohe Abschreibungen und Finanzierungskosten auf nur wenige Kilowattstunden Stromproduktion umlegen zu müssen, würde den Strom zu teuer machen. Dass bei einem Residualkraftwerk im Gegenzug die Betriebskosten höher sind, zum Beispiel für den Brennstoff, fällt in diesem Fall weniger stark ins Gewicht. Bei nur 1.000 Volllaststunden ist ihr Strom spezifisch dennoch viel billiger, als wäre er mit einem Grundlastkraftwerk erzeugt worden, das statt 8.000 nur diese 1.000 Volllaststunden betreiben würde.

Typische Vertreter dieser Kraftwerksgattung mit geringer Auslastung sind Gaskraftwerke. In der alten Energiewelt wurden sie auch »Spitzenlastkraftwerke« genannt, weil sie nur dann liefen, wenn der Verbrauch gerade sehr hoch war und nicht aus den durchlaufenden Grundlastkraftwerken und den sogenannten Mittellastkraftwerken, zum Beispiel aus Steinkohle, gedeckt werden konnte. Dass wir in Energiesystemen Kraftwerke mit geringen Nutzungen vorhalten, ist also nichts Neues.

Im Energiesystem-Tetris liegen AKW-Blöcke quer

Und nun wieder zum Tetris: Stellen wir uns das Spiel so vor, dass die Tetris-Blöcke für die Stromerzeugung und das Beladen von Speichern nach oben (auf der Y-Achse) so gestapelt werden müssen, dass sie jederzeit genau die Last in unserem Stromsystem decken. Und von links nach rechts (auf der X-Achse) stellen wir die jeweiligen Zeitpunkte dar, zu denen die Stapel passen müssen, vom 1. Januar bis zum 31. Dezember. Eine Dunkelflaute stellt sich in diesem Bild als senkrechte Lücke in unserem Tetris dar. Über eine recht kurze Zeitspanne fehlt es an Leistung. Am wirtschaftlichsten füllen wir diese Lücke mit Residual- oder Spitzenlastkraftwerken. Das sind heute Gaskraftwerke und zukünftig voraussichtlich Kraftwerke ähnlicher Bauart, die aber mit Wasserstoff betrieben werden, der zuvor aus sauberem Strom erzeugt wurde. Im Tetris-Bild sind Spitzenlastkraftwerke also senkrechte Stäbe. Je weiter wir in der Energiewende voranschreiten, desto dünner werden diese. Denn ein Gaskraftwerk mit relativ günstigem Erdgas wird im Markt noch häufiger Strom verkaufen können als ein Kraftwerk, das mit teurem Wasserstoff betrieben wird.

Und Grundlastkraftwerke wie Atomkraftwerke? Sind in unserem Spiel waagerechte Balken. Die lösen unser Dunkelflauten-Problem beim Energie-Tetris in keiner Weise, denn die Lücke hat die Form eines senkrechten Stabes. Kämen wir nun auf die Idee, den Balken drehen zu wollen – also Atomkraftwerke und zukünftige SME nur zur Deckung von Residuallast zu verwenden –, würde der Strom spezifisch viel zu teuer. Die Grundlagen der Energieökonomie würden regelrecht auf den Kopf gestellt.

Ein Beispiel: Sollte ein SME zum Beispiel in der Lage sein, bei einer Auslastung von 8.000 Volllaststunden Strom für 100 Euro pro Megawattstunde, also 10 Cent pro Kilowattstunde herzustellen, wäre das schon eine massive Senkung gegenüber dem aktuellen Stand der Atomtechnik. Der größte Anteil der Erzeugungskosten dürfte auch bei SME auf die Kapitalkosten (CAPEX) entfallen. Nehmen wir einmal an, die lägen allein bei 70 Euro pro Megawattstunde oder 7 Cent pro Kilowattstunde.[142] Hätte das Kraftwerk nur eine Auslastung von 4.000 Volllaststunden, würde sich ihr Beitrag schon verdoppeln. Bei nur 2.000 Volllaststunden wären wir bei 280 Euro pro Megawattstunde oder 28 Cent pro Kilowattstunde und bei 1.000 Volllaststunden bei 560 Euro pro Megawattstunde oder 56 Cent pro Kilowattstunde. Das sind die reinen Kapitalkosten. Die hohen Abschreibungen und Finanzierungskosten müssten ja in entsprechend kürzerer Zeit verdient werden. Hinzu kämen Kosten für Brennstoff, Personal, Versicherungen etc. Bereits die reinen Kapitalkosten liegen aber über dem, was ein Wettbewerber selbst unter ungünstigsten Annahmen mit seinem wasserstoffbetriebenen Gaskraftwerk erreicht. Er würde jedes SME in einer solchen Fahrweise aus dem Markt drängen. Grundlastkraftwerke sind eben keine Spitzenlastkraftwerke. Womit wir wieder bei der zweiten Gretchenfrage von vorhin wären: Warum sollte irgendwer einen solchen ökonomischen Irrsinn finanzieren oder staatlich absichern?

Neue Atomkraftwerke kämen bei uns also nicht nur viel zu spät, um irgendeinen Beitrag zum Klimaschutz zu leisten, und wären viel zu teuer. Sie würden auch nicht ins System passen, schon gar nicht in das System nach 2030 oder 2035 mit noch mehr erneuerbaren Energien. Wollte man sie passend machen und als Residualkraftwerke betreiben, würden sie nochmals teurer. Im Markt hätten sie keine Chance.

AKW lösen das Speicherproblem nicht

Aber nicht nur das: Auch mit Atomkraftwerken bliebe uns viel von der Modernisierung und dem Ausbau unserer Stromnetze nicht erspart und wir bräuchten große Mengen an Speichern, zusätzlichen Kabeln und Transformatoren. Deren Kosten darf man nicht allein dem Ausbau der erneuerbaren Energien zuschreiben und der Notwendigkeit, die schwankende Erzeugung auszugleichen. Denn ein wesentlicher Teil des Speicherbedarfs und Netzausbaus folgt aus der Elektrifizierung von Mobilitäts- und Wärmesektor. Und die findet so oder so statt. Bundesweite Lastspitzen aus Ladeinfrastruktur oder Wärmepumpen deckt man jedoch nicht aus Atomkraftwerken. Dann würden diese ja schon wieder als Spitzenlastkraftwerke gefahren und zu überhöhten Kosten produzieren. Und lokale Lastspitzen im kleinen Netzausläufer vor Ort, an dem der E-Ladepark steht oder das Nahwärmenetz mit einer Großwärmepumpe gespeist wird, deckt man auch nicht aus dem Mini-AKW mit ein paar Megawatt Leistung am Ortsnetztrafo. Auch hier brauchen wir Intelligenz, Speicher und Netzausbau, keine Atomtechnik.

Die Hoffnung im Quadrat: Kernfusion?

So viel zur Kernspaltung. Müssen wir da noch über Kernfusion reden? Die ultimative Wunderwaffe der Energiewende und der fabelhafte Ritter in schimmernder Rüstung im Kampf gegen den Klimawandel? Ja, müssen wir. Aber nur sehr kurz. Denn alles, was für die Kernspaltung im klassischen AKW oder der Zukunftstechnologie SME gilt, gilt potenziert für die Kernfusion. Es gibt noch nicht mal einen funktionierenden Forschungsreaktor, der Energie produziert. Dabei sind schon Jahrzehnte und Abermilliarden Euros und Dollars in die Fusionsforschung geflossen. Seit Jahrzehnten können sich einige Forscher vorstellen, dass die Kernfusion in circa 50 Jahren reif für die kommerzielle Nutzung wäre. Das Zeitproblem wird also potenziert – Fusion wäre nochmals »viel zu später« als neue AKW.

Das Kostenproblem dürfte mindestens genauso schlimm ausfallen – aber wer weiß das schon so genau 50 Jahre vor Einführung einer Technologie. Nicht lösbar ist hingegen das Strukturproblem. Fusionsreaktoren sind physikalisch-technische Großtechnik. Hunderte Millionen Grad heißes Material muss beherrscht werden. Das geht nur mit großen Abständen zu Umwandungen, extrem starken Magnetfeldern oder Lasern in riesigen Strukturen. In anderen Worten: im Multi-Gigawatt-Maßstab, nicht mit ein paar Megawatt. Die Stromgestehungskosten werden von den Kapitalkosten absolut dominiert werden. Auch bei diesem dritten triftigen Grund gegen Atomkraft also eine Potenzierung, keine Lösung des Problems: Ein flexibler Betrieb in Dunkelflauten macht keinen Sinn. Sie passen einfach nicht in ein von erneuerbaren Energien geprägtes Stromsystem. Mein Tipp ist, dass niemand ein superteures Grundlastkraftwerk in 50 Jahren brauchen und bauen wird. Und falls doch, vielleicht weil eine andere, heute unbekannte Großtechnik unvorstellbare Energiemengen und Leistungen an einem Ort benötigt, sollen es die Menschen dann entscheiden. Und auch, ob sie das Sicherheitsrisiko tragen und den Atommüll entsorgen wollen. In der heutigen Wirklichkeit und der heutigen Diskussion der Energiewende erfüllt Kernfusion jedoch nur einem Zweck: Ablenkung. Hopium. Beharrung.

Hinter all den ökonomischen Gründen fast schon nebensächlich: Endlagerung, Proliferation etc.

Wie man es also dreht und wendet: Atomtechnik ist kein Teil der Lösung. Sie kommt fürs Klima zu spät und wird von der Energierevolution abgehängt werden. Und ich habe noch nicht einmal über die ungelösten Fragen und Kosten der Endlagerung gesprochen, der geopolitischen Abhängigkeit von wenigen Uran-Lieferanten wie Russland und von der globalen Bedrohung durch Proliferation, also der Verbreitung von spaltbarem, strahlendem und hochgiftigem Kernmaterial für terroristische Zwecke und »schmutzige« Bomben.

Auch wenn die Geschichte vom futuristischen Zukunftsprojekt noch so schön klingt und es wirklich toll wäre, wenn wir ohne irgendetwas zu ändern einfach weitermachen könnten wie bisher – es wird nicht funktionieren. Durch Abwarten und Hoffen komprimieren wir unsere Probleme nur bis zur Unlösbarkeit. Dann steht plötzlich der Bauleiter vor der Tür und es gibt ein böses Erwachen.

AUF DEN PUNKT

- Eine »Renaissance der Atomkraft« gibt es nicht. Weltweit gibt es weniger Bauvorhaben und Planungen neuer Kraftwerke als absehbare altersbedingte Abschaltungen.
- Die AKW-Neubauten der letzten 20 Jahre in Europa und den USA wiesen extreme Kostensteigerungen und Verzögerungen auf. Allein die Finanzierungskosten dieser Kraftwerke liegen über 10 Cent pro Kilowattstunde.
- AKW sind Grundlastkraftwerke, die möglichst ganzjährig durchlaufen und viel Strom produzieren müssen. In ein System mit hohen Anteilen erneuerbarer Energien passen AKW energieökonomisch nicht. Würden sie flexibel und daher mit nur geringerer Auslastung betrieben, würde ihr Strom weiter um ein Vielfaches verteuert.
- AKW-Neubauten sind langsam. Zwischen Investitionsentscheidung und Betrieb vergehen über 15 Jahre. In der Zwischenzeit gehen Energierevolution und Marktentwicklung weiter. Das potenziert die Finanzierungsrisiken. Ohne hohe staatliche Garantien sind AKW-Neubauten weltweit unmöglich.
- Auch neue Reaktorentwicklungen wie die »Small Modular Reactors« (SME) ändern an diesen industriellen und energiewirtschaftlichen Logiken nichts. Selbst wenn ab 2030 erste Reaktoren in Betrieb gehen sollten, werden sie keinen global nennenswerten Anteil zur Klimaneutralität 2045 oder 2050 beitragen.
- Kernfusion als Vision unendlicher Energie potenziert alle Schwächen heutiger Atomkraftwerke. Ihre kommerzielle Nutzung in vielleicht 50 Jahren spielt für die Energierevolution und den Klimaschutz keine Rolle.

5.2 Gefährliche Geister rufen? CCS in der Energieversorgung

Gehen wir das Problem mit Öl, Kohle und Gas doch mal andersherum an, weniger umwälzend: Warum nicht Evolution statt Revolution? Einfach die Verbrennung fossiler Energieträger so weiterentwickeln, dass sie keinen Schaden mehr anrichtet? Um diese Frage dreht sich Carbon Capture and Storage, kurz CCS. Die Idee: Man trennt die schädliche Eigenschaft der Verbrennung (die CO_2-Emissionen) von der nützlichen (die Energiegewinnung) ab. Technisch ist es tatsächlich möglich, CO_2 aus dem Abgasstrom großer energietechnischer Anlagen wie Kraftwerken oder Industrieanlagen einzufangen oder abzuscheiden. Von dort aus könnte man es in CO_2-Tanks oder Pipelines bis zu einem Lagerort bringen, in dem es sicher über Jahrhunderte eingeschlossen wird. Der Vorteil: Große Teile unserer Energieversorgung und -infrastruktur könnten bleiben, also die konventionelle Kraftwerks- oder Industrietechnik. Eine verführerische Vorstellung.

Doch blickt man genauer auf die Geschichte von CCS, erkennt man nicht nur die technologischen Schwierigkeiten und die Kosten dieses Ansatzes. Seine größte Gefahr ist vermutlich, dass man versehentlich die Geister nicht mehr loswird, die man da ruft. Und die bereits über 50-jährige Entwicklungsgeschichte von CCS zeigt, wes Geistes Kind diese Geister sind: die der Öl- und Gasindustrie. Dass man der kein Vertrauen schenken darf, wenn es um Klimaschutz geht oder darum, eine Verringerung der eigenen Gewinne zugunsten von Umwelt und Innovation in Kauf zu nehmen, dürfte mittlerweile klar geworden sein (siehe Kapitel 4.1). Doch der Reihe nach.

CCS – ein Begriff, mehrere Ausprägungen

CCS steht für ein ganzes Bündel von Möglichkeiten, CO_2-Emissionen einzufangen und zu lagern. Der erste Strang dreht sich um fossiles CCS in der Energieversorgung, also die »Abfallbeseitigung« von CO_2, das bei der Strom- oder Wärmeerzeugung aus Kohle, Öl und Gas anfällt, bei der Herstellung von Wasserstoff aus Erdgas oder sogar bereits früher in der Stoffkette, bei der Förderung von Öl und Gas. Denn bereits hier wird CO_2, das im Öl- oder Gasfeld eingeschlossen ist, mitgefördert und in die Atmosphäre entlassen. Die Abtrennung des relativ hoch konzentrierten CO_2 aus dem Abgasstrom dieser Anlagen erfolgt etwa durch Membrantrennung, Druckwechseladsorption oder chemische Wäschen.

Im zweiten Strang der CCS-Technologien geht es darum, CO_2 einzufangen und einzulagern, das bei chemischen Prozessen in der Grundstoffindustrie anfällt, zum Beispiel bei der Herstellung von Zement. Im Zementwerk wird das Ausgangsmaterial Kalkstein auf Temperaturen über 1.400 °C erhitzt. Der dabei im Kalkstein gebundene Kohlenstoff entweicht in Form von CO_2 und übrig bleibt das gewünschte Zielprodukt, gebrannter Kalk. Zu dem durch diese chemische Umwandlung frei werdenden CO_2 kommen noch die Mengen hinzu, die bei der Aufheizung des Kalksteins mit Kohle, Öl oder Gas entstehen. Unglaubliche 8 Prozent der weltweiten CO_2-Emissionen gehen auf das Konto der Zementherstellung.[143]

Als dritten Teil der CCS-Familie gelten Ansätze, die der Atmosphäre aktiv CO_2 entziehen, um es dann dauerhaft einzulagern. Im einen Fall, der Direct Air Capture (DACS), wird das CO_2 über physikalische Verfahren direkt aus der Luft gefiltert. Nachträgliche Abfallbeseitigung sozusagen. Man darf sich fragen, wie diese nachträgliche und sehr energieaufwendige Entsorgung von CO_2 per DACS jemals geringere Kosten aufweisen soll, als die Emissionen gar nicht erst entstehen zu lassen. Aber ich will der denkbaren Technologieentwicklung nicht vorgreifen. Im zweiten Fall erledigen Pflanzen den Entzug aus der Atmosphäre per Photosynthese. Die entstehende Biomasse wird jedoch nicht einfach verbrannt, sondern mit nachgelagertem CCS-Prozess genutzt. Unter dem Strich stehen so negative CO_2-Emissionen. Bioenergy Carbon Capture and Storage (BECCS) nennt man das. Auch die Verbrennung von Müll mit angegliederter CCS-Anlage wird von einigen zu BECCS gezählt. Doch da gibt es in der BECCS-Familie eine besonders attraktive und elegante Variante: BCR.

BCR – Energieerzeugung mit Negativemissionen

Bei der Biochar Carbon Removal (BCR) wird die Biomasse ebenfalls zur Strom- und Wärmeerzeugung genutzt. Es wird aber vereinfacht gesagt nur die in den Kohlenwasserstoffen der Biomasse enthaltene Bindungsenergie zwischen den Atomen entnommen und nicht der Kohlenstoff selbst zu CO_2 verbrannt. Er bleibt als kristalline »Pflanzenkohle« zurück, die für verschiedenste Anwendungen genutzt oder als langzeitstabiler Bodenverbesserer in der Landwirtschaft und im Städtebau eingesetzt werden kann. Auch als Quelle für Kohlenstoff, den die Industrie weiter als Grundstoff benötigen wird, ist BCR in einigen Fällen geeignet. Ein weiterer Clou dieser Technik: nicht CO_2 wird gebunden, sondern Kohlenstoff. Damit ist der Transport denkbar einfach. Bei den anderen BECCS-Ansätzen und auch bei DACS wird immer eine zusätzliche Infrastruktur für den Transport gasförmigen oder flüssigen CO_2 benötigt und natürlich ein Endlager. Bei BCR kann beides entfallen.

Die Geschichte von fossilem CCS ist keine Klimaschutzgeschichte

Schauen wir uns zunächst aber das klassische CCS, fossile CCS an. Diese Technik wurde erstmals in den 1970er- und 1980er-Jahren in Pilotprojekten erprobt. Ziel war damals nicht die Vermeidung von CO_2-Emissionen und damit Klimaschutz, sondern die effizientere Förderung von Öl- und Gasvorkommen. Das abgeschiedene CO_2 wurde in die Lagerstätten gepresst, um den Druck in ihnen zu erhöhen und bildlich gesprochen auch noch die letzten Reste des fossilen Schatzes aus seinem Lager zu holen. Diese Grundidee beherrscht die meisten bis heute tatsächlich umgesetzten CCS-Projekte. Ausnahmen bilden CCS-Projekte wie das Sleipner-Projekt aus den 1990er-Jahren in der norwegischen Nordsee und die

Gorgon CCS-Anlage in Australien. Hier wird natürliches CO_2, das bei der Gasförderung mit an die Erdoberfläche gelangt, aus dem Erdgas abgeschieden und in eigenständige Lagerkavernen unter dem Meeresspiegel verpresst. Warum der Aufwand? Weil das Erdgas aus dem Sleipner-Feld mit 9 Prozent und in Gorgon mit 14 Prozent einen zu hohen CO_2-Gehalt hat. In seinem Urzustand wäre das Gas schlicht unverkäuflich. Klimaschutz spielt auch hier keine Rolle.

Spätere Pilot- und Vorzeigeprojekte für CCS folgten in den 2000er- und 2010er Jahren. Waren das Petra-Nova-Projekt in den USA und Wyburn-Midale in Kanada ebenfalls rein auf die Unterstützung der Förderung von Erdöl ausgelegt, verfolgte das kanadische Boundary-Dam-Kraftwerk in Saskatchewan zumindest anteilig ein Klimaschutzziel.

Der größte Teil dieser Projekte dient also der Steigerung von Öl- und Gasproduktion. Stellen wir dennoch einen Mengenvergleich an. Der Maßstab der genannten Anlagen liegt bei 1–2 Millionen Tonnen CO_2-Abscheidung pro Jahr, bei Gorgon CCS bei knapp 4 Millionen Tonnen pro Jahr. Zusammen könnten die vier Projekte bei optimalem Betrieb verschwindende 0,2 Promille der globalen CO_2-Emissionen abscheiden – und weniger als die Hälfte davon zu hohen Kosten tatsächlich in Speicher pressen.

Eine weitere Großtechnik mit Tücken

Denn die Technik hat sich in diesen Projekten nicht bewährt. Vielmehr hat sie die bei Demonstrationsanlagen üblichen Probleme in Bau und Betrieb belegt sowie den hohen Energiebedarf und die immensen Kosten von CCS-Anlagen. Der Bau der aktuell größten CCS-Anlage in Gorgon, Australien begann im Jahr 2009. Nach vielen Verzögerungen und damit ungeplanten CO_2-Emissionen ging sie 2019 endlich in Betrieb. Ihre Aufgabe: die mit 14 Prozent besonders hohe natürliche CO_2-Konzentration des Gorgon-Gasfelds in den Griff zu bekommen. Das CO_2 wird abgeschieden und in eine Gesteinsformation unter dem Gasfeld verpresst. Doch aktuelle Berichte zeigen, dass im Zeitraum von 2019–2024 lediglich 44 Prozent des mit dem Erdgas an die Oberfläche geförderten natürlichen CO_2 tatsächlich abgeschieden wurden. Der Rest addiert sich mit

Blick auf den Klimaeffekt zu den Emissionen des geförderten und später verbrannten Erdgases und den besonders klimawirksamen Methan-Leckagen aus dem Feld. Ein Beitrag zum Klimaschutz oder effizienter Energieversorgung ist da schwer zu erkennen.

Bei Kohlekraftwerken mit CCS-Technik wie dem Boundary-Dam-Kraftwerk in Kanada – hier wird das CO2 aus dem Rauchgas abgeschieden – kann man wenigstens auf einen Klimaschutzbeitrag hoffen. Doch solche Kraftwerke benötigen etwa 30–40 Prozent mehr Primärenergie als ohne CCS. Der Wirkungsgrad ist somit noch einmal deutlich geringer als der ohnehin niedrige Wirkungsgrad solcher großen Zentralkraftwerke ohne sinnvolle Wärmenutzung. Oder anders gewendet: Man muss für dieselbe Menge Strom entsprechend mehr Kohle verbrennen und damit auch größere Mengen CO_2 abscheiden und speichern. Das ist insofern ein Problem, als dass einerseits bereits bei der Kohleförderung und ihrem Transport Energieverbräuche und CO_2-Emissionen entstehen, die natürlich nicht am Kraftwerk eingefangen werden. Zudem können nicht 100 Prozent des CO_2 tatsächlich abgeschieden werden und entweichen auf dem Weg in den Speicher weitere Anteile durch Leckagen etc.

Die genannten Anlagen erreichen planmäßig bis zu 90 Prozent Abscheidungsquote, in der Realität oft deutlich weniger. Bei 140 Prozent benötigter Kohle verursacht ein solches Kraftwerk also bereits planmäßig noch etwa 15 Prozent der CO_2-Emissionen eines normalen Kraftwerks ohne CCS. Wenn denn die gesamte abgeschiedene Menge tatsächlich in einem Speicher ankäme. Doch auch im Boundary-Dam-Kraftwerk gelangt die Hälfte des abgeschiedenen CO_2 wieder in die Atmosphäre, unter anderem weil es genutzt wird, die Ausbeute eines angrenzenden Ölfelds zu erhöhen. Und auch in Boundary Dam gab es massive technische Probleme mit teilweise nur 40 Prozent Betriebsbereitschaft der CCS-Anlagen.

CCS ist teuer

Das zweite Problem von CCS sind seine Kosten. Die reine Abscheidung könnte Studien zufolge zwischen 50–100 Euro pro Tonne CO_2 liegen. Hinzu kommen die Kosten für Transport und Lagerung. Eine Studie im

Auftrag des Schweizerischen Bundesamts für Umwelt aus dem Jahr 2023 kommt zu dem Ergebnis, dass sich die Gesamtkosten für die Abtrennung und Speicherung von 7 Millionen Tonnen CO_2 im Jahr 2050 auf 150–180 Euro pro Tonne belaufen werden. Der Markt hierfür könne sich in keinem Fall selbstständig bilden, sondern bedürfe massiver staatlicher Förderungen und Eingriffe, so die Autoren der Studie.[144]

Und die realen Erfahrungswerte? Ein parlamentarischer Bericht aus Kanada kam im Jahr 2016 zu dem Ergebnis, dass die CCS-Technologie im Boundary-Dam-Kraftwerk die Stromkosten verdoppelt habe.[145] Der Betreiber hat daher für das Jahr 2024 die Stilllegung des Kraftwerks angekündigt. Wirtschaftlich kann der Betrieb also nicht gewesen sein. Diese Erfahrung wurde auch andernorts gemacht. Das CCS-Projekt »Petra Nova« in den USA wurde im Jahr 2017 nach Investition von rund einer Milliarde US-Dollar in Betrieb genommen. Die Anlage sollte überhaupt nur ein Drittel der Abgase des Kraftwerks behandeln und ihnen etwa 90 Prozent des CO_2 entziehen. Nicht das gesamte Kraftwerk sollte also CO_2-neutral werden. Lediglich so viel CO_2 sollte abgeschieden werden, dass in einem ungefähr 100 Kilometer entfernten Ölfeld die Ausbeute erhöht werden kann. Wirtschaftlich war dieses Vorhaben auf einen Ölpreis über 100 US-Dollar je Barrel ausgelegt. Da dieser Preis nicht eingetreten ist, hat der Betreiber NRG den Betrieb der Anlage im Jahr 2020 eingestellt. Ein neuer Betreiber nahm den Betrieb im Jahr 2023 wieder auf, wieder gestiegenen Ölpreisen sei Dank. Mit etwa 1,4 Millionen Tonnen CO_2-Abscheidung pro Jahr ist diese Anlage aktuell die zweitgrößte weltweit. Zweck auch hier: Steigerung von Ölproduktion.

Und zuletzt leidet CCS als »CO_2-Filter« hinter einem fossilen Kraftwerk am selben Problem wie die Atomkraft: Sie passt nicht ins Energiesystem-Tetris mit hohen Anteilen Wind- und Solarstrom. Gaskraftwerke mit CCS werden zwar gern als mögliche Residualerzeugung während Dunkelflauten ins Gespräch gebracht. Doch diese Erzeuger laufen nur selten, vielleicht 1.000 Volllaststunden im Jahr. Da CCS-Technologie hohe Kapitalkosten aufweist und ein zuverlässiger Betrieb eine möglichst konstante Auslastung erfordert, gehört sie energiewirtschaftlich eher in die Kategorie »Grundlastkraftwerk« als »Residualkraftwerk«. Käme man auf die Idee, CCS-Anlagen nur einen Bruchteil des Jahres auszulasten, würde dies die spezifischen Kosten pro Megawattstunde Strom sowie pro vermiedener Tonne CO_2 um ein Vielfaches steigern. Ebenso wie bei ohnehin schon teuren Atomkraftwerken in einer solchen Betriebsweise (siehe Kapitel 5.1). Große Kraftwerksbetreiber wie die deutsche EnBW lehnen diesen Pfad daher ab und sprechen sich klar für die Wasserstoff-Route zur Residualstromerzeugung aus.

Erlebt CCS noch einen Boom?

Doch gibt es nicht weltweit eine deutlich zunehmende Aktivität für neue CCS-Projekte? Ähnlich der ausgerufenen »Renaissance der Atomkraft« – nur mit dem Unterschied, dass CCS in den letzten 50 Jahren noch nicht einmal eine erste Blütezeit hatte? Der »Global Status of CCS«-report des Global CCS Institute legt dies nahe.[146] Und tatsächlich ist der Bau neuer Anlagen in den letzten Jahren deutlich gestiegen. Neben den im Bericht ausgewiesenen 50 Millionen Tonnen CO_2-Abscheidungskapazität könnte demnach in den nächsten Jahren dieselbe Menge neu in Betrieb gehen. Der größte Anteil geht aufs Konto der Herstellung von sogenanntem »blauen Wasserstoff«, also der Abscheidung des Kohlenstoffanteils aus Erdgas in Form von CO_2 bei der Herstellung von Wasserstoff. Und noch etwas ist interessant: Die überwiegende Anzahl aller geplanten CCS-Projekte weltweit stammt aus den USA. Im Jahr 2024 waren dies 274 Projekte. Vergleich China: 25 Projekte.

Wir erinnern uns: China führt die globale Energierevolution technologisch an und setzt konsequent auf Elektrifizierung. Big Oil und Gas in den USA hingegen scheinen eine Verlängerung ihres Geschäftsmodells bauen zu wollen. Koste es, was es wolle, sowohl mit Blick auf die Kosten von CCS als auch mit Blick aufs Klima.

Technologieoffenheit: Ja, bitte! Zukunft auf Hoffnung planen? Bitte nicht!

Bei aller »Technologieoffenheit«, die auch im Umgang mit CCS angezeigt ist, liegt hier das stärkste Argument gegen eine breite Förderung und Einstieg in diese Technologie: Auch nach 50 Jahren Erfahrung bleibt sie bislang eine Ankündigungstechnologie. Sie scheint vor allem einen Zweck zu verfolgen: echtes energiepolitisches Umsteuern und echten Klimaschutz auszubremsen. Ähnlich wie die Atomenergie ist fossiles CCS ein »Deus ex machina«, der lieb gewonnene Gewohnheiten und Geschäftsmodelle rettet. Veränderung? Nicht nötig. Lassen wir diesen Geist erst einmal aus der Flasche, schenken erneut der Öl- und Gasindustrie unser Vertrauen, bekommen wir ihn nicht mehr zurück.

Eine Bedingung für die weitere Erprobung und Nutzung von CCS könnte daher sein, sie gezielt nur jenseits der Öl- und Gaswirtschaft zu verfolgen. Denn es gibt weitere industrietechnische Anlagen, die große Mengen CO_2 emittieren und die nur schwer schnell zu dekarbonisieren sind. Die Herstellung von Zement und anderen Grundstoffen gehört dazu. CO_2, das in solchen Werken abgeschieden und nicht zur Steigerung der Förderung von Öl und Gas anderswo genutzt wird, ist gutes CO_2. Zahlreiche Projekte in Europa und anderswo verfolgen dieses Ziel. Am Ende werden die Kosten darüber entscheiden, ob sich langfristig klimaneutraler CCS-Zement oder alternative Baustoffe durchsetzen werden. Mein Tipp: Die Innovation auch in diesem Bereich nimmt gerade erst Fahrt auf. Vielleicht sehen wir eines Tages neben der Energie- auch noch eine Baustoffrevolution?

CO_2-Transport – noch eine Infrastruktur?

Wenn man zum Schluss kommt, dass fossiles CCS keine sinnvolle und wirtschaftliche Option ist und sich auch ohne die technischen Unwägbarkeiten im Markt nicht durchsetzen wird, stellt sich die Frage nach seinem Transport vom Kraftwerk zum Endlager gar nicht. Daher will ich das Thema hier nicht vertiefen. Für die Anwendung im zweiten Strang der CCS-Familie, der Abscheidung von CO_2 aus chemischen Prozessen der Grundstoffindustrie wie der Zementherstellung, wird man diese Infrastruktur jedoch benötigen. Auch die Frage, wo die Industrie zukünftig eigentlich Kohlenstoff als Grundstoff herbekommen wird, wenn er nicht mehr aus fossilen Quellen stammt, mag man auch auf diese Weise lösen. Es mag sein, dass dann im Einzelfall zum Beispiel die energetische Nutzung von Müll oder Biomasse im großen BECCS-Kraftwerk technisch möglich und ökonomisch sinnvoll wird, wenn es denn direkt neben der ohnehin verfügbaren CO_2-Pipeline von Grundstoffindustrie beispielsweise im Ruhrgebiet liegt. Doch das dürften Ausnahmen bleiben.

Ohne CCS geht es nicht – aber sein Beitrag wird klein und auf Spezialfälle beschränkt sein

Ganz vermeiden können wir die Nutzung von CCS vermutlich nicht. Zu knapp ist die Zeit, um das Klima zu stabilisieren und Grundstoffindustrien zu dekarbonisieren. Daher sehen auch die gängigen Klimaszenarien zur Stabilisierung der Erderwärmung bei 1,5 °C oder 2 °C über vorindustriellem Niveau CCS und Negativemissionen vor. An sogenannten »Punktquellen«, also an großen Industrieanlagen, kann es ausreichend einfach sein, genügend Mengen CO_2 für den Transport und die spätere Verbringung in ein Endlager zu organisieren. Negativemissionen können über die Nutzung von Biomassen mit BECCS oder BCS erzielt werden.

Doch eins ist klar, fossiles CCS wird in der neuen Energiewelt keine nennenswerte Rolle spielen. Kohle- oder Gaskraftwerke mit CCS sind dafür im Vergleich zu den anderen klimaneutralen Optionen schlicht zu teuer. Ob in 20 Jahren hier und da ein ergänzendes Gas-CCS-Kraftwerk steht, wird weder die globale Energierevolution prägen noch aufhalten. Hingegen kann man hoffen, dass sich intelligentes CCS wie die energetische Verwertung von Biomasse und gleichzeitige Herstellung von kristallinem Kohlenstoff als Pflanzenkohle (BCR) durchsetzen wird. Jede Tonne CO_2, die auf diesem Wege gespart wird und gleichzeitig über Strom, Wärme und den Verkauf als neuen Wertstoff Geld verdient, werden wir brauchen. Und das mit den Negativemissionen von CO_2 geht sogar noch einfacher: per stofflicher Nutzung von Biomasse wie Holzbau oder Wiedervernässung von Mooren. Aber das steht in einem anderen Buch.

AUF DEN PUNKT

- Carbon Capture and Storage (CCS) bezeichnet verschiedene Möglichkeiten, CO_2 einzufangen und zu lagern: im Rahmen der Förderung und Nutzung fossiler Energie, in industriellen Prozessen, bei denen CO_2 in chemischen Reaktionen entsteht, sowie unabhängig davon durch Entzug von CO_2 aus der Atmosphäre oder bei der Nutzung von Biomassen.
- Fossiles CCS wird seit gut 50 Jahren erprobt. Ziel aller bisherigen Projekte ist die Steigerung oder Verbesserung der Öl- und Gasförderung.
- Für CO_2-neutrale Stromerzeugung aus Gas oder Kohle ist CCS unwirtschaftlich und wird sich vermutlich gegen die Verstromung von Wasserstoff nicht durchsetzen können. Dazu trägt bei, dass CCS-Anlagen hohe Auslastungen benötigen, die Residualkraftwerke in Stromsystemen mit hohem Anteil erneuerbarer Energien nicht bieten.
- Der Großteil der Diskussion und konkreter Projekte für fossiles CCS scheint eher den Interessen der Gas- und Ölindustrie zu entstammen, ihr Geschäft zu erhalten. Die meisten geplanten CCS-Projekte befinden sich in den USA.
- Zur Dekarbonisierung der Industrie kann CCS notwendige Beiträge leisten, da die Zeit für die Entwicklung und Skalierung von Alternativen vermutlich zu knapp ist (Zement und andere Grundstoffe).
- Ohne CO_2-Senken wird ein dramatischer Klimawandel jedoch nicht mehr abzuwenden sein. Auch die gängigen Szenarien zur Einhaltung des 1,5-Grad- oder 2-Grad-Ziels sehen daher Negativemissionen vor. Hierfür ist die Abtrennung von CO_2 aus Biomassen (BECCS) und vor allem die energetische Nutzung von Biomasse bei Abtrennung des Kohlenstoffs über BCR besonders vielversprechend.

5.3 Champagner für jeden Anlass

Ohne Moleküle geht es nicht

Nicht alles lässt sich innerhalb weniger Jahrzehnte elektrifizieren. Der Flugverkehr und die Hochseeschifffahrt ziemlich sicher nicht, einige Hochtemperaturprozesse oder chemische Verfahren in der Industrie nicht und Langfristspeicherung von Strom für die Dunkelflaute vermutlich auch nicht (siehe Kapitel 3.6). Die Gründe sind unterschiedlich: Mindestens für Mittel- und Langstreckenflugzeuge und Schiffe ist die Energiedichte von Batteriespeichern, also die verfügbare Energie pro Gewichtseinheit oder pro Volumen, auf absehbare Zeit noch zu gering. In vielen Industrieprozessen muss Hochtemperaturwärme in unmittelbare Nähe der verarbeiteten Materialien gebracht werden, was zum Beispiel mit heißer Luft als Transportmittel statt Gasverbrennung nicht funktioniert. Und im Stromsystem passt die Kostenstruktur von Batteriespeichern vermutlich auf Sicht von vielen Jahren noch nicht, um Strom über Zeiträume von einer Woche und mehr zu speichern. In all diesen Anwendungen werden also weiterhin chemische Energieträger benötigt werden. Klimaneutral natürlich, in Form von Wasserstoff (H_2), der aus erneuerbarem Strom erzeugt wird. Oder aus synthetischen Kraftstoffen oder Gasen, die wiederum aus diesem Wasserstoff hergestellt werden.

Ihre Herstellung ist bekannt

Die Herstellung von grünem Wasserstoff ist seit Langem bekannt. Sie erfolgt per Elektrolyse, also der Zerlegung von Wasser in Wasserstoff und Sauerstoff mithilfe von elektrischem Strom. Dieses Verfahren wurde bereits um 1800 von William Nicholson und Anthony Carlisle entdeckt. Im Verlauf des 19. und 20. Jahrhunderts wurde die Elektrolyse stetig weiterentwickelt und industrialisiert. Heute sind verschiedene Elektrolyse-Technologien wie die alkalische Elektrolyse, die PEM-Elektrolyse (Proton Exchange Membrane) und die Festoxid-Elektrolyse (SOEC) im Einsatz, wobei jede ihre spezifischen Vor- und Nachteile mit sich bringt. Dabei sind insbesondere die Anforderungen an Verfügbarkeit und Reinheit des Wassers kritisch. In Wüsten kann man mangels Wasser trotz der vielen Sonne keinen Wasserstoff herstellen. An Küsten muss das Wasser erst entsalzen und aufbereitet werden. Industrielle Wasserstofferzeugung per Elektrolyse findet heute zunehmend in großen Anlagen bis in den Gigawatt-Bereich statt. Moderne Elektrolyse-Systeme erreichen inzwischen elektrische Wirkungsgrade von etwa 60–70 Prozent, fortschrittliche Anlagen sollen sogar 70–80 Prozent erreichen. Dieser Anteil der im Strom enthaltenen Energie ist nach der Elektrolyse also im Wasserstoff enthalten. Bei der Herstellung von grünem Wasserstoff gehen mit aktueller Technik also zwischen 20–40 Prozent der Energie verloren. Nutzt man die Abwärme der Elektrolyseure, baut sie also relativ dezentral auf, kann dieser Verlust weiter sinken.

Als Stromspeicher ist Wasserstoff auf die edle Aufgabe »Langfristspeicher« beschränkt

Nutzt man den Wasserstoff als Stromspeicher zum Beispiel für Dunkelflauten, erleidet man bei der Rückumwandlung in Strom einen erneuten Verlust. Nach Stand der Technik können mit der effizientesten Technik, der Brennstoffzelle, 50–65 Prozent des Energiegehalts aus dem Wasserstoff wieder in Strom gewandelt werden. Koppelt man die dabei entstehende Wärme aus, kann der Gesamtwirkungsgrad bis auf 80 Prozent gesteigert werden. Verbrennt man den Wasserstoff stattdessen als Ersatz für Erdgas mit entsprechender Kraftwerkstechnik, liegen die Wirkungsgrade mindestens 10 Prozent-Punkte niedriger.

Zwischenstand der Effizienzbetrachtung bei Wasserstoff als Stromspeicher: Maximal 45 Prozent des ursprünglich eingespeicherten Stroms holt man am Ende wieder heraus. Bei Rückverstromung in Verbrennungskraftwerken entsprechend weniger. Hier sehen wir den ersten Grund, weswegen Wasserstoff auch »Champagner der Energiewende« genannt wird: Sein Einsatz ist teuer. Denn erst braucht man zu seiner Herstellung und Rückumwandlung mehr als doppelt so viel Strom, als würde man diesen direkt nutzen oder kurzfristig in Batterien zwischenspeichern. Batterien kommen immerhin auf über 90 Prozent Wirkungsgrad statt der genannten grob 45 Prozent des Wasserstoffpfads. Und Batterien befinden sich bereits in der massenhaften Skalierung, ihre Kosten verfallen aufgrund der Skaleneffekte und laufend neuer Technologiesprünge. Es ist daher anzunehmen, dass sie sich für die Speicherung von Strom bis weit in den Tagesbereich durchsetzen werden. Erst wenn längere Zeiträume überbrückt werden müssen, sind Moleküle als Speicher aktuell überlegen. Warum das so ist? Bei den meisten Batterietechnologien hängt die speicherbare Energie direkt mit Größe und dem Gewicht der gesamten Batterie zusammen. Die Investitionskosten steigen also linear mit der zu speichernden Energiemenge. Gleichzeitig kann dadurch eine größere Batterie viel größere Leistungen abgeben als eine kleine Batterie. Eine Eigenschaft, die aber zur Überbrückung von Dunkelflauten gar nicht benötigt wird.

Die Stärke von Wasserstoff: Energie von Leistung entkoppeln. Vielleicht geht das aber auch anders.

Bei Wasserstoff als Energieträger hingegen, also der Wandlung von Strom in Wasserstoff in Elektrolyseuren sowie der Rückwandlung in Brennstoffzellen oder H_2-Kraftwerken, sind speicherbare Energie und Leistung entkoppelt. Die Leistung und damit die Investitionskosten werden wesentlich von der Größe des Elektrolyseures beziehungsweise der Brennstoffzelle vorgegeben. Die Energie hingegen steckt in den Molekülen, die man in separaten Druckspeichern einlagert. Will man mehr Energie speichern, macht man diese größer, ohne gleichzeitig in weitere Elektrolyseure und Brennstoffzellen investieren zu müssen. Betreibt man Elektrolyseure zum Beispiel mit einer heute typischen Auslegung von 4.000–5.000 Volllaststunden im Jahr, kann so eine viel größere Energiemenge gespeichert werden als mit einer Batterie, die einige hundert Zyklen im Jahr oder übersetzt zwischen 1.000 und 1.500 Volllaststunden betrieben wird.

Neue Batterietechnologien, die ebenfalls Leistung und Energie entkoppeln, sind sogenannte »Flow-Batterien«. Sie ähneln technologisch eher einer flüssigen Brennstoffzelle als einer klassischen Batterie. Energieträger sind also spezielle Flüssigkeiten statt des gasförmigen Wasserstoffs. Auch mit ihnen kann also im Verhältnis zu ihrer Leistung und ihren Investitionskosten mehr Energie gespeichert werden als mit Batterien. Die Tanks für die Speicherflüssigkeiten werden einfach größer gebaut. Inwiefern sich Flow-Batterien für die Langfristspeicherung von Strom im Wettbewerb gegen Wasserstoff durchsetzen oder eine nennenswerte Nische erarbeiten werden, bleibt abzuwarten.

Aus heutiger Sicht – also mit Blick auf verfügbare Technologie und vorhandene Reifegrade – wird zur Überbrückung der Dunkelflaute vermutlich grüner Wasserstoff als Zwischenspeicher benötigt werden. Aufgrund der zusätzlichen Kosten und Verluste der Hin- und Rückumwandlung aber möglichst wenig. Champagner kann man sich eben nicht jeden Tag leisten.

Wasserstoff bleibt ein rares Gut

Doch es gibt einen zweiten Grund, weswegen Wasserstoff als edelster Energieträger der Energiewende gilt: seine Verfügbarkeit. Er ist schlicht noch zu selten – selbst der »graue«, mit CO_2-Emissionen verbundene Wasserstoff. Im Jahr 2023 wurden weltweit insgesamt etwa 97 Millionen Tonnen Wasserstoff hergestellt, vor allem für die Nutzung in der chemischen und der Petrol-Industrie.[147] Energetische Nutzung als Stromspeicher findet heute nur in Pilotanlagen statt. Stellen wir uns daher vor, man würde 1 Prozent des heute weltweit hergestellten Wasserstoffs in Strom umwandeln. Bei den 97 Millionen Tonnen entspräche das gut 30 Terawattstunden Energiegehalt. Nach Abzug der Umwandlungsverluste in Strom blieben davon vielleicht 15 Terawattstunden übrig. Eine einzelne deutsche Dunkelflaute im Jahr wäre damit sicherlich zu überbrücken. Die zweite schon nicht mehr. Allein schon zur Deckung der weltweiten Dunkelflauten müsste man die Wasserstoffproduktion also vervielfachen.

Allerdings: Aktuell stammt fast der gesamte weltweit hergestellte Wasserstoff aus der Reformierung von Erdgas. Nur etwa 1 Prozent ist »grüner« Wasserstoff aus erneuerbarem Strom. Allein der Ersatz bisheriger Wasserstoffmengen durch grünen Wasserstoff bräuchte also eine Steigerung der Produktion um den Faktor 100. Wenn alle angekündigten und in Bau befindlichen Projekte für grünen Wasserstoff umgesetzt werden, könnte seine Produktion bis zum Jahr 2030 zwar immerhin auf über 30 Millionen Tonnen steigen.[148] Im Vergleich mit dem Bedarf allein in Deutschland wird aber klar, dass dies immer noch ein Tropfen auf den heißen Stein der globalen Energiewende sein wird.

Mit Champagner fahren oder heizen? Wohl eher nicht.

Noch aussichtsloser scheint das Unterfangen, den Verkehrssektor flächendeckend auf Wasserstoff umzustellen. Dass das aus Sicht von Effizienz und Kosten keinen Sinn machen würde, haben wir bereits in Kapitel 3.5 gesehen. Spielen wir die Zahlen dennoch einmal durch: Allein der deutsche Pkw-Verkehr verschlingt aktuell etwa 300 Terawattstunden Endenergiebedarf jährlich. Das ist das 20-Fache der heutigen Wasserstoffproduktion weltweit und damit das 2.000-Fache der weltweiten »grünen« Wasserstoffproduktion. Nur für deutsche Pkw. Von zusätzlichen Mengen für ohnehin irrsinnig teures Heizen mit Wasserstoff fange ich gar nicht erst an.

Wasserstoff wird nur dort eingesetzt, wo er sein Geld wert ist

Neben den Kosten ist es also selbst auf Sicht von 25 Jahren die mangelnde Verfügbarkeit, die »Champagner für jeden Anlass« verbietet. Wir werden ihn dringend genug benötigen zur Dekarbonisierung industrieller Prozesse und derjenigen Verkehrssektoren, die sich schlecht elektrifizieren lassen. Auch aus marktlicher Logik kann nur das der Weg sein. Aufgrund steigender CO_2-Preise werden die fossilen Alternativen zu Wasserstoff und grünen Synthesekraftstoffen immer teurer. Industrie, Flug- und vermutlich Schiffsverkehr sowie die Residualkraftwerke für Dunkelflauten werden den leichter zu elektrifizierenden Anwendungen die knappen Wasserstoffmengen einfach zum höheren Preis wegkaufen. Denn der Flieger will fliegen und hat keine Alternative. Wer heizen oder Pkw fahren will, kann auf ohnehin viel billigeren Strom ausweichen.

Auch Champagner kann man noch veredeln

Zur Ergänzung sei erwähnt, dass nicht nur grüner Wasserstoff als klimaneutraler Energieträger für die genannten Anwendungen genutzt werden wird. Wasserstoff ist das kleinste Atom im Periodensystem der Elemente und hat eine geringe Energiedichte. Es ist daher besonders schwer über weite Strecken zu transportieren. Sowohl für den Transport als auch die spätere Nutzung in energetischen Anwendungen kann Wasserstoff daher weiter veredelt werden zu synthetischen Gasen und Kraftstoffen. Ammoniak oder Methanol als flüssige Energieträger sind hier aussichtsreiche Kandidaten. Natürlich verursacht die weitere Veredelung des Wasserstoffs zusätzliche Kosten und Verluste. Der Champagner wird dadurch noch exquisiter und erst recht denjenigen Anwendungen vorbehalten bleiben, die keine rein elektrische Alternative haben.

AUF DEN PUNKT

- Ohne Moleküle als chemische Energiespeicher wird Klimaneutralität nicht erreichbar sein.
- Grüner Wasserstoff und erst recht aus ihm gewonnene Synthesekraftstoffe und -gase sind teuer. Ihre Herstellung benötigt hohe Investitionen in die Herstellungsanlagen und viel grünen Strom.
- Grüner Wasserstoff wird bisher kaum hergestellt und selbst bei hochdynamischem Ausbau werden auch in 10 und 15 Jahren die Mengen kaum reichen, um allein die schwer zu dekarbonisierenden Anwendungen wie Fernflüge und Teile der Industrie zu versorgen.
- Fahren oder Heizen mit Wasserstoff wäre viel zu teuer und wird sich im Wettbewerb gegen die um Vielfaches billigere Nutzung von Strom nicht durchsetzen.
- Im Stromsektor dürfte die Überbrückung längerer Dunkelflauten das vorrangige Einsatzgebiet für grünen Wasserstoff sein.
- Innovation und Skalierung bei Batterien und elektrischen Industrieprozessen erfolgt gerade schneller als beim Wasserstoffhochlauf. Sie werden ihn vermutlich aus weiteren Anwendungsfeldern verdrängen. Im Ergebnis werden im Jahr 2045 vermutlich weniger Moleküle eingesetzt werden, als heute angenommen.

5.4 Das Ignorieren von Zeit und Wettmachen vertaner Chancen

Stellen Sie sich vor, Sie kommen aus München und wollen sich mit Berliner Freunden im schönen Hamburg treffen. Zwei Gruppen aus zwei verschiedenen Orten mit demselben Ziel. Aber schon hinter Nürnberg tobt Ihr Beifahrer, dass Sie ja erst in Nürnberg sind. Erst in Nürnberg! Ganz klar: Die Reise ist gescheitert! Sonst wären wir ja schon längst am Ziel. Die aus Berlin stellen das viel klüger an. Die haben schon die halbe Strecke geschafft! Wir müssen sofort die Route ändern! Oder?

So in etwa verläuft jedenfalls eine beliebte Diskussion in sozialen Medien. Der zufolge würden die höheren CO_2-Emissionen des deutschen im Vergleich zum französischen Strommix belegen, dass die Energiewende hierzulande gescheitert sei und nur mit Atomkraftwerken ausreichend klimaneutraler Strom erzeugt werden könne. Und tatsächlich sind die spezifischen CO_2-Emissionen einer deutschen Kilowattstunde Strom mit etwa 380 Gramm CO_2 im Jahr 2023 ein Vielfaches höher als die etwa 55 Gramm CO_2 einer französischen Kilowattstunde. Doch wer so schlicht auf die Augenblickswerte von Kennzahlen ganzer Volkswirtschaften blickt, übersieht das Wichtigste: In jedem Land besteht das Hier und Jetzt aus einer Vielzahl historisch getroffener Entscheidungen und geografischer Gegebenheiten. Die einen fahren eben aus München los, weil sie vor Jahrzehnten entschieden haben, dort ihren Lebensmittelpunkt einzurichten – und die anderen aus Berlin. Die damaligen Gründe für die jeweilige Entscheidung kann man heute für richtig oder falsch halten – doch das ändert nichts an der heutigen Wirklichkeit. Und so sagt auch die aktuelle Klimaintensität von Strom in Deutschland und Frankreich viel über die Entwicklungen der letzten 50 und mehr Jahre, aber wenig über die aktuellen Handlungsoptionen oder den aktuellen energiepolitischen Kurs.

Wo wir heute stehen, sagt mehr über unser Gestern als über die Zukunft

Deutschland ist historisch begründet aufgrund seiner großen Kohlevorkommen und der starken Schwerindustrie mit einem hohen Kohlestromanteil ins Rennen gestartet. Entsprechend prägte die Kohleverstromung den deutschen Strommix bis Anfang der 2010er-Jahre mit Anteilen über 50 Prozent. Doch sowohl vor als auch nach der Wende wurden schrittweise Entscheidungen getroffen, besonders alte und ineffiziente Kraftwerke stillzulegen oder zu ertüchtigen, sodass der spezifische CO_2-Ausstoß pro erzeugter Kilowattstunde aus Kohle sank. Es wurde mit dem Einstieg in den Ausbau der erneuerbaren Energien Anfang der 2000er implizit die historische Entscheidung getroffen, die Kohleverstromung per se herunterzufahren. Eine genutzte Chance: Die seit dem Jahr 1990 auf diesem Weg erreichte Entwicklung ist hocherfreulich. Die genannten durchschnittlich 380 Gramm CO_2 pro Kilowattstunde des deutschen Strommixes entsprechen nur noch der Hälfte des Wertes unmittelbar nach der Wende. Dieser betrug damals über 760 Gramm CO_2 pro Kilowattstunde Strom. Man sieht aber auch, wie lange der Umbau von Infrastruktur dauern kann. Immerhin reden wir über einen Zeitraum von 35 Jahren. Natürlich wurden zeitgleich CO_2-arme Atomkraftwerke in Deutschland abgeschaltet – in Spitzenjahren lieferten die immerhin gut halb so viel Strom wie die deutschen Kohlekraftwerke. Und natürlich wäre auch der Ausbau der erneuerbaren Energien schneller gegangen, haben wir auf diesem Weg zahlreiche Chancen liegen lassen. Aber ob der eine dies als vertane Chance bewertet oder die andere jenes: Infrastruktur ist träge. Vertane Chancen aufzuholen ist ungleich anstrengender und teurer als der schrittweise Umbau im Rahmen ohnehin notwendiger Neubauten oder Reparaturen – und oft auch schlicht unmöglich. Heute etwas zu entscheiden, was vor 20 Jahren vielleicht sinnvoll gewesen wäre, bringt uns nicht näher ans Ziel. Im Gegenteil: Es kann neue Umwege bedeuten über lange politische Debatten, Planungs- und Bauzeiträume, astronomische Abschreibungs- und Investitionsbedarfe etc.

Bei Infrastruktur gilt wie beim Klima: Ist ein »Point of no Return« erst überschritten, bleibt nur der Blick nach vorn. Für den Umbau unserer Energiesysteme bedeutet das, den grundsätzlich eingeschlagenen Weg mit mehr Tempo zu fahren und erkennbaren Hindernissen frühzeitig auszuweichen. Wer mal eben umdrehen und trotzdem bis 2045 klimaneutral sein will, landet in einem logischen Paradoxon. Es bedürfte die Fähigkeit von Zeitreisenden, erst nach München zurückzufahren, um von dort über eine andere Autobahn schneller nach Hamburg zu gelangen.

Manche vertane Chance kann sich sogar als Glück erweisen

Für Frankreich sieht daher die Reise zur Klimaneutralität grundsätzlich anders aus als für Deutschland. Dort wurde auch nach den 1970er- und 1980er-Jahren an der Entscheidung festgehalten, Strom ganz wesentlich in Atomkraftwerken zu erzeugen. In den 2010er-Jahren lag ihr Beitrag zur Stromproduktion bei knapp 80 Prozent. Doch weder können wir französische Verhältnisse sozusagen nach Deutschland beamen, noch ist ausgemacht, dass Frankreich nicht bald die verpassten Chancen einer früheren Diversifizierung seiner Stromerzeugung bitter bereuen wird. Denn nicht ohne Grund mahnt der französische Rechnungshof an, aufgrund der explodierenden Kosten und Zeitpläne alle AKW-Neubauvorhaben zu überprüfen.[149] Und auch in Frankreich gelten die Grundlagen der Energieökonomie aus Kapitel 3.6. Mit zunehmendem Ausbau der günstigsten Stromerzeugungsquellen Wind und Sonne sinkt auch die Auslastung französischer Atomkraftwerke und steigen damit ihre spezifischen Stromerzeugungskosten. Der Weg aus dieser Kostenfalle heraus ist ungleich schwieriger als der deutsche. Während wir nicht mehr benötigte Grundlastkraftwerke auf Basis von Braunkohle einfach abschalten können, werden französische Grundlast-AKW mangels Alternative immer mehr zu zwar klimaneutralen, aber immer teureren Mittel- und Spitzenlastkraftwerken. Und der Staatskonzern EdF, der für die gesamte Stromversorgung des Landes steht, ist schon jetzt mit etwa 60 Milliarden Euro überschuldet. Wäre die EdF kein Staatskonzern, wäre sie längst pleite. In diesem Sinne scheint Frankreich viel stärker in seinen historischen Entscheidungen gefangen, als das in Deutschland der Fall ist. Vielleicht ist es ja gut, dass wir diese Chance verpasst haben?

Der ultimative Chancen- und Risiken-Radar? Vom Ende her denken!

Verpassten Chancen nachzuweinen – oder schlimmer noch: hinterherzulaufen –, ist bei Infrastrukturentscheidungen also kein guter Rat. Dass Deutschland sich sehenden Auges in die Abhängigkeit von russischem Gas begeben hat, anstatt auf frühzeitige Modernisierung von Energieversorgung und Industrie zu setzen, ist ebenso vergossene Milch wie der Dieselskandal und der (fast) verpasste Anschluss der deutschen Automobilindustrie an den globalen Trend der Elektromobilität. In die Zukunft geht es nur vorwärts, nicht rückwärts.

Doch lernen kann man aus verpassten Chancen zwei Dinge: Erstens, dass Energie, Infrastruktur und erst recht Klimaschutz langfristig und strategisch gedacht werden müssen. »Vom Ende her«, wie man so sagt. Und vom Ende her gedacht ist klar, dass die Physik der Menschheit und auch Deutschland einen immer härteren Klimaschutz aufzwingen wird. Je stärker und näher die Einschläge von Extremwettern, Dürren oder Migrationsbewegungen kommen, desto schneller werden selbst die bestorganisierten Beharrungskräfte in die Defensive geraten und der klimaneutrale Umbau vorangetrieben werden.

Zweitens kann man aus verpassten Chancen lernen, dass die finanziellen und gesellschaftlichen Kosten überproportional steigen, wenn man auf Absehbares nicht oder zu spät reagiert. Natürlich könnte man auch nach 2035 weiter Verbrennungsmotoren oder Gasheizungen verkaufen. Doch vom Ende eines klimaneutralen Deutschlands her gedacht bedeutet das eben, dass die im Jahr 2045 nach nur zehn Jahren Nutzung verschrottet werden müssen. Warum also sollte man diesen Weg überhaupt erst einschlagen und die Chance ziehen lassen, das Geld von vornherein in nachhaltige Strukturen zu investieren?

AUF DEN PUNKT

- Wo die Länder auf ihrem Weg zur Klimaneutralität heute jeweils stehen, sagt mehr über ihre historischen Entscheidungen und geografischen Gegebenheiten als über die aktuelle Politik.
- Deutschland, das historisch auf Kohleverstromung gesetzt hatte, konnte seine spezifischen CO_2-Emissionen je Kilowattstunde Strom nach der Wende bereits um 50 Prozent reduzieren.
- Frankreich, das historisch auf Atomkraft gesetzt hat, könnte zukünftig seine späte Diversifizierung des Strommixes noch bereuen, da der Ausbau von Wind- und Solarenergie die Auslastung der Atomkraftwerke reduziert und so deren Strom spezifisch weiter verteuert.
- Der Umbau von Infrastrukturen ist träge. Er muss vom aktuellen Status ausgehend und »vom Ende her« gedacht werden. Ein Zurückholen vor langer Zeit getroffener historischer Entscheidungen funktioniert nicht.

KAPITEL 6

WAS FEHLT? AUF DAS RICHTIGE MINDSET KOMMT ES AN!

So trübe der Blick auf den zäh voranschreitenden Klimaschutz oder auf geopolitische Rückschläge auch stimmen mag: Die technischen Zutaten für die neue Energiewelt, zum Bau eines klimaneutralen, bunten und nachhaltigen Wimmelbilds sauberer Energienutzung haben wir längst. Die weltweite Energierevolution ist in vollem Gang. Wir können Strom sauber und günstig herstellen, können ihn immer billiger speichern, in immer mehr Anwendungen effizient nutzen, damit immer weiter und billiger fahren, komfortabel heizen und sogar Stahl kochen …

Die wenigen noch fehlenden Elemente für 100 Prozent erneuerbare Energieversorgung wird diese Revolution in den nächsten Jahren selbst hervorbringen. Denn große Teile der weltweiten Wirtschaft und einige weitsichtige Staatsregierungen haben verstanden, was es heißt, ihre eigene Entwicklung vom Ende her zu denken: dass die Dekarbonisierung unserer Energieversorgung so oder so stattfinden wird, ebenso die unserer Mobilität und unserer Industrie. Und dass das Tempo des Umbaus immer weiter steigt, weil das Klima uns mit immer härteren Schlägen antreiben wird. Bereits heute bewegen diese Aussichten und die täglichen Preissignale an vielen Märkten immer größere Mengen Kapital in die richtige Richtung. Wirkmächtige Industriemechaniken aus Skalierung und Innovation verhelfen »Cleantech« zum Siegeszug, trotz und entgegen den noch immer gigantischen Marktverzerrungen zugunsten der Verbrennung fossiler Energie.

Technisch und ökonomisch scheint der Weg voraus also klar. Die knappe Zeit macht ihn anspruchsvoll, aber er ist gangbar. Das Ziel »Klimaneutralität 2045« ist auf ihm erreichbar. Die verbliebenen Hindernisse – von den immer noch massiven Beharrungskräften der Verlierer über schlecht vorbereitete Verteilnetze bis hin zu erheblichen Finanzierungsbedarfen zur Modernisierung unserer Infrastrukturen – sind hausgemacht. Daher haben wir es auch selbst in der Hand, diese aus dem Weg zu räumen und die Dynamik der laufenden Industrierevolutionen weiter zu erhöhen und für uns selbst als Wirtschaftsstandort nutzbar zu machen.

Doch allein die technische und ökonomische Fähigkeit, ein Ziel zu erreichen, reicht nicht, um tatsächlich rechtzeitig und wohlbehalten anzukommen. Eine lange und in Teilen auch anstrengende Reise wie diese braucht mehr: einen gemeinsamen Konsens, wie noch unbekannte Gegenden auf unserem Weg erkundet werden und die Route bei Bedarf effizient angepasst werden kann. Dazu die richtige innere Haltung, die Fähigkeit, Erfolge zu feiern und aus Fehlern zu lernen anstatt vor der Komplexität der Aufgabe zu erstarren und notgedrungen entstehende Fehler vor allem als Anlass für Häme und Spott zu verstehen. Und allem voran: die Lust auf Zukunft. Die Freude und die Neugierde darauf, Schritt für Schritt tatsächlich voranzugehen, und zu wissen, dass es sich lohnt. Worauf wir dabei sicher vertrauen können, ist die Innovationskraft der Menschen und Unternehmen. Und die Tatsache, dass wir Menschen immer unterschätzen, wozu wir eigentlich in der Lage sind. Wenn Menschen von einer positiven Zukunft überzeugt sind und Unternehmen Geld mit ihr verdienen können, kann sich niemand diesem Sog entziehen. So wie wir diesem Wissen vertrauen können, dürfen wir eines im Gegenzug nicht tun: aus dem Hier und Jetzt heraus jeden Schritt bis 2045 haarklein planen wollen. Dafür ist die Aufgabe zu komplex, wird unterwegs zu viel passieren, werden sich neue Wege auftun und geplante verschließen. Wir brauchen weniger eine genaue Routenplanung als vielmehr eine Einigung darauf, wohin wir wollen, nach welchen Prinzipien wir unterwegs das Steuerrad drehen und innerhalb welcher Leitplanken wir dabei in jedem Fall bleiben wollen und müssen.

6.1 Denken in Leitplanken – kompliziert ist einfach und komplex ist kompliziert

Wir bräuchten viel mehr und konkretere Planung, bevor wir wirklich in die neue Energiewelt aufbrechen können. So lautet ein gängiger Einwand gegen ein zügiges Voranschreiten bei Modernisierung und Umbau unserer Infrastruktur und Wirtschaft. Und es stimmt ja: Eine Volkswirtschaft ist mehr Tanker als Schnellboot. Allzu große Unsicherheit und häufige Kursänderungen kann man sich da nicht leisten. Daher, so das Argument, braucht es eben eine präzise Routenplanung, um einen solchen Tanker durch schwieriges Gewässer mit Meeresengen und Untiefen sicher an sein Ziel zu bringen. Schließlich könnte jede Überraschung zur schweren Havarie führen. Und mal eben umdrehen geht nicht. Also gelte es, erst gute (Unter-)Seekarten zu erzeugen, alles genau zu vermessen und dann zu planen, wie sich die eigene Volkswirtschaft zum Ziel durchschlängeln lässt. Natürlich bedeutet das bei einer langen, komplizierten und kostspieligen Route eben viel Planungsvorlauf. Übertragen auf Energie- und Mobilitätswende, so die Forderung, bräuchten wir erst eine viel detailliertere Strategie. Oder besser noch einen Masterplan, bevor die Reise weitergehen kann. Die in einigen Bereichen erkennbaren Ineffizienzen der deutschen Energiewende, die überschießende Solareinspeisung, der (zu hoch) angenommene Netzausbaubedarf etc. wären schließlich mit mehr Plan und Vorbereitung vermeidbar gewesen.

Doch nicht nur hätten wir die Zeit nicht mehr für eine solche Art der Routenplanung, in der wir erst minutiös die Transformationspfade, Anreizsysteme und Regulierungsumfelder für das hochvernetzte Zusammenspiel von Strom-, Wärme- und Mobilitätssektor in einer föderalen Demokratie ausarbeiten und aushandeln. Das Problem ist größer: Zu viel Planung wäre als Methode selbst zum Scheitern verurteilt.

Warum das so ist, erklärt das sogenannte »Cynefin«-Framework. Es stammt aus der Komplexitäts- und Organisationsforschung. Der Begriff »Cynefin« kommt aus dem Walisischen und bedeutet »Lebensraum« oder »Habitat«. Er soll verdeutlichen, dass Organisationen und Menschen sich in unterschiedlichen Kontexten bewegen und bei verschiedenartigen Aufgaben nur verschiedenartige Herangehensweisen zum Erfolg führen. Masterpläne sind dabei nicht für alle Arten von Aufgaben die richtige Antwort. Grundsätzlich unterscheidet Cynefin zwischen vier verschiedenen Arten von Aufgaben, die Menschen oder Organisationen zu lösen haben:

Einfache Aufgaben lösen wir automatisiert oder durch Abgucken

»Einfache Aufgaben« haben sich wiederholende Muster und klare Ursache-Wirkungs-Beziehungen. Wir lösen sie schnell und oft sogar automatisiert über Erfahrungswissen. Wenn Sie ihre Haustür aufschließen oder Nudeln kochen, kennen Sie die notwendigen Schritte im Schlaf und werden kaum Überraschungen erleben, die Sie zum Nachdenken zwingen. Bei einfachen Aufgaben, die für Sie neu sind, können Sie sich ohne großes Vorwissen bekannte »Best Practice«-Lösungen abgucken. Der Mensch lernt durch Nachmachen.

Komplizierte Aufgaben brauchen Experten und analytisches Denken. Mehr nicht.

»Komplizierte Aufgaben« haben da schon einen anderen Charakter: Sie erfordern Spezialwissen. Es gibt zwar klare Beziehungen zwischen Ursache und Wirkung, aber die sind nicht unmittelbar ersichtlich. Machen Sie Ihre Steuererklärung selbst? Wenn ja, haben Sie sich (hoffentlich) das notwendige Wissen verschafft. Vielleicht entgehen Ihnen aber auch einige Sachverhalte, die einem Steuerberater als Experten bekannt wären. Auch bei komplizierten Aufgaben gibt es »good Practice«, also gute Vorgehensweisen, die man kopieren kann. Aber sie müssen erst erarbeitet werden. Wie? Durch Lernen des erforderlichen Spezialwissens und analytisches Denken. Die gute Nachricht: Ein so entwickelter Masterplan für komplizierte Aufgaben kann funktionieren.

Komplexe Aufgaben brauchen Lern- und Anpassungsfähigkeit

Anders ist das bei »komplexen Aufgaben«. Bei denen gibt es ein ganzes Geflecht von Wechselwirkungen und Zusammenhängen, die noch unklar und schwer vorhersagbar sind. Die meisten kennen das aus der eigenen Familie, dem Sportverein oder vom Arbeitsplatz: Versuchen Sie da mal, eine ganze Gruppe per Schritt-für-Schritt-Masterplan auf ein neues Ziel oder ein gänzlich ungewohntes Vorgehen einzuschwören. Ich meine nicht die Wiederholung eingeübter Muster à la »Wollen wir dieses Jahr wieder …?«, sondern eine wirklich bedeutende und grundlegende Änderung. Die Abschaffung einer Ihnen lästigen Tradition zum Beispiel, die anderen aber ans Herz gewachsen ist. Oder der Neuaufbau einer Zusammenarbeit mit anderen Vereinen oder Unternehmen. Egal wie gut Sie Ihre Mitmenschen oder Partner kennen, Sie werden tastend vorgehen, Motivationen erfragen, Argumente ausprobieren und anpassen. Lern- und Anpassungsfähigkeit sind die Gebote der Stunde. Wenn es gut läuft, erreichen Sie nicht nur Ihr Ziel, sondern erkennen auf dem Weg dahin Muster, die Sie für zukünftige Veränderungsprozesse wieder nutzen können. Wenn Sie hingegen zu Beginn Ihren Masterplan vorlegen und sagen »Alle mal herhören, so machen wir's«, werden Sie Schiffbruch erleiden, ganz egal, wie durchdacht und stichhaltig Ihr Plan tatsächlich ist.

Chaotische Aufgaben: erst Gefahr und Schaden abwehren, dann neue Pläne machen

Die vierte Kategorie im Cynefin-Framework ist die »chaotische Aufgabe«. Die bricht völlig überraschend über Sie herein, fordert schnelles Handeln und löst zunächst Verunsicherung aus oder gar Panik. Der klassische Wasserrohrbruch, der zum Glück heutzutage kaum noch auftritt, wäre so ein Beispiel. Oder ein Unfall, der ihre Anreise in den Urlaub vereitelt. Auf volkswirtschaftlicher Ebene hat Deutschland mit der

Energiekrise aufgrund des Angriffs Russlands auf die Ukraine gerade erfolgreich eine solche Aufgabe gelöst. Als Erstes gilt es, akute Gefahren abzuwehren und den Schaden zu begrenzen. Danach können Sie in Ruhe nachdenken, wie es dazu kommen konnte und wie es nun weitergeht. Im Chaos verlieren alle schönen Pläne und entfernteren Ziele einen Augenblick lang ihre Bedeutung. Danach geht's weiter wie geplant – oder ganz anders. Was auch immer Sie Ihrem Ziel wieder näherbringt.

Wirtschaftstransformation? Komplexes Thema ...

Welcher Typ Aufgabe ist es nun, eine ganze Volkswirtschaft umzubauen, ihre Infrastruktursysteme zu modernisieren, alte Geschäftsmodelle zu beenden und neue möglich zu machen? Über Jahrzehnte wohlgemerkt – und in einer Demokratie? Wäre die Energiewende nur kompliziert, könnte man tatsächlich einen Expertenrat bitten, einen Masterplan zu entwickeln. Der würde dann Schritt für Schritt in Recht und Regulierung umgesetzt und in 20 Jahren wären wir am Ziel. Doch so einfach ist es eben nicht. Die Energiewende ist komplex und damit viel komplizierter als nur kompliziert.

Dazu nur zwei Aspekte von vielen: Wirtschaft und Technologie leben von Innovation. Wir haben gesehen, dass deren Geschwindigkeit gerade im Energie- und Mobilitätssektor seit Jahren atemberaubend ist und systematisch unterschätzt wird. Mit Blick nach vorn kommen Entwicklungen wie KI hinzu: völlig unkalkulierbar, welche Möglichkeiten uns die zukünftig beschert – oder welche Einschränkungen, Energiebedarfe etc. Welche Speichertechniken werden wir in welchem Mix in 20 Jahren einsetzen? Welche genauen Kosten für Energieerzeugung und Verteilung werden wir dann sehen und welches Marktdesign sendet seine Preissignale in den Markt? Wie wirken die Entwicklungen im Strom-, Wärme- und Mobilitätssektor aufeinander? Welche aus heutiger Sicht verrückt klingenden Geschäftsmodelle werden sich daraus ergeben und bald neue Normalität sein? Brauchen wir in den Wohngebieten überall Ladesäulen für Elektroautos oder fahren die Autos autonom zu Ladezentren? Alles ist im Fluss. Es gibt viele Unbekannte und viele Ideen – aber kaum präzise Antworten.

Auf unserer Reise zwischen heute und einer klimaneutralen Wirtschaft im Jahr 2045 liegt technologisch und marktlich also viel unbekanntes Gewässer. Wie wollte man da auch nur eine Seekarte, geschweige denn eine Masterplan-Reiseroute erstellen? Stellen Sie sich vor, Sie programmieren dem Navigationssystem Ihres Schiffes eine bestimmte Route zu Ihrem Ziel ein und drücken auf »Start«. Dann legen Sie sich in die Kajüte und warten, bis Sie angekommen sind. Ganz sicher, dass das klappt?

Gesellschaftliche Dynamiken? Noch komplexer …

Doch schlimmer noch: Ihre Wunschroute würde so erst gar nicht ausgeführt. Denn wer kann schon alle gesellschaftlichen Reaktionen ausrechnen und einplanen, die auf dem Weg ausgelöst werden? Die der von jeder Veränderung betroffenen Menschen und Unternehmen oder gar die von deren Interessenverbänden, Lobby-Gruppen und im verborgenen agierenden Netzwerkstrukturen? Mit jeder Gesetzesänderung werden neue Anreize geschaffen – deren Ursache-Wirkungs-Verhältnis ist nie genau kalkulierbar. Schon gar nicht mit 20 Jahren Vorlauf. Und erst recht nicht in einer föderalen Demokratie. Mit anderen Worten: Während Sie in der Kajüte liegen, greift ständig irgendwer ins Steuerrad. Und selbst an Deck könnten Sie übergriffige Mitreisende nicht immer abwehren.

Sowohl die Macht der Innovationen als auch die sozialen Dynamiken komplexer Gesellschaften lassen also jeden Versuch einer detaillierten Masterplanung scheitern. Doch wenn das »Wie« unserer 20-jährigen Reise in die neue Energiewelt sich unter diesen Umständen heute nicht genau festlegen lässt, wie kann dann überhaupt Politik gemacht und Veränderung gestaltet werden?

Die Lösung: Shape Patterns, not Programs

Für eine so große Veränderung brauchen wir ein zwar nur sehr grobes, aber mehrheitlich getragenes Orientierungs- und Entscheidungsmodell. Eine Art Generationenvertrag, der uns über Jahrzehnte und viele Legislaturperioden hindurch trägt und innerhalb fester Leitplanken laufend das nächstbessere »Wie« herausfinden lässt. »Shape patterns, not Programs« wäre hier der passende Leitspruch.

Damit das funktioniert, müssen wir ein Minimum an gemeinsamem »Was« benennen und übergreifend in Wirtschaft und Gesellschaft verankern. Sozusagen den 20 Jahre entfernten Leuchtturm, der uns laufend daran erinnert, was wir erreichen und in welchem Land wir im Jahr 2045 leben wollen. Klimaneutralität 2045 gehört dazu, ebenso wie andere wichtige im Grundgesetz verankerte Ziele und Regeln. Aber auch gesellschaftliche Werte wie Respekt, Fairness und Gerechtigkeit sollten zum Zielbild gehören. Das mag nach Wunschdenken klingen. Doch wir müssen uns klarmachen: Nur wenn dieser Leuchtturm auf festem Grund steht und für die Mehrheit das tatsächliche Wunschziel markiert, können wir die Gesellschaft an Bord halten. Trotz zwischendurch auftretender Hindernisse und neuer Ideen, sinnvoller oder von außen aufgezwungener Kursänderungen.

Erster Schritt: gemeinsame Wirklichkeit und Werte anerkennen

Um das zu schaffen, müssen alle demokratischen Parteien sich mindestens auf die Wirklichkeit der beschriebenen Zusammenhänge und industriellen Umwälzungen und des Klimawandels einlassen. Was bringt es, mit wohlklingenden Forderungen nach »Technologieoffenheit« Entscheidungen künstlich offenhalten zu wollen, die nichts mit der technologischen und marktlichen Wirklichkeit zu tun haben – wie das Heizen mit Wasserstoff beispielsweise? Und natürlich müssen alle demokratischen Parteien mindestens auf die verbindenden Werte unseres Grundgesetzes bauen, Gerechtigkeit, sozialer Ausgleich und Freiheit inklusive. Dann ergibt sich schon sehr viel an gemeinsamer Zielstellung und gemeinsamen Leitplanken, mit denen wir gut durch die Veränderungen der nächsten 20 Jahre navigieren können. Trotz aller Komplexität und Unvorhersehbarkeit. Einen solchen Rahmen zu entwickeln und überparteilich zu verankern, wäre eine mögliche Aufgabe für einen Expertenrat. Aber eben nicht die Entwicklung eines Masterplans. Dass es gelingen kann, einen solchen Rahmen zu entwickeln und über Jahrzehnte und viele Regierungswechsel hinweg den energiepolitischen Kurs eines Landes in klaren, langfristig gedachten Bahnen zu halten, zeigen die Länderbeispiele in Kapitel 6.3.

Leitplanken schaffen Berechenbarkeit – auch ohne Masterplan

Nur so bekommen wir unsere lange Reise übrigens unter Wahrung einer wichtigen und sehr berechtigten Forderung der Wirtschaft hin: Berechenbarkeit. Nichts ist schädlicher als Überraschungen. Und die minimieren wir auf unserer langen Reise durch unbekannte Gewässer durch klare Ziele und Leitplanken. Denn natürlich werden wir unterwegs neue Erkenntnisse, Ideen, Hindernisse und Überraschungen sehen. Die Reaktion darauf, auch in Form von Gesetzesanpassungen, ist mit gemeinsamen Zielen und Leitplanken aber wieder in einem Mindestmaß berechenbar. Mit Verweis auf den gemeinsamen Rahmen können Wirtschaft und Gesellschaft dann auch wieder in die geänderte Richtung mitgenommen werden.

Insofern ist es nicht nur erstaunlich, sondern extrem schädlich, dass die Öffentlichkeit heute einer Kakofonie in sich widersprüchlicher politischer Erzählungen ausgeliefert ist, die nicht einmal das notwendige Mindestmaß an gemeinsamer Wirklichkeit erfüllen. Die deutsche Automobilindustrie leidet unter einer politischen Präferenz für Elektromobilität? Oder doch eher unter dem verpassten Anschluss an die Entwicklung und dem Verlust von Marktanteilen an neue chinesische Wettbewerber? Klimaneutralität 2045 ohne Wärmewende und Elektrifizierung im Vollsprint? Hat die letzten Jahrzehnte nicht funktioniert und wird es auch in der Zukunft nicht. Also gegen anstrengende Veränderungen anreden und die kognitive Dissonanz zu den gleichzeitig vor sich hergetragenen Zielen einfach aushalten? War die letzten Jahrzehnte nicht gesund und wird es auch in der Zukunft nicht sein. Das Gestern zu verklären und der Beharrung das Wort zu reden, macht Populisten stark, nicht aber Deutschland.

Unsere politische und mediale Kultur scheint heute zu sehr um das Suchen von Schuldigen und als zweite Seite dieser Medaille um das Verschweigen von Wirklichkeit, das Schönreden oder Vertuschen von Fehlern. Wir müssen die Kraft aufbringen, den politischen und medialen Raum wieder mit dem Ringen um den besten Weg zu füllen, mit Analysen, Argumenten und Lösungen – in der gemeinsamen, faktischen Wirklichkeit.

Die Alternative? Unordnung und Rückzug zerstören die eigene Handlungsfähigkeit

Was passiert also, wenn wir es nicht schaffen, uns auf einen gemeinsamen Orientierungs- und Entscheidungsrahmen zu verständigen, einen »Generationenvertrag Energiewende« mit groben Zielen und Leitplanken? Wenn die Versuchung zu groß ist, sich politisch vom anderen abzugrenzen oder die eigenen Vorteile allzu stark über die Interessen und Teilhabe der anderen zu stellen?

Der Cynefin-Framework kennt eine fünfte Domäne: die »Unordnung«. Alles ist diffus. Niemand kann klar sagen, welche Zusammenhänge überhaupt bestehen, welche Art von Ursache-Wirkungs-Kausalität. In diesem Zustand ziehen sich Menschen in ihre eigene Komfortzone zurück, anstatt Entscheidungen zu fällen. Die Zukunft ereilt einen dann in irgendeiner Form, liegt aber vollständig außerhalb des eigenen Einflussbereichs. Ich befürchte, nennenswerte Teile unserer Gesellschaft befinden sich bereits in diesem Zustand. Nicht zufällig und nicht nur aus Überforderung in Anbetracht der vielen Veränderungen auf der Welt und in unserem Leben. Sondern auch als Ergebnis erfolgreicher Sabotage und Beharrungsarbeit und ganz im Sinne des weltweit um sich greifenden demokratiefeindlichen Populismus.

AUF DEN PUNKT

- Die Organisations- und Komplexitätsforschung unterscheidet zwischen unterschiedlichen Arten von Aufgaben, die verschiedene Vorgehensweisen zur Lösung erfordern: einfache, komplizierte, komplexe und chaotische Aufgaben.
- Umbau und Modernisierung einer ganzen Volkswirtschaft ist eine komplexe Aufgabe. Sowohl die Macht von Innovation als auch soziale Dynamiken von Demokratien lassen den Versuch, eine genaue Routenplanung bis 2045 in Form eines »Masterplans« aufzubauen, scheitern.
- Nur ein gemeinsames, gesellschafts- und parteiübergreifendes Gerüst aus Zielen und Leitplanken für zukünftig erforderliche Entscheidungen und Richtungsänderungen erlaubt es, trotz der Trägheiten einer Volkswirtschaft und des Bedarfs an Verlässlichkeit dieses Ziel überhaupt sicher zu erreichen.
- Gelingt dies nicht, droht ein Zustand der Unordnung, des Rückzugs der Menschen in eigene Komfortzonen und die Unfähigkeit einer Gesellschaft, überhaupt noch Grundsatzentscheidungen zur positiven Zukunftsgestaltung zu fällen.

6.2 Eine neue Management- und Fehlerkultur

Die beschriebenen Ergebnisse aus der Komplexitätsforschung haben viele der größten Unternehmen der Welt längst in ihren Führungs- und Management-Alltag übersetzt. Sie steuern ihre gesamte Organisation, also die strategische und operative Ausrichtung von Zehntausenden Mitarbeitern, nach der im vorigen Kapitel beschriebenen Logik. Als etwas Lebendiges, nicht als etwas Starres und genau Planbares.

Das wichtigste Management-Framework ist dabei »Objectives and Key Results«, abgekürzt OKR. In dieser und ähnlichen Methoden werden die langfristige Unternehmensvision und konkrete strategische Ziele für jeden Unternehmensbereich, jede Abteilung etc. auf ausreichend kleine, umsetzbare und messbare Häppchen heruntergebrochen und zwischen allen Einheiten abgestimmt. Nicht nur von oben nach unten, sondern iterativ auch von unten nach oben. Denn wer wüsste besser, welche nächsten Entwicklungsschritte und Verbesserungen einem (Teil-)Ziel am effektivsten näherbringen, als die jeweiligen Mitarbeiterinnen und Mitarbeiter? Und wer führt gern nur aus, was irgendwer ganz oben sich überlegt hat, ohne selbst den Sinn darin zu erkennen und sich einbringen zu können? Oder was hilft es, wenn ein Team etwas ganz Tolles entwickelt, aber alle anderen Teams in ganz anderen Richtungen oder mit ganz anderen Schwerpunkten unterwegs sind?

Übersetzt in die Welt der Politik und der Modernisierung eines Landes: Was hilft es, wenn Ministerium A ein tolles Konzept entwickelt, Ministerium B aber das Geld dafür blockiert und Ministerium C gleich eine ganz andere Vision von Deutschland hat und ganz andere strategische Ziele verfolgt? Oder wenn Ministerium D den Ausbau sauberer Energie mächtig anschiebt, das für Verkehr verantwortliche

Ministerium aber Verbrennungsmotoren für die Zukunft hält und sich das für den Bausektor verantwortliche Ministerium F bei der Elektrifizierung des Wärmesektors vornehm zurückhält?

Ohne Kohärenz ist viel nichts

In anderen Worten: Nicht nur in Unternehmen, auch bei der Führung eines Landes ist Transparenz und ein Mindestmaß an Kohärenz entscheidend für den Erfolg. Dieser Begriff aus der Physik veranschaulicht, wie wirkmächtig es sein kann, wenn viele sich auf gemeinsame Ziele und Vorgehensweisen einigen. Licht entfaltet beispielsweise ungeordnet (inkohärent) oder geordnet (kohärent) sehr unterschiedliche Wirkung. Ungeordnet können Sie mit einem großen LED-Strahler in Ihrem Garten oder im Wald ganz gut die Nacht zum Tag machen. Gegenstände sichtbar machen. Aber auf Gegenstände einwirken, sie verändern? Geht mit ungeordnetem Licht nicht. Doch wenn Sie dieselbe Menge Licht ordnen, also die Lichtwellen bündeln und in gleichzeitige, kohärente Schwingung versetzen, haben Sie einen Laser gebaut und können ein Stahlblech damit schneiden.

Kohärente Ziele und Vorgehensweisen helfen also, in großen Gemeinschaften große Dinge zu bewegen. Und die ständige Überprüfung der eigenen Vorgehensweise, des konkreten nächsten Schritts in jedem einzelnen Teil der Organisation hilft, auf Änderungen zu reagieren, sich anzupassen und selbst bei notwendigen Richtungsänderungen alle mitzunehmen – und gleichzeitig das große Ziel nicht aus den Augen zu lassen.

Als Management-Methode in Unternehmen wurde OKR in den 1970er-Jahren beim Chiphersteller Intel entwickelt. Die Methode half dem damaligen CEO Andy Grove, das gesamte Unternehmen in atemberaubender Geschwindigkeit umzusteuern und so einen neuen Wettbewerber, der leistungsfähigere Produkte auf den Markt gebracht hatte und dem Marktführer Intel gefährlich zu werden drohte, in Schach zu halten und wieder zurückzudrängen. Heute werden viele Unternehmen mit OKR geführt, darunter nicht nur Softwarefirmen wie Google, Microsoft und SAP, sondern auch Hersteller wie Intel. Auch bei deutschen Herstellern wie Bosch, Daimler und BMW erhalten agile Management-Methoden wie OKR Einzug in immer mehr Unternehmenssparten. Zu Recht, denn auch Welt und Wirklichkeit von Herstellern ist heutzutage hoch komplex und längst nicht mehr nur kompliziert.

Eine Demokratie ist kein Unternehmen – sie kann aber von ihnen lernen

Doch was sind die Gründe, dass Unternehmen sich all die interne Kommunikation, das ständige Einsammeln von Ideen und den Abgleich mit strategischen Zielen, verfügbaren Ressourcen etc. freiwillig antun? Meistens sogar jedes Quartal und über alle organisatorischen Ebenen des Unternehmens hinweg? Was ist der konkrete Gegenwert, der konkrete Vorteil, den man aus all diesen Mühen und diesem zeitlichen Einsatz zieht? Der Erfolg von Methoden wie OKR in der Wirtschaft beruht auf fünf Aspekten:

1. **Transparenz**: Ziele werden offengelegt und für jeden nachvollziehbar gemacht. Jeder ist an Bord und kann sich einbringen.
2. **Fokus**: Wenige, klar priorisierte Ziele sorgen für Orientierung und vermeiden »Nebenkriegsschauplätze«.
3. **Flexibilität**: Regelmäßige (oft vierteljährliche) Überprüfung und Anpassung ermöglicht schnelle Reaktion auf Veränderungen innerhalb und außerhalb.
4. **Alignment**: Alle für eine Aufgabe notwendigen Bereiche (Teams, Abteilungen, Führungskräfte) werden auf gemeinsame Ziele und Zusammenarbeit ausgerichtet.
5. **Motivation & Ownership**: Teams definieren (oder beeinflussen) ihre Ziele aktiv und übernehmen Verantwortung für deren Erreichung.

Natürlich kann und darf ein Land nicht geführt werden wie ein Unternehmen. Auch wenn aktuell amerikanische Unternehmer sich auf den Weg machen, genau das dem amerikanischen Staat anzutun. Das sollten wir in Deutschland unbedingt vermeiden. Aber wäre es nicht gut, möglichst viele dieser fünf Aspekte auch auf Politik und Gesellschaft zu übertragen? Mindestens im Sinne eines neuen Betriebssystems für politische Führung und föderale Ordnung?

Make Facts great again

Ein solches Betriebssystem kann natürlich nur funktionieren, wenn sich alle in derselben tatsachenbasierten Wirklichkeitsbeschreibung treffen. Das gilt für Unternehmen wie für Gesellschaften. Wissenschaft muss ihre Geltung behalten. Nicht nur mit Blick auf den Klimawandel, sondern auch bei der Bewertung möglicher Handlungsoptionen und dem politischen Werben um Mehrheiten. Von Wissenschaft und Technik längst widerlegte Wege wie die genannten Wasserstoffheizungen dürfen nicht als politische Nebelkerzen verwendet werden, so gut und sinnvoll das dafür genutzte Schlagwort »Technologieoffenheit« auch klingen mag. Der politische Streit sollte sich auf Ziele und Maßnahmen beschränken, nicht jedoch parallele Scheinwirklichkeiten konstruieren.

Doch selbst dann fehlt noch eine wichtige, vermutlich sogar die entscheidende Zutat. Das wissen auch Unternehmen, die Methoden wie OKR einführen. Denn in komplexen Welten gibt es nicht die eine richtige Antwort. Übersetzt bedeutet das, dass die Aufgabe des eigenen Führungspersonals nicht darin besteht, alles am besten zu wissen. Sondern aus großen Teams und Strukturen mit unterschiedlichsten Ideen und Interessen die beste Lösung für die gemeinsame Sache zu entwickeln, allen zu erklären und möglichst viele dafür zu gewinnen. Klassisches Patriarchat leistet das nicht. Es braucht eine moderne Führungskultur. Auch in der Politik. Das kollidiert natürlich mit dem Bild des »starken Mannes«, das international und auch in Deutschland gerade wieder Hochkonjunktur hat. Selbst wenn ausnahmsweise eine Frau den starken Mann gibt wie in der populistischen Rechten Deutschlands, Frankreichs und Italiens.

Die Energierevolution braucht eine (Führungs-) Kulturrevolution

In komplexen Welten ist klar, dass jede und jeder auch mal Dinge im Vorhinein falsch einschätzt oder bei der Umsetzung Fehler macht. Oder einfach, dass nach einiger Zeit Dinge korrigiert werden müssen, weil ihre Wirkung zu gering oder zu stark war. Oder weil die Welt sich weitergedreht, der Wettbewerb / andere Länder noch klüger agiert haben etc.

Übersetzt bedeutet das, dass es die gemeinschaftliche Aufgabe aller ist, eine Kultur zu erschaffen, in der das möglich ist. Komplexe Aufgaben kann man nur mit einem Mindestmaß an Agilität lösen. Und Agilität bedeutet eigenes und gemeinschaftliches Lernen, das heißt viel Offenheit und eine gute Fehlerkultur. Neue Ideen müssen eingebracht, ausprobiert und verworfen werden können, ohne an Abwehrreflexen oder persönlichen Vorlieben anderer zu scheitern. Natürlich funktionieren Dinge nicht sofort und reibungslos, gibt es Fehleinschätzungen oder treten Rückschläge ein. Aber was ist wirklich gut an dem, was wir gerade machen – unabhängig davon, wer das erdacht oder eingeführt hat? Was müsste besser laufen? Unsere deutsche Fehlerkultur hat da erheblichen Update-Bedarf. Denn natürlich entstehen überall und ständig auch Fehleinschätzungen und Fehler – erst recht bei einem 20-jährigen Umbau eines ganzen Energiesystems der viertgrößten Volkswirtschaft der Welt. Doch heute werden Fehler und Rückschläge vor allem als individuelle Verfehlung oder gar persönliche Schande gesehen und maximal sichtbar öffentlich zur Schau gestellt. Daher werden sie nach Möglichkeit unter den Teppich gekehrt, anstatt aus ihnen zu lernen.

Beispiel Gasstrategie: War es klug, Deutschlands Energie- und Industriepolitik ganz entscheidend von Lieferungen billigen russischen Erdgases abhängig zu machen? Selbst nach der Annexion der Krim durch Russland noch? Mit Blick auf den Schaden der Energiekrise der Jahre 2021–2023 und die strukturelle Abhängigkeit und Belastung der deutschen Wirtschaft von mehr als doppelt so teurem Erdgas gibt die Wirklichkeit eine klare Antwort. Welche Alternativen hätte es also gegeben, welche Strukturen führten dazu, dass diese nicht erwogen und genutzt wurden? Wie können wir verhindern, dass wir an anderer Stelle erneut in so gravierende Abhängigkeiten geraten – oder besser: Wie stellen wir ganz bewusst die Balance all der unvermeidbaren Abhängigkeiten ein?

Die Flucht in Parallelwelten hat eine innere Logik – und richtet großen Schaden an

Doch all diese wertvollen Fragen und ihre Antworten finden im öffentlichen Raum kaum statt. Lieber wird eine Parallelwirklichkeit konstruiert, in der der Ausbau der erneuerbaren Energien für hohe Energiepreise geführt haben soll. Energiewirtschaftlich ist das blanker Unsinn. Und dennoch ist es eine weitverbreitete – man muss leider sagen: bewusst durchgesetzte – Erzählung. Denn wer kennt sich schon mit Energieökonomie und Merit Order aus?

In Anbetracht der Größe des entstandenen Schadens kann man die so handelnden politischen Führungskräfte sogar ein bisschen verstehen: Was wäre passiert, wenn sich CDU und SPD öffentlich hingestellt und Verantwortung für die North-Stream-Projekte und das Scheitern der damit verbundenen Strategie übernommen hätten? Hätte man nüchtern abgewogen, dass in den Jahren zuvor das billige Gas ja tatsächlich nützlich und der Exportstärke Deutschlands dienlich war? Dass es zwar falsch war, sich so abhängig zu machen von einem russischen Diktator, aber man es beiden Parteien abnehme, diesen Fehler verstanden zu haben und ähnliche für die Zukunft ausschließen zu können? Hätte eine solche aufrechte Haltung in unserer heutigen politischen und öffentlichen Kultur funktioniert oder sogar für Respekt und Glaubwürdigkeit gesorgt? Meine persönliche Meinung ist: Ja, das hätte funktioniert. Die Angst davor, dass dem nicht so ist, ist aber offenbar zu groß, die Interessenlagen und eventuell ausgelösten Dynamiken zu komplex. Also duckt man sich weg, erfindet Parallelerzählungen und schafft so das Schlimmste, was eine Demokratie erleiden kann: Verunsicherung und Vertrauensverlust.

Weiteres Beispiel Atomausstieg: Wäre es klüger gewesen, erst die Braunkohle und dann die Atomkraftwerke abzuschalten? Vermutlich. Doch zum Zeitpunkt des Atomausstiegsbeschlusses gab es keine kohärente Klimapolitik, die diesen Weg aufgezeigt hätte. Nach der Reaktorkatastrophe in Fukushima gab es jedoch große Sorge vor den Gefahren der Atomkraft. Kurz nach der Absage des rot-grünen Atomausstiegs gab es daher den schwarz-gelben Atomausstieg. Entscheidend war jedoch nicht die jeweilige Farbe des Beschlusses, sondern dass partei- und fraktionsübergreifend die meisten den Beschluss richtig fanden. Und so wurde das Atomausstiegsgesetz über Jahre von unionsgeführten Bundesregierungen umgesetzt. Kraftwerk für Kraftwerk wurden in der Regierungszeit der Union 16 Gigawatt Kraftwerksleistung abgeschaltet. Aber heute wird der politische Streit ausschließlich über die letzten 4 Gigawatt geführt, die unter einem grünen Wirtschaftsminister abgeschaltet wurden. Vermutlich auch, weil aus der grünen Bewegung und unter Rot-Grün der erste Ausstiegsbeschluss gefasst worden war, Atomausstieg also irgendwie als »grün« galt – obwohl er es am Ende gar nicht war. Und so tobt statt wirklichkeitsbezogener Aufarbeitung und Lernen ein Kampf um die politische Deutungshoheit.

Warum würde die Übernahme von Verantwortung für den eigenen Beitrag zu dieser oder jener Entscheidung im öffentlichen Raum vermutlich negativ assoziiert? Sich der Wirklichkeit zu stellen, Verantwortung zu übernehmen und sich selbst zu hinterfragen sind doch allesamt positive Haltungen. Unseren Kindern versuchen wir genau das beizubringen. Und gleichzeitig bestrafen wir ein solches Verhalten, wenn sie erwachsen sind. Doch wenn Fehler nur ausgeschlachtet und öffentlich zur Schau gestellt werden, anstatt sie auch als Quelle für Lernerfolge zu verstehen, wird die Angst vor Fehlern jedwede Veränderungen im Keim ersticken. Oder wir bekommen nur noch bis zur Unkenntlichkeit verzerrte Wirklichkeitsanalysen vorgelegt. Doch wie sollen aus denen kluge Maßnahmen entwickelt werden? (Politische) Ehrlichkeit ist eine der kulturellen Grundvoraussetzungen für jedweden Veränderungsprozess. Und damit auch, dass die Öffentlichkeit eine solche Ehrlichkeit honoriert, statt sie abzustrafen. Es kann doch nicht das Ziel sein, dass irgendwer in der Politik und/oder in der Wirtschaft über Jahrzehnte »schon immer recht« hatte? So einfach, das heißt nur kompliziert, ist die Welt eben nicht – sie ist komplex.

So werden aus Fehlern Beharrung und Vertrauensverlust

Zugegeben, Gas und Atomkraft sind zwei besonders große Beispiele für im Rückblick neu zu bewertende energiepolitische Entscheidungen. Und man mag Verständnis für jede Seite haben, das nicht ganz so offen anzugehen, wie man sich das wünschen würde. Doch beide Beispiele stehen für eine Kultur, die von den Medien geprägt wird, und bis in die letzte Verwaltungsstube und bis an den letzten Küchentisch reicht: Fehler machen nur die anderen. Und um das zu beweisen, hält man sogar unhaltbare Positionen aufrecht. Behauptet einfach, was jede und jeder mit ein wenig Menschenverstand oder gar Expertenwissen längst weiß. Und ist die eigene Position irgendwann tatsächlich nicht mehr haltbar, biegt man sich die eigene Wirklichkeit so zurecht, dass der eigene Beitrag verschwindet und es doch wieder die anderen waren.

Als besonders abschreckendes Negativbeispiel dafür kann der Umgang mit der deutschen Schuldenbremse während des Wahlkampfs 2024/25 und unmittelbar nach der Wahl gelten. Beharrlich und entgegen jedem Realitätssinn haben die Union und ihr Spitzenkandidat an der Einhaltung der Schuldenbremse festgehalten, trotz bekannter und tiefer Multi-Krisen: Modernisierungsstau in unserer Infrastruktur, ein amerikanischer Präsident mit der bekannten Agenda, die Unterstützung Europas zu reduzieren und uns im Gegenteil »zur Kasse« zu bitten, und eine geopolitische und militärische Zeitenwende aufgrund der Bedrohung durch Russland. Dazu eine schwächelnde Wirtschaft, die nach Entlastung ruft, sowie die Steuerpläne der eigenen Partei, die Dutzende Milliarden Euro Finanzierungsbedarf bedeuteten. Und nur wenige Tage nach der Wahl drang die Wirklichkeit dann durch. Statt harter Schuldenbremse mussten plötzlich insgesamt 900 Milliarden Euro zusätzliche Verschuldung begründet werden. Und natürlich waren es die anderen: Denn wer konnte schon ahnen, dass Donald Trump den ukrainischen Präsidenten im Weißen Haus vorführt? Natürlich konnte das niemand ahnen, aber es hat die Wirklichkeit eben auch nicht entscheidend verändert, schon gar nicht um 900 Milliarden Euro. Doch was war das Ergebnis dieses Vorgehens? Der Vorgängerregierung fehlte Geld für Modernisierungsprojekte, die die neue Regierung jetzt anpackt. Viel Zeit ist verloren. Und wesentlich schlimmer noch: Viel Vertrauen wurde verloren, also das Wertvollste, was es in einer Demokratie gibt.

Solange unsere Fehlerkultur nicht erlaubt, dass auch eigene Fehler ohne die Sorge benannt werden können, dass das die letzten Worte sind, die man als Politiker, Manager oder Mitarbeiter spricht, werden sie nach Kräften unter den Teppich gekehrt. So wird aus Fehlern Beharrung und schlimmer noch: Aus Fehlern wird nicht gelernt. Dabei sind Fehler nicht das eigentliche Problem. Nur die Wiederholung von Fehlern ist es.

AUF DEN PUNKT

- Seit der Erfindung innovativer Management-Methoden wie OKR in den 1970er-Jahren arbeiten immer mehr große Unternehmen mit solchen oder verwandten Methoden.
- Anders als die klassische »Top-down«-Führung werden so auch in sehr großen Organisationen Transparenz, Fokus auf gemeinsame Ziele, Anpassungsfähigkeit, interne Abstimmung und Motivation aller deutlich verbessert.
- Man kann ein Land nicht wie ein Unternehmen führen, aber Politik und Öffentlichkeit können aus solchen Methoden lernen. Denn per Masterplan und »Top-down« werden Modernisierung unserer Wirtschaft, Gesellschaft und Infrastruktur nicht gelingen.
- Moderne Führung erfordert gegenseitige Offenheit, Neugierde und eine gute Fehlerkultur. Besteht diese Kultur nicht, werden Fehler unter den Teppich gekehrt, statt aus ihnen zu lernen und besteht der politische Streit zu sehr aus Besserwissen und Schuldzuweisungen – statt aus dem Ringen um die besten Ideen und Lösungen.
- Dies erfordert auch ein gemeinsames Anerkennen von Wirklichkeiten. Spätestens zu dem Zeitpunkt, in dem die Wirklichkeit mächtiger wird als jede vorherige Umdeutung, geht Vertrauen der Bevölkerung und von Unternehmen verloren.
- Fehler dürfen nicht das eigentliche Problem im politischen und öffentlichen Diskurs sein. Sondern nur das mangelnde Lernen aus Fehlern und ihre Wiederholung.

6.3 Lernen von anderen – wir können eben nicht alles selbst am besten

Deutschland ist (noch) nicht Energiewendeweltmeister

In der deutschen Öffentlichkeit wird Deutschland gern als Vorreiter des klimaneutralen Umbaus von Wirtschaft und Infrastruktur dargestellt. Oder zumindest als Vorreiter der »Energiewende«, wie wir es nennen. Oft wird dies auch in den Vorwurf übersteigert, wir seien energiepolitischer »Geisterfahrer«, da ja alle anderen in entgegengesetzter Richtung unterwegs seien.

Schon die weltweiten Zahlen im ersten Abschnitt dieses Buches zeigen, dass das nicht stimmt. Tatsächlich ist Deutschland beim Ausbau der erneuerbaren Energien im Stromsektor nicht schlecht unterwegs und liegt beim Anteil von Strom aus Wind und Sonne im jeweiligen Gesamtmix unter den Top 5 der großen Industrienationen. Doch Top 5 ist nicht Vorreiter und schon gar kein Geisterfahrer. Und die Erzeugung eines relativ hohen Anteils von erneuerbarem Strom allein ist noch keine Energiewende. Im Stromsektor selbst wären da noch Themen wie Stromnetze, Digitalisierung, Speicher und Marktdesign, also das infrastrukturelle Rückgrat und die marktlichen Spielregeln und Optimierungsanreize, über die alle Akteure zu einem effizienten Zusammenspiel orchestriert werden. Und da »Energie« nicht nur Strom ist, zählt zur Energiewende auch die Dekarbonisierung des Wärmesektors, von der Gebäude- bis zur Prozesswärme, der Mobilität in ihrer ganzen Breite von zwei und vierrädrigem Individualverkehr, Last- und Schwerlastverkehr über Bahn, ÖPNV bis zum Flug- und Schiffsverkehr. Und last but not least die besonders vielfältigen Wege zur Dekarbonisierung der Industrie, Kreislaufwirtschaft und, und, und.

Wir können uns viele Sachen bei anderen abgucken

Das Gute, wenn man selbst nicht an der Spitze all dieser Entwicklungen steht: Man kann sich genau ansehen, was andere Länder richtig gemacht haben. Warum sie schon so viel weiter sind als wir. Welche Umwege und Fehler wir uns sparen können und welche Voraussetzungen wir schaffen müssen, um möglichst zügig auf- und sogar zu überholen. Denn das sollte doch der Anspruch eines Landes sein, das die Rolle als Weltmeister im eigenen Selbstverständnis führt: wenigstens in Teilbereichen der globalen Energiewende Weltmeister zu sein.

Bevor ich Beispiele anderer Länder aufzähle, von deren Erfolgen und Vorgehensweisen zu einzelnen Sektoren oder Anwendungen wir uns große und kleine Scheiben abschneiden können, zunächst deren wichtigste Gemeinsamkeiten:

1. Wer früher anfängt, hat mehr Zeit. Einige der im Folgenden beschriebenen erfolgreichen Energiewende-Geschichten wurden schon vor Jahren, teils vor Jahrzehnten begonnen. Doch es ist nie zu spät. Was zählt, ist das Anfangen.
2. Im gesellschafts- und parteipolitischen Konsens sind selbst größte Veränderungen möglich, stabil auch über viele Legislaturperioden und Veränderungen der äußeren Umstände hinweg. Und es ist möglich, solchen Konsens herzustellen.

Dänemark und die Wärmewende

In Dänemark reichten bereits die Ölkrisen der 1970er-Jahre dazu aus, über die Zukunft der Energieversorgung des Landes nachzudenken. Die Abhängigkeit von Ölimporten und die darunter erkennbar leidende Versorgungssicherheit veranlasste die damalige sozialdemokratische Regierung, mit dem »Energiplan 76« einen neuen Weg einzuschlagen. Die Entwicklung und Nutzung lokaler Energiequellen sowie die effizientere Nutzung von Energie wurden in den Mittelpunkt gerückt. Im Jahr 1979 wurden die bereits verabschiedeten Maßnahmen wie die Förderung effizienter Kraft-Wärme-Kopplungsanlagen um einen verbindlichen Rechtsrahmen für die Fernwärme ergänzt. Das »Dänische Fernwärmemodell«, heute Rückgrat der Wärmeversorgung in unserem Nachbarland, war geboren.

Natürlich bemängelten auch damals Kritiker den hohen staatlichen Einfluss und die teilweise Einschränkung der Wahlfreiheit für Verbraucher. Insbesondere in den Anfangsjahren wurden Zweifel gesät, ob sich die Fernwärme flächendeckend wirtschaftlich betreiben lasse oder ob der Ausbau in weniger dicht besiedelten Regionen zu teuer würde. Die fossile Industrie hat das Geschäft nicht kampflos aufgegeben. Auch die »Unsicherheit« erneuerbarer Energien wie Biomasse und später Windkraft als Alternative wurden systematisch thematisiert und für konventionelle Energieträger als sichere Quelle geworben. Dennoch setzten sich diese Bedenken nicht dauerhaft durch. Die dänischen Regierungen legten schlüssige Finanzierungsmodelle für lokale Wärmeprojekte vor und betrieben eine enge Kooperation zwischen Behörden, Energieversorgern und Bürgern. Die steigende Akzeptanz wurde zudem von handfesten Vorteilen für Endkunden gestützt, wie stabilen und niedrigeren Heizkosten. Aber eben auch von der überzeugend vorgetragenen langfristigen Perspektive, von fossilen Preisschwankungen unabhängiger zu werden.

Obwohl ursprünglich unter sozialdemokratischen Regierungen eingeführt, blieb die Grundausrichtung von Strategie und Maßnahmen der dänischen Energiepolitik unter Regierungen unterschiedlichster Couleur erhalten – von konservativ über liberal bis Mitte-links. Auf diese Weise entstand über Jahrzehnte hinweg ein breiter politischer Konsens, dass Klimaschutz und Wirtschaftlichkeit gemeinsam erreichbar sind und langfristig mehr Stabilität und mehr Wohlstand bringen.

Entscheidend beigetragen zum Erfolg hat dabei auch die gelungene Verankerung nationaler Politik in den Kommunen, also unmittelbar bei und mit den Menschen vor Ort. Bis heute spielen die Kommunen eine zentrale und proaktive Rolle beim Ausbau der Fernwärme. Gleichzeitig trugen Vorgaben und Anreizsysteme auf nationaler Ebene wie hohe Steuern auf fossile Brennstoffe dazu bei, dass die Bevölkerung die Umstellung akzeptierte. Heute gelten dänische Kommunen als Vorreiter bei der kommunalen Wärmewende und sind viel besuchte Lernstätten internationaler Besucherdelegationen.

Etwa zwei Drittel der dänischen Haushalte werden über Fernwärme versorgt, mit einem stetig steigenden Anteil erneuerbarer Energiequellen. Im Jahr 2024 liegt dieser bei bereits bei 60–70 Prozent.[150]

Die schlechte Nachricht ist, dass wir in Deutschland diesen über Jahrzehnte angelegten Weg nicht einfach so kopieren können. In ländlichen Räumen mit geringer Dichte des Wärmeverbrauchs ist der Neubau von Wärmenetzen heute unwirtschaftlich. In Großstädten kann der nachträgliche Bau von Wärmenetzen ebenfalls kompliziert, langwierig und teuer werden, wenn Leitungen unter Hauptverkehrsadern gelegt werden müssen und mit bestehenden Strom-, Glasfaser-, Wasser oder auch U-Bahnnetzen um Platz im Untergrund konkurrieren. Zumal in Bestandsgebäuden bereits individuelle Heizungssysteme existieren und ihre Anbindung nur schrittweise über viele Jahre verteilt erfolgen kann. Neue Wärmenetze sind daher zu Beginn meist schlecht ausgelastet und damit teurer als im langfristigen Betrieb. Um all das systematisch zu klären, wurde im Jahr 2024 per Gesetz geregelt, dass alle Kommunen über 100.000 Einwohner bis spätestens 2026 eine verbindliche Wärmeplanung vorlegen müssen. Kommunen unter 100.000 Einwohner haben bis zum Jahr 2028 Zeit. Das ist dann im Schnitt etwa 45 Jahre später als in Dänemark, wo erstmalig Anfang der 1980er-Jahre flächendeckende Wärmeplanung vorlag. Doch besser spät als nie.

Pakistan und der Solar-Tsunami

Hätte man vor Kurzem noch Pakistan auf der Liste der Top-Solarenergienutzer gesucht – man hätte sehr weit nach unten in der Liste scrollen müssen. Gemäß Zahlen der International Renewable Energy Agency IRENA waren Ende 2023 gerade einmal 1,2 Gigawatt Leistung ans Stromnetz angeschlossen und weitere etwa 16 Gigawatt als sogenannte »Off-grid«-Anwendungen zur Versorgung lokaler Verbraucher ohne Netzanschluss in Betrieb.[151] Nicht viel in Anbetracht einer Gesamtbevölkerung von knapp 250 Millionen Menschen. Zum Vergleich: In Indonesien mit seinen knapp 280 Millionen Einwohnern waren zur selben Zeit etwa 363 Gigawatt Solarkapazität installiert, zu über 99 Prozent ebenfalls in Inselsysteme ohne Netzanschluss.

Doch Solarenergie ist schnell. Nicht nur die Fertigung skaliert in atemberaubendem Tempo, sondern auch die Installation. Denn die ist so einfach, wie es das Anziehen von Schrauben und Verbinden von Steckern eben ist (siehe Kapitel 1.4). Und so hat Pakistan im Jahr 2024 ein weltweit wahrgenommenes Ausrufezeichen gesetzt. Zu den insgesamt etwa 17 Gigawatt Solarleistung wurden innerhalb eines einzigen Jahres weitere 22 Gigawatt hinzugefügt. »Aus dem Stand«, sozusagen.

Wie das möglich ist, wurde bereits erklärt: Die Nutzung von Solarenergie ist unfassbar einfach. Doch warum überrollt ein Solar-Tsunami plötzlich das Land? Es gibt einen Auslöser und eine Ursache. Auslöser sind die dramatisch gefallenen Preise für Solarmodule und Solarstromerzeugung. Und Ursache ist die teure und unzuverlässige Stromversorgung aus fossilen Quellen und über ein schwach ausgebautes Stromnetz.[152]

Gegen die weitverbreiteten Blackouts und die teure Ersatzstromversorgung aus Dieselgeneratoren ist die eigene Stromversorgung aus Solarmodulen mit einer Batterie als Backup schlicht die günstigste und zuverlässigste Lösung. Gerade während der Hitzewellen in Pakistan, in denen die konventionelle Stromversorgung besonders überfordert und unzuverlässig war, kann die eigene Solaranlage im wahrsten Wortsinne lebensrettend sein. Bei Temperaturen, die regelmäßig die 40 °C überschreiten, ist eine funktionierende Kühlung viel wert.

Doch ein weiterer Aspekt dieser pakistanischen Geschichte beeindruckt: Denn sicherlich wäre auch schon im Jahr 2022 und 2023 eine ordentliche Kosten-Nutzen-Bilanz für Hunderttausende kleine private und gewerbliche Solarsysteme gegeben gewesen, selbst wenn Batterien zum Puffern des Stroms für schattigere Stunden noch teurer waren. Doch plötzlich, im Jahr 2024, entsteht eine sich selbst verstärkende Initialzündung. Die Regierung hat die Regelungen für eigene Solaranlagen vereinfacht, sogenanntes »Net-Metering« zugelassen, also die gleichzeitige Eigennutzung von Solarstrom und die Einspeisung von Überschüssen, und ist ansonsten einfach aus dem Weg gegangen.

Der Markt kannte kein Halten mehr. Wie ein Lauffeuer hat sich die Nachricht »Buy Solar« verbreitet, wenn es darum ging, sein eigenes Geschäft, die Werkstatt, das Lager, die Farm oder das eigene Haus mit einer zuverlässigen Stromversorgung aufzurüsten. Mit einem Schlag wurde

Pakistan so zu einem der größten Märkte für Photovoltaik-Module weltweit. Bei jeder anderen Energietechnologie wäre ein solches Tempo undenkbar. Selbst bei der Windkraft – und erst recht bei der Atomenergie mit seinen deutlich über 10 Jahren Vorlauf für Planung, Finanzierung, Genehmigung und Bau.

Norwegen und die Elektromobilität

Norwegen hat viel grünen Strom aus Wasserkraft, knapp 90 Prozent der gesamten Stromproduktion. Das wird gern als Argument dafür hergenommen, weswegen Norwegen heute weltweiter Spitzenreiter bei der E-Mobilität ist – und eben eine Ausnahme, die nur mit dem günstigen Strom im Land zu erklären ist. Doch die Geschichte der norwegischen Elektromobilität ist eine andere. Denn Norwegen hat auch große eigene Reserven an Erdöl. Und die Stromversorgung in Ländern wie Brasilien beruht ebenfalls zu hohen Anteilen auf Wasserkraft (aktuell gut 60 Prozent, bis 2010 über 80 Prozent), aber der Anteil elektrischer Antriebe bei Neufahrzeugen beträgt gerade einmal 3 Prozent.[153] Große Wasserkraftvorkommen allein können also nicht Grund für den norwegischen Weg sein.

Die Geschichte der norwegischen Elektromobilität beginnt nicht erst vor wenigen Jahren oder mit der Einführung des ersten Tesla im Jahr 2007, sondern schon in den 1990er-Jahren. Zu dieser Zeit wurden ehrgeizige Klimaschutzpläne eingeführt und änderte sich der Blick auf die heimischen Vorkommen aus Öl und Gas. Diese sollten zwar noch exportiert werden, aber langfristig nicht mehr Grundlage der eigenen Energieversorgung der Mobilitäts- und Wärmesektoren sein. Bereits in den 1990er-Jahren wurden daher Steuerbefreiungen für E-Autos eingeführt und regionale Pilotprojekte zu kostenlosem Parken in Innenstädten und privilegierter Nutzung von Busspuren durchgeführt. Im Jahr 2005 wurde dieses Privileg auf nationaler Ebene festgeschrieben. Gleichzeitig wurden Benzin und Diesel höher besteuert und die Ladeinfrastruktur entlang der Hauptverkehrsrouten aufgebaut, sodass E-Autos in diesem riesigen Land schon zu einem Zeitpunkt handfeste Vorteile boten, als die Reichweiten noch beschränkt waren.

Nach der gelungenen »Anschubhilfe« und mit der zunehmenden Akzeptanz wurde das Recht, Busspuren zu nutzen, wieder eingeschränkt. Andernfalls hätten zu viele E-Autos den ÖPNV beeinträchtigt. Der Start in die E-mobile Zukunft war gelungen.

Im Jahr 2023 waren über 93 Prozent der Pkw-Neuzulassungen in Norwegen elektrisch.[154] Ab 2025 sollen ausnahmslos alle neuen Pkw und leichten Nutzfahrzeuge emissionsfrei fahren. Für Lkw wird dieses Ziel politisch für spätestens 2040 angestrebt, möglichst bereits ab 2030. Die Weiternutzung existierender Verbrenner ist natürlich nicht eingeschränkt.

Norwegen dient damit heute international als Vorbild für politische Anreizsysteme im Verkehrssektor. Übrigens stammt auch Wärme in Norwegen großenteils aus Strom, das heißt aus Wärmepumpen. Trotz der großen eigenen Gasvorkommen. Diese Entwicklung wurde übrigens auch in Norwegen über Jahrzehnte im parteiübergreifenden Konsens getragen. Auch war es in diesem Land möglich, dass die Ergebnisse einer im Jahr 2009 eingesetzten Expertengruppe unter breiter Beteiligung von Regierungsstellen und gesellschaftlichen Akteuren die Grundlage für eine Klimapolitik geschaffen hat, in der Elektromobilität eine explizite Rolle spielt – und die ebenso parteiübergreifend getragen wird.[155]

Uruguay und die Erneuerbare Energierevolution

In den letzten 15 Jahren hat Uruguay eine der bemerkenswertesten Energiewenden weltweit vollzogen. Während das südamerikanische Land in den frühen 2000er-Jahren noch stark von Energieimporten abhängig war – insbesondere von Öl und Strom aus Nachbarländern –, gehört es heute zu den globalen Vorreitern bei der Nutzung erneuerbarer Energien.

Der Wendepunkt kam 2008. In Folge einer Energiekrise und steigender Ölpreise beschloss Uruguay, seine Abhängigkeit von fossilen Brennstoffen zu reduzieren und stattdessen massiv in erneuerbare Energien zu investieren. Wie war das noch gleich? Krisen sind immer eine besondere Chance, oder wie Winston Churchill sagte: »Never waste a good crisis«. Die Regierung legte einen nationalen Energieplan vor, der mit breiter politischer Zustimmung angenommen wurde. Entscheidend dabei war auch die Änderung des bis dahin verbreiteten Narrativs, dass erneuerbare Energien teuer und unzuverlässig seien.[156]

»No one believed we would do it. We needed new solutions. We needed to do things differently.« So lässt sich der Nationale Energiedirektor Uruguays der Jahre 2008–2015, Ramón Méndez Galain, im britischen »Guardian« zitieren.[157] Es gelang ihm, der Bevölkerung zu erklären, dass dieser Weg der günstigste sei und unabhängig mache von den starken Schwankungen des Ölpreises. In anderen Worten: Egal ob man den Klimawandel für ein Problem halte, die Umstellung auf erneuerbare Energien ist wirtschaftlich vorteilhaft.

Und tatsächlich gelang es, einen breit getragenen gesellschaftlichen Konsens zu erzielen. Und entgegen verbreiteter Befürchtungen gingen keine Jobs verloren, sondern wurden sogar 50.000 neue geschaffen – was viel ist für ein Land mit nur 3,4 Millionen Einwohnern. Auch sozial wurde die Transformation abgefedert: Die Energiepreise blieben stabil, und der Zugang zu Strom ist heute anders als zuvor nahezu flächendeckend gewährleistet. So blieben der Konsens und die von ihm getragene Energiestrategie auch in Uruguay über mehrere Regierungswechsel hinweg erhalten. Aus deutscher Perspektive eine wahrlich traumhafte Vorstellung.

Heute stammen etwa 32 Prozent der Stromproduktion aus Windkraft. Auch die Wasserkraft, traditionell eine wichtige Energiequelle in Uruguay, wurde modernisiert und weiterentwickelt (38 Prozent). Parallel dazu nahm die Stromproduktion aus Biomasse zu, insbesondere durch die Nutzung von Abfällen aus der Land- und Forstwirtschaft (17 Prozent). Solarenergie spielt seit 2014 ebenfalls eine Rolle, mit gut 3 Prozent aber noch untergeordnet. Sie wird hauptsächlich in kleineren Anlagen auf landwirtschaftlichen Betrieben und Schulen genutzt, nicht in großen Kraftwerken. Insgesamt wurde die heimische Stromerzeugung gegenüber dem Tiefststand in den Jahren 2004–2006 nahezu verdreifacht.[158]

In Summe deckt Uruguay heute über 90 Prozent seines Strombedarfs aus erneuerbaren Quellen – in guten Jahren bis zu 98 Prozent.[159] Selbst bei lang anhaltender Trockenheit oder Verbrauchsspitzen kann das Land seinen Bedarf nahezu vollständig aus eigener Produktion decken. Zudem ist Uruguay inzwischen in der Lage, überschüssige Energie nach Argentinien und Brasilien zu exportieren. Mit über 50 Prozent Anteil moderner erneuerbarer Energien im Strommix (ohne zentrale Wasserkraft) führt Uruguay klar das südamerikanische Ranking an.[160]

Kalifornien und die Batteriespeicher

Der Bundesstaat Kalifornien ist nicht nur Geburtsort der »Duck Curve«, also der Beobachtung, dass hohe Solarstromerträge den Tagesverlauf eines gesamten Stromnetzes verändern, sondern auch Vorreiter beim Einsatz des wirkungsvollsten Gegenmittels: den Batteriespeichern. Rund 60 Prozent des in Kalifornien erzeugten Stroms stammen bereits aus erneuerbaren Energien, ein ähnlicher Anteil wie in Deutschland.[161]

Ein wesentlicher Unterschied beider Länder besteht jedoch darin, dass das kalifornische Stromnetz deutlich weniger dicht gewoben ist als das deutsche und deutlich weniger zuverlässig. Spezifisch auf die Landesfläche bezogen beträgt der Stromverbrauch nur etwa ein Drittel des deutschen Werts.[162] Gegenüber den durchschnittlich nur 12 Minuten Stromausfall für deutsche Kunden müssen kalifornische Kunden jedes Jahr mindestens 100 Minuten ohne Strom auskommen – in Jahren mit größeren Unwettern bis weit über 300 Minuten.

Ein hoher Anteil erneuerbarer Energien ist in einem solchen System Chance und Risiko zugleich. Einerseits kann die dezentrale Erzeugung von Strom helfen, das System zu stabilisieren, wenn einzelne Stromleitungen oder Kraftwerke ausfallen. Andererseits belasten sie durch die Schwankung ihrer Erzeugung das System. Früher als in anderen Regionen der Welt werden daher seit Anfang der 2020er-Jahre große »Utility Scale«-Batteriespeicher gebaut. Waren es noch weniger als 0,5 Gigawatt im Jahr 2020, leisteten Ende 2024 bereits 11,5 Gigawatt ihren Dienst an der Versorgungssicherheit. Doch nicht nur das: Die Kapazität der installierten Batteriespeicher ist bereits so groß, dass sie nennenswert Wind- und Solarstrom aus erzeugungsreichen Zeiten in erzeugungsarme verschieben. Damit drücken sie Gaskraftwerke, die sonst die Deckungslücken füllen, aus dem Markt. Die in Kalifornien übliche abendliche Spitze des Stromverbrauchs wurde im April 2024 an einigen Tagen bereits zu über 30 Prozent aus Batteriespeichern gedeckt. Zwei Jahre zuvor lag der Wert noch bei 6 Prozent.[163] In den ersten 50 Tagen des Jahres 2025 fiel der Anteil der Gasverstromung in Kalifornien gegenüber dem Vorjahreszeitraum um fast 30 Prozent. An vier Tagen infolge konnte der gesamte Strombedarf allein aus erneuerbaren Energien und Batteriespeichern gedeckt werden. Und das, obwohl auch der kalifornische Winter relativ wenig Sonneneinstrahlung kennt.

Der Ausbau der Batteriespeicher in Kalifornien erfolgt marktgetrieben. Sowohl die Stabilisierung des weniger zuverlässigen Stromnetzes stellt einen Wert dar, als auch der Handel mit zum Beispiel mittags günstig verfügbarem Strom und sein Verkauf in den teuren Abendstunden. Kalifornien macht damit vor, wie auch in Deutschland und anderen Regionen mit hohem Anteil schwankender Solar- und Winderzeugung Markt und Netz kostengünstig stabil gehalten werden können. Und vor allem: wie schnell dies gelingen kann. Ende 2024 standen in Kalifornien 18 Gigawatt Solarleistung bereits die genannten 11,5 Gigawatt »Utility Scale«-Batteriespeicher gegenüber. Auf Deutschland übertragen entspräche dies rund 64-Gigawatt-Großbatterien. Aktueller Stand Februar 2025: knapp 2 Gigawatt. Die ebenfalls im deutschen Netz angeschlossenen 10-Gigawatt-Heimspeicher, also Batterien für die private Solaranlage, werden bis heute leider nicht markt- und systemdienlich betrieben. In der Regel laden sie gleich morgens, sobald die Sonne scheint, und sind längst voll, wenn Markt und Netz überschüssigen Solarstrom kaum noch aufnehmen können. Es gibt also viel aufzuholen.

England – die Wiege der Kohleverstromung verstromt keine Kohle mehr

Die Geschichte der Kohleverstromung begann mit einem historischen Meilenstein im Jahr 1882: In der Londoner Holborn Viaduct Street nahm der amerikanische Erfinder Thomas Edison das weltweit erste kommerzielle Kohlekraftwerk, die »Edison Electric Light Station«, in Betrieb. Es versorgte 1.000 Glühlampen in 59 Häusern mit Strom – eine bahnbrechende Innovation, die den Grundstein für die industrielle Elektrifizierung legte. Kohle war zu dieser Zeit der unangefochtene Energieträger – reichlich vorhanden, leicht transportierbar und bestens geeignet zur Dampferzeugung für Turbinen und Generatoren.

In den folgenden Jahrzehnten entwickelte sich England zu einer Hochburg der Kohleverstromung. Ab den 1920er-Jahren entstanden größere Kraftwerksparks, darunter ikonische Anlagen wie Battersea in London, mit ihren markanten Schornsteinen ein architektonisches Symbol industrieller Moderne. Kohle wurde nicht nur zur Stromproduktion verwendet, sondern auch zur Beheizung von Häusern, im Verkehr und in der Industrie – sie war das Rückgrat der britischen Wirtschaft und Infrastruktur.

Nach dem Zweiten Weltkrieg stieg der Energiebedarf weiter und die Kohleförderung wurde durch das 1947 gegründete »National Coal Board« zentralisiert. In den 1960er-Jahren erreichte die Kohleverstromung ihren Höhepunkt: Über 90 Prozent des britischen Stroms stammten aus Kohle.

Doch bereits ab den 1970er-Jahren setzte ein langsamer Wandel ein. Neue Energiequellen wie Öl, Erdgas und Kernkraft wurden erschlossen, und erste Umweltbedenken rückten in den Fokus. Ein Wendepunkt kam in den 1980er-Jahren unter der Regierung von Margaret Thatcher. Der »Great Miners' Strike« 1984/85 markierte nicht nur einen sozialen Konflikt, sondern auch den politischen Willen, die Macht der Kohleindustrie zu brechen. Gleichzeitig wurden erste Schritte in Richtung einer liberalisierten Energiepolitik gemacht, was den Wettbewerb förderte und ineffiziente Kohleanlagen zunehmend unter Druck setzte.

Mit der Jahrtausendwende wuchs der Druck durch internationale Klimaschutzabkommen. Die Regierung kündigte 2015 das endgültige Aus für die Kohleverstromung an. Immer strengere Emissionsgrenzen, der Boom der erneuerbaren Energien sowie die wirtschaftlich überlegene Stellung von Erdgas führten dazu, dass Kohlekraftwerke nach und nach stillgelegt wurden.

Am 20. September 2024 war es schließlich so weit: Das letzte verbliebene Kohlekraftwerk in Großbritannien, das Kraftwerk Ratcliffe-on-Soar, wurde abgeschaltet. Damit endete nach über 140 Jahren ein Kapitel britischer Industriegeschichte. Aus dem einst dominierenden Energieträger war ein Relikt geworden – ersetzt durch erneuerbare Energien

(46 Prozent), Erdgas (27 Prozent), Atomkraft und Stromimporte (jeweils 12 Prozent).[164] Fazit: Same Procedure everywhere. Erneuerbare wachsen und verdrängen Kohlestrom.

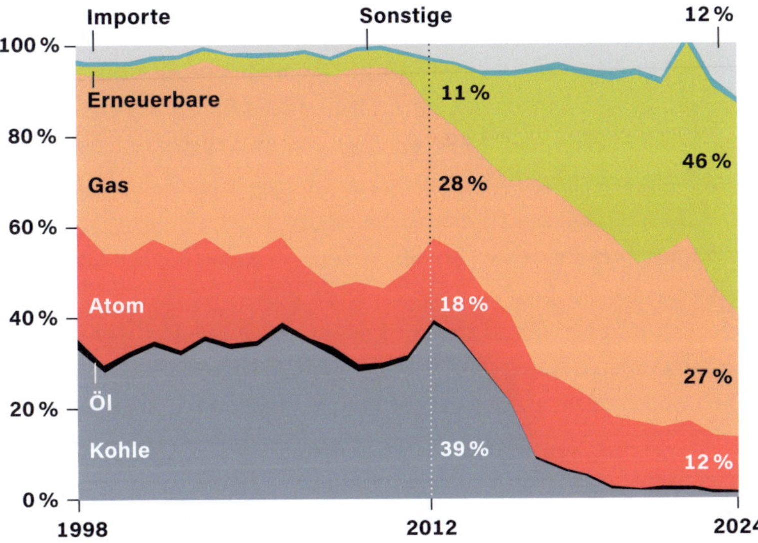

Abbildung 14: Sir Thomas Edison persönlich nahm im Jahr 1882 das erste Kohlekraftwerk der Welt in Betrieb. 142 Jahre später ging das letzte Kohlekraftwerk vom englischen Netz – seit dem Jahr 2012 zügig verdrängt durch erneuerbare Energien.

6.4 Lust auf Zukunft

Die vorhergehenden Beispiele zeigen: Veränderungen sind möglich, selbst große und schnelle. Auch in Deutschland haben wir diese Erfahrung in aller Breite und Tiefe gemacht – sie ist lediglich im nationalen Gedächtnis verschüttet und heute vielleicht sogar einer der Gründe für die weitverbreitete, uns lähmende Nostalgie.

Unmittelbar nach dem Zweiten Weltkrieg begann das deutsche Wirtschaftswunder. Es brachte über 25 Jahre hohe wirtschaftliche Wachstumsraten und für alle sicht- und spürbar zunehmenden Wohlstand in Form des eigenen Autos (VW Käfer!) oder Kühlschranks, der Waschmaschine und natürlich des Telefons und des Fernsehers. Modernes Nierentisch-Design und der erste Urlaub am Mittelmeer vermittelten Aufschwung und Aufbruch in eine gute Zukunft. »Unsere Kinder sollen es einmal besser haben« war Anspruch und Motivation ganzer Elterngenerationen. Und welche unfassbare Energie hat das bei Millionen von Menschen freigesetzt? Wachsender Wohlstand und »Made in Germany« wurden zum neuen Stolz des zuvor so tief gesunkenen Deutschlands. Die Ölkrisen der 1970er-Jahre dämpften erstmals die Dynamik, doch das waren vergleichsweise kleine Rückschläge in dem vor Kraft strotzenden deutschen Selbstverständnis.

Zwar löste der Kalte Krieg, von Kuba-Krise über Nato-Doppelbeschluss bis Pershing II, erstmalig wieder auch existenzielle Ängste aus und warnten erste Umweltprobleme wie saurer Regen und Ozonloch vor den ökologischen Folgen unseres Tuns. 1972 wies der Club of Rome[165] erstmalig auf Grenzen des Wachstums hin – wenn auch auf die Falschen, wie sich später zeigte. Denn nicht der Mangel an Ressourcen wie Öl, Metallen oder Mineralien stellen heute die Grenze des globalen Wachstums dar, sondern der schiere Verbrauch von Umwelt durch die Menschheit und die »Entsorgung« der Abfälle linearer Stoffströme: CO_2 heizt das Klima auf, Pestizide und Herbizide schädigen Grundwasser, Phosphate überdüngen die Meere, Plastikmüll gefährdet die Nahrungsketten in den Meeren und gelangt schließlich in den menschlichen Körper … Doch in den 1980er-Jahren wirkte all dies auf die meisten Menschen noch wie ein schwacher Schatten an dem sonst strahlenden Wohlstands- und Wachstumshimmel.

Mit der Wiedervereinigung hatte Deutschland dann seine nächste Aufbruchserzählung, versprach der »Aufbau blühender Landschaften« im Osten Chancen für jede und jeden. Zumindest aus westdeutscher Perspektive, die oberflächlich auch das gesamtdeutsche Selbstverständnis und Selbstbewusstsein viele Jahre geprägt hat. Dass die Lebensleistung und Lebensrealität der Menschen aus Ostdeutschland dabei unter die Räder kam, dass vor allem westdeutsche Firmen und Investoren profitierten und all das tiefe Spuren im Osten hinterlassen hat, erleben wir zwar immer deutlicher. Doch an den (west-)deutschen Grundgewissheiten von 70 Jahren Wohlstands- und Wachstumserzählung seit dem Zweiten Weltkrieg hat auch das bisher nichts geändert.

Umso härter schlagen in den letzten Jahren neue Wirklichkeiten auf die Menschen und das kollektive Bewusstsein in Deutschland ein: der Klimawandel, Russlands Aggression gegen die Ukraine und Europa, die wirtschaftliche Schwäche und der Modernisierungsstau in Deutschland, der Zerfall der über Jahrzehnte prägenden und schützenden westlichen Wertegemeinschaft nach der Wiederwahl Donald Trumps zum US-amerikanischen Präsidenten. Dazu kommt der berechtigte Frust über die deutsche Kompliziertheit, die ausgeuferte Bürokratie … Und hinter allem lauert auch noch die ganz große Unbekannte, die rasende Entwicklung künstlicher Intelligenz mit all ihren Verheißungen und dem gleichzeitigen Potenzial des totalen Kontrollverlustes des Menschen an eine wild gewordene Über-KI oder an wenige Tech-Oligarchen mit orwell'schen Fähigkeiten.

Das ist zu viel auf einmal. Dermaßen überforderte Menschen stecken eher den Kopf in den Sand oder geraten in Streit, als dass sie sich ein Herz fassen und als Gemeinschaft eine neue Zukunft aufbauen. Nostalgie hat Hochkonjunktur, denn »früher war ja alles besser«. Als »Made in Germany« noch etwas galt, unsere Automobilindustrie weltweiter Maßstab war und die Märkte beherrschte, als es vor allem darum ging, wie der wachsende Wohlstand verteilt werden soll, und nicht darum, wo er in den nächsten Jahren überhaupt herkommt. Gleichzeitig gibt es keinen Weg zurück in die »gute alte Zeit«. Weder lassen sich zerstörte Ökosysteme, geschmolzene Gletscher oder gekippte Meeresströmungen per Knopfdruck reparieren, noch despotische Führer plötzlich von ihren Machtfantasien abbringen oder die industrielle Revolution bei Energie und Mobilität zurückdrehen und verlorene Wettbewerbsstellung wiedergutmachen. Es wird zwar spannend sein, zu beobachten, ob wir am Ende Donald Trump nicht dankbar sein werden. Denn mit dem Abschied der USA als Partner ist Europa gezwungen, sich neu zu erfinden. Sich zusammenzuraufen und ein starkes, eigenes Selbstverständnis aufzubauen, das den amerikanischen Weg nicht mehr als Vorbild, sondern als Warnung begreift. Oft sind es äußere Gegner, die eine Gemeinschaft einen und starkmachen. Doch auf einen Weg zurück sollten wir auch im amerikanisch-europäischen Verhältnis nicht setzen.

Was also tun? In einem Wettrennen des zerstörerischen Irrsinns ist es nicht klug, selbst noch mehr zerstörerischen Irrsinn zu produzieren. Noch möglichst lange das alte Geschäftsmodell auszuquetschen, mit billiger fossiler Energie irgendwie doch noch ein paar Jahre Wachstumsstrohfeuer genießen zu können. Selbst wenn unser jahrzehntelanges Vorbild USA diesen Weg unter dem Schlachtruf »Drill, Baby, drill« jetzt gehen will und sich Länder wie Russland ebenfalls weiter der Realität verweigern: Längst hat der hemmungslose Verbrauch von Ressourcen und Umwelt den Planeten weit über seine Belastungsgrenzen getrieben. Nicht nur beim Klima, auch bei der Artenvielfalt und der Verfügbarkeit von sauberem Trinkwasser. Selbst die Irrsinnigen werden das eines Tages in aller Härte zu spüren bekommen. Wollten auch wir weiter unseren eigenen Wohlstand und Wachstum im Hier und Jetzt auf der Übernutzung der Welt aufbauen – unsere Kinder würden sich in einem Industriemuseum wiederfinden und müssten sich mit Oldtech an eine brutal veränderte Lebenswirklichkeit in Zeiten des Klimawandels anpassen. Eine trübe Aussicht.

Kurzum: So wie in den letzten 70 Jahren kann es einfach nicht weitergehen. Aber wie dann? Mit dem Gegenteil? Sind die nächsten Jahrzehnte im Umkehrschluss also geprägt von Verzicht und Rationierung?

Kein neues iPhone und keine Fernreisen mehr? Gilt das alte »Mehr« nur noch für Rüstung und Militär? Aber wie wollten wir mit einer solchen Erzählung die Menschen hinter dem Ofen hervorlocken? Sie motivieren, mit Schwung und Kraft gemeinsam (!) den Umbau und die Modernisierung unserer Wirtschaft anzupacken?

Lust auf Zukunft wird so nicht entstehen. Dabei scheint diese heute als das Allerwichtigste. Endlich wieder Hoffnung auf positive Veränderung! Doch positive Narrative über die Chancen technologischer und gesellschaftlicher Weiterentwicklung werden allzu oft von Defätismus und Zukunftsangst überdeckt. Das gilt absurderweise auch und gerade für die Entwicklung, die ich in diesem Buch beschrieben habe und die global längst stattfindet und überall sichtbar ist: die industrielle Revolution bei Energie und Mobilität.

Wir müssen uns wieder erlauben, zu hoffen und positiv in die Zukunft zu blicken. Trotz aller Herausforderungen. Nicht nur, weil Verzweiflung und negative Energie nichts besser machen. Sondern weil Energie- und Mobilitätswende Aufbruch sind und Aufbruch Chance bedeutet – wir müssen es nur erzählen. Um noch einmal auf Winston Churchill zurückzukommen: Wir dürfen die aktuellen Krisen nicht verschwenden, sondern können aus ihnen die Kraft ziehen, uns an die Gestaltung der neuen Zukunft zu machen. Wer mag, macht das aus Trotz oder aus Stolz. Andere vielleicht aus Spaß an der Veränderung. Hauptsache miteinander und nicht gegeneinander.

Fangen wir also endlich damit an. Und zwar am besten gründlich. Ergreifen wir die Flucht nach vorn, nutzen die industrielle Revolution der Energie und Mobilität und natürlich auch die der Digitalisierung und der KI. Aber stellen wir endlich auch die alten Wachstums- und Wirtschaftslogiken infrage, die uns in diesen Schlamassel überhaupt erst geführt haben. Die unmittelbare Ursache dafür ist, dass die Menschen ihre eigenen Lebensgrundlagen zerstören. Und die eine ungeheure Akkumulation von Macht, Einfluss und Geld zugelassen haben. Wohin das führt, sehen wir gerade live an den USA und seinen Tech-Oligarchen.

Fragen wir uns also gleichzeitig, wie wir eigentlich leben wollen! Was »Gerechtigkeit« heißt und was »Wohlstand«? Was genau ist »Leistung« oder bedeutet »Leistung muss sich lohnen«? Ist ein wirtschaftlich erfolgreiches Geschäft auf Kosten von Umwelt oder Menschen Leistung und sollte sich lohnen? Ist die Pflege von Familienangehörigen, der Einsatz für die Gemeinschaft oder den Erhalt unserer Lebensgrundlagen vielleicht doch auch eine Leistung und sollte sich nicht nur emotional lohnen, als gutes Gefühl, das Richtige zu tun, sondern breite gesellschaftliche und vor allem auch finanzielle Anerkennung genießen? Wollen wir nicht lieber Menschen und Unternehmen belohnen, die Neues wagen, und uns freuen, wenn diese erfolgreich sind und gutes Geld verdienen, als weiter den früher Erfolgreichen und früher vielleicht sogar Innovativen ihr (fossiles) Geschäftsleben dermaßen leicht zu machen? Welchen Wert hat Arbeit in Zeiten von Digitalisierung, KI und Robotik? Womit verdient man in einer solchen Welt eigentlich noch Geld – außer mit Geld selbst? Erhält ein Mensch durch Besitz und Reichtum das Recht, immer noch mehr Besitz und Reichtum zu akkumulieren, oder muss es nicht Grenzen geben, mindestens in der Nutzung dieses Besitzes und durch die Verantwortung, die mit ihm einhergeht?

Scheinen Ihnen diese Fragen zwar irgendwie schon berechtigt, aber gleichzeitig naiv? Unrealistisch? Da halte ich es mit Max Frisch: »Man ist kein Realist, indem man keine Ideen hat«. Denn genau darum geht es ja: Wir müssen uns wieder erlauben, positive Ideen zu entwickeln und zu hoffen. Das ikonische »I have a dream« von Martin Luther King hat einmal eine ganze Generation in Bewegung versetzt. Und selbst wenn dieser Traum längst noch nicht wahr geworden ist, er hat große gesellschaftliche Kraft entfaltet und Dinge verändert, die davor für unveränderlich galten. Aus welchem Grund soll so etwas nicht mehr möglich sein?

Also auf in die Zukunft. Der Markt hat sowieso längst entschieden. Legen wir los!

Danksagung

Die meisten Bücher haben vermutlich eine bewegte Geschichte hinter sich, bevor sie das Licht der Welt erblicken. Auch diesem Buch erging es so. Daher möchte ich all den klugen, engagierten und lieben Menschen danken, die mich auf diesem langen und kurvenreichen Weg unterstützt haben.

Nadine Seifert danke ich dafür, dass die Aufs und Abs des Buches unserer Liebe und Ehe nicht nur keinen Schaden zugefügt haben, sondern dass sie mir stets mit unterstützenden Worten, und mit Rat und Tat zur Seite stand. Ihr und auch meinen Kindern Marlena und Benjamin sei zudem gedankt, dass sie mir meine thematische Verengung in der heißen Zeit des Schreibens verziehen haben.

Christian Stöcker danke ich für die erste Motivation, mein Buchprojekt tatsächlich anzugehen und Harald Lesch dafür, mit seiner ansteckenden Energie »STROM« letztendlich über den vor ihm liegenden Berg aus Zweifeln geschoben zu haben.

Das gelegentliche inhaltliche Sparring und die kreative Unterstützung von Jan Hegenberg habe ich sehr genossen sowie die gemeinsame Kreativsession zur Titelfindung und Positionierung mit Nadine, Jan, Lars Jessen und Christian Stöcker. Nico Czaja danke ich für die sogar in Abwesenheit eingebrachte (fast) Sieger-Idee zum Titel.

Ein besonderer Dank geht an Hansjörg Lerchenmüller für das wertvolle Feedback zu meinem Manuskript sowie an Nicole Seifert für die vielen Profi-Tipps und Hinweise zur Welt der Bücher.

Last but not least und sehr herzlich danke ich auch meiner Lektorin Diana Napolitano dafür, aus dem Rohen etwas Feines gemacht zu haben.

Autorenvita

Dr. Tim Meyer hat an der RWTH Aachen Elektrotechnik studiert und am Fraunhofer-Institut für Solare Energiesysteme (ISE) und der TH Karlsruhe promoviert. Nach Stationen in der Fraunhofer-Gesellschaft, der Solarindustrie und als Unternehmensgründer im Strommarkt war er zuletzt Vorstand der Naturstrom AG.

Mit über 20 Jahren Erfahrung als Geschäftsführer oder Vorstand mit Verantwortung für unterschiedlichste Unternehmensfunktionen von der Technologieentwicklung und Fertigung über die Entwicklung großer Solar- und Windprojekte, deren Finanzierung, Betrieb und Service bis zu innovativen Versorgungslösungen mit grünem Strom und Wärme verfügt er über ein ungewöhnlich breites und zugleich tiefes Branchenwissen. Heute ist er mit 3EPunkt als Berater in der Strategie- und Geschäftsentwicklung im Energiesektor tätig. In Vorträgen und als »TopVoice« auf LinkedIn erläutert er Hintergründe, globale Markttrends und wirtschaftliche Chancen der Energiewende.

Tim Meyer ist 55 Jahre alt und lebt mit seiner Frau und zwei Kindern in Hamburg.

Glossar

Energie: Kilowattstunde (kWh) / Megawattstunde (MWh) / Gigawattstunde (GWh) / Terawattstunde (TWh)

Energie ist Leben – und ohne Energie für elektrische Geräte, warme Räume oder fahrende Autos gäbe es kein modernes Leben. Doch für die Energiemengen, die dafür jeweils gebraucht werden, haben die meisten Menschen kein Gefühl. Warum auch, Energie ist eben einfach verfügbar. Wenn überhaupt stolpert man beim Strompreis oder Gasverbrauch der eigenen Heizung über die physikalische Einheit »Kilowattstunde« (kWh), ansonsten hat man mit ihr wenig zu tun. Wie viel ist also eine kWh? Besonders plastisch haben Christian Holler, Harald Lesch et al. das beschrieben.[166]

Eine Kilowattstunde entspricht in etwa der Energie, die Sie erzeugen, wenn Sie 10 Stunden lang halbwegs sportlich Fahrrad fahren. Sie können damit auch einmal mit Ihrer Waschmaschine waschen, 3 Minuten warm duschen oder 60 Stunden lang eine LED-Lampe leuchten lassen.

Die in Unternehmen oder gar weltweit eingesetzten Energiemengen sind so viel größer als eine Kilowattstunde, dass sie in 1.000er-Schritten mit den jeweils größeren Einheiten bezeichnet werden:

- **1 MWh** = 1.000 kWh: Ein typischer Haushalt verbraucht 2–4 MWh Strom pro Jahr
- **1 GWh** = 1.000 MWh: Typische Größenordnung zur Angabe des Stromverbrauchs großer Unternehmen
- **1 TWh** = 1.000 GWh: Deutschland verbraucht jährlich ca. 550 TWh Strom

Während Energiepreise typischerweise in ct/kWh angegeben werden, also zum Beispiel 30 Cent pro Kilowattstunde für den Stromverbrauch im eigenen Haushalt, rechnet die Energiewirtschaft mit Energiepreisen in Euro pro Megawattstunde (EUR/MWh). Zur Umrechnung muss man nur durch 10 teilen beziehungsweise malnehmen: 30 ct/kWh entsprechen also 300 EUR/MWh.

Grundlastfähigkeit

Eine große Sprachverwirrung besteht zwischen den Begriffen »Grundlast«, »Grundlastfähigkeit« und »Grundlastkraftwerk«. Grundlast bezeichnet den Teil des Stromverbrauchs, der durchgängig ein ganzes Jahr hindurch anfällt. Sei es auf Ebene eines einzelnen Betriebs oder der ganzen deutschen Volkswirtschaft. Oft hört und liest man den gedanklichen Kurzschluss, dass die Deckung von Grundlast eben Grundlastkraftwerke erfordere. Doch das ist falsch. Grundlast kann und wird bereits ebenso gut aus der Zusammensetzung von konstanten und schwankenden erneuerbaren Energien, Speichern und Residualkraftwerken gedeckt. Wie beim Tetris-Spiel ergänzen sich die Bausteine zu einer durchgehenden Linie. Der »grundlastfähige«, also steuerbare Baustein sind dabei die Residualkraftwerke. Ein Grundlastkraftwerk hingegen passt in dieses Spiel gar nicht mehr hinein, da dessen Strom in den vielen Zeiten hoher Wind- und Solarstromerzeugung gar nicht mehr benötigt wird. Es produziert viel zu starr.

Leistung: Kilowatt (kW) / Megawatt (MW) / Gigawatt (GW)

Noch weniger als mit der Kilowattstunde haben die meisten Menschen mit der physikalischen Einheit für die Leistung zu tun, dem »Watt« (W) oder »Kilowatt« (kW) – außer beim Kauf von Leuchtmitteln, Mikrowellenherden oder Lautsprechern für Stereoanlagen. Ein Kilowatt entspricht der Leistung, die man aufbringen muss, wenn man die Energie einer Kilowattstunde innerhalb von genau einer Stunde aufbringen möchte. Wenn Sie auf dem Fahrrad also 10 Stunden für diese Menge benötigen, bringen Sie durchschnittlich eine Leistung von 0,1 Kilowatt oder 100 Watt auf. Die in der Energiewirtschaft gebräuchlichen Größen sind:

- 1 MW = 1.000 kW: Ein modernes Windrad bringt bei starkem Wind gut 5 MW Leistung
- 1 GW = 1.000 MW: Ein typischer AKW-Kraftwerksblock erbringt 1,2 GW Leistung

Benannt ist die Einheit Watt übrigens nach dem schottischen Erfinder James Watt, der im 18. Jahrhundert die Dampfmaschine maßgeblich weiterentwickelt hat. Sein Ziel natürlich: Steigerung der Effizienz.

Primärenergie / Endenergie / Nutzenergie

Energie ist nicht gleich Energie. Entscheidend ist immer die Frage, ob man eine Energiemenge bezeichnet, die in etwas hineingesteckt wird, oder eine, die physikalisch für einen gewissen Vorgang tatsächlich benötigt wird. Dazwischen liegen Energieverluste, die bei jedem physikalischen Vorgang auftreten.

Energiebilanzen von Ländern oder der ganzen Welt werden meist anhand der eingesetzten »Primärenergie« aufgebaut und verglichen. Die Primärenergie beschreibt die Energiemenge, die unmittelbar an der Quelle in einem Energieträger enthalten ist, also zum Beispiel in Erdöl, Erdgas, Steinkohle, Uran etc. Doch die meisten technischen Anwendungen nutzen Primärenergieträger nicht direkt. Autos fahren mit Benzin, nicht mit Öl. Dazwischen liegen eine Raffinerie und viele Transportschritte, beides ist ebenfalls mit Verlusten behaftet. Auch bis Erdgas in Ihrer Heizung angekommen ist, finden Zwischenschritte und Verluste statt. Das Benzin, das Sie tanken, nennt man Sekundärenergie oder auch Endenergie, ebenso das Gas oder den Strom, den Sie zu Hause beziehen.

Doch auch bei der eigentlichen Nutzung dieser Endenergieträger entstehen Verluste. Grob 80 Prozent der Energie im Benzin landet nicht als Antrieb auf der Straße, sondern geht als Abwärme der Verbrennung verloren. Nur die verbleibenden 20 Prozent der Energie verrichten also tatsächlich den Zweck, Sie von A nach B zu bringen. Ebenso geht bei der Beleuchtung eines Raums ein Teil des dafür eingesetzten Stroms als Wärme in der Lampe verloren und erzeugt nur der Rest tatsächlich Licht. Diese Stufe nennt man »Nutzenergie«.

Der Vorteil bei der Nutzung von Primärenergie als Bezugsgröße: Man kann solche Bilanzen sehr einfach erstellen, da man nicht wissen muss, wie genau und unter welchen Verlusten zum Beispiel die eingesetzte Kohle oder das eingesetzte Öl verwendet werden. Der Nachteil: Man vergleicht Äpfel mit Birnen. Denn wie in Kapitel 3.5 beschrieben, macht es einen Unterschied von einem Faktor 3–4 und teilweise größer, ob man die Energie für seine Fahrt von A nach B aus der Kette Öl (Primärenergie), Benzin (Endenergie), Fahrt (Nutzenergie) bezieht oder aus der Kette Strom aus Windenergie (Primärenergie), Strom an der Ladesäule (Endenergie), Fahrt (Nutzenergie). Anders gewendet: Eine Kilowattstunde Strom aus Windkraft für elektrisches Fahren ersetzt 4 Kilowattstunden Erdöl.

Power-to-X (PtX) sowie die Teilmengen PtG / PtL / PtH

Auch die neue Energiewelt wird nicht ohne Brennstoffe auskommen. Ob Wasserstoff, synthetische Gase oder synthetische flüssige Kraftstoffe: Die Langfristspeicherung von Strom, der Flugverkehr und Teile der Industrie werden vermutlich weiter chemische Energieträger benötigen. Diese werden in aller Regel mit grünem Strom, das heißt aus erneuerbaren Energien hergestellt. Wird aus Strom zum Beispiel Synthesegas hergestellt, nennt man das »Power to Gas« (PtG / P2G), stellt man flüssige Energieträger her, »Power to Liquid« (PtL/P2L). Die Summe aller denkbaren Energiepfade vom Strom zu seiner Nutzung in anderen Sektoren wird zusammenfassend »Power to X« (PtX/P2X) genannt. Wobei darin dann nicht nur die Umwandlung in chemische Energieträger enthalten ist, sondern auch die in Wärme, also »Power to Heat« (PtH/P2H).

Prosumer

Früher gab es im Energiesystem nur Energieerzeuger (»Producer«) und Verbraucher (»Consumer«). Das eine waren meist große Energieversorgungsunternehmen, das andere Betriebe oder Haushalte. Die berühmte Ausnahme waren Betriebe, die eigene Strom- und Wärmeerzeugungsanlagen zum Beispiel mit Gasmotoren am Standort hatten (»KWK« =

Kraft-Wärme-Kopplung). Bei Haushalten gab es solche Ausnahmen früher nicht. Doch die massenhafte Nutzung der Solarenergie hat diese klare Trennung aufgelöst. Wer zu Hause oder im Betrieb eine Solaranlage hat, ist zugleich Erzeuger und – für den Rest seines Strombedarfs – Verbraucher. Aus dem Englischen zusammengesetzt ergibt sich der in der Energiewirtschaft etablierte Begriff »Prosumer«. Unter Prosuming werden oft allerdings nicht nur solche Mischwesen gerechnet, die selbst Strom erzeugen, sondern auch andere Formen »modernerer« Verbraucher, die nicht einfach nur Strom verbrauchen, wenn sie ihn eben benötigen, sondern dabei zum Beispiel über Batterien, Wärmepumpen oder die eigene Wallbox für das Elektroauto flexibel sind.

Residualkraftwerk / Grundlastkraftwerk / Spitzenlastkraftwerk

In der Energiewirtschaft wird zwischen verschiedenen Kraftwerksarten unterschieden. Grundlastkraftwerke erzeugen besonders günstigen Strom, wenn sie über weite Strecken des Jahres durchgehend betrieben werden. Denn sie haben hohe Kapitalkosten (CAPEX) und niedrige Brennstoffkosten (OPEX). Braunkohle- und Atomkraftwerke gehören zu dieser Kategorie. Spitzenlastkraftwerke sind die günstigste Option, wenn nur zu wenigen Zeiten zusätzlicher Strom benötigt wird. Der ist dann zwar im Vergleich zu Strom aus Grundlastwerken teuer, aber eben viel billiger als der Strom aus einem Grundlastkraftwerk, das kaum betrieben wird. Grund ist die genau umgekehrte Kostenstruktur: Aufgrund ihrer niedrigen Kapitalkosten ist »herumstehen lassen« nicht so teuer und die hohen Betriebskosten fallen bei kurzer Betriebsdauer nicht so ins Gewicht. Gaskraftwerke sind die klassischen Vertreter dieser Kraftwerksart.

Zwischen den beiden Extremen gibt es noch »Mittellastkraftwerke«, deren Stromkosten bei mittleren Auslastungen am wettbewerbsfähigsten sind. Steinkohlekraftwerke zählen dazu.

Je mehr erneuerbarer Strom den Strom aus konventionellen Kraftwerken aus dem Markt drängt, desto weniger werden diese gebraucht. Stattdessen wird eine steuerbare Stromquelle für lange Zeiten zu geringen Wind- und Solarstromangebots benötigt. Diese Kraftwerke nennt man

»Residualkraftwerke«. Technisch entsprechen sie den Spitzenlastkraftwerken, aber ihre Aufgabe ist eben eine andere. Als klimaneutrale Alternative zu Gaskraftwerken sind hier wasserstoffbetriebene Kraftwerke der heißeste Kandidat.

Vehicle to Grid (V2G)

Zukünftig werden Elektroautos nicht nur Strom aus dem Netz beziehen, sondern werden umgekehrt die Fahrzeugbatterien auch Strom zurück ins Netz einspeisen. Auf diese Weise kann mit den Batterien im Stromhandel Geld verdient werden. »Vehicle to Grid« (V2G) nennt sich dieses Konzept.

Volllaststunden / Vollbenutzungsstunden

Kosten und Wirtschaftlichkeit von Stromerzeugung, aber auch von Maschinen in Unternehmen, hängen immer von ihrer Auslastung ab. Also von der Frage, wie viel von ihrer technisch möglichen Kapazität das Kraftwerk oder die Maschine in einem Jahr tatsächlich ausspuckt. Denn nichts wird ein ganzes Jahr lang mit seiner höchsten Last betrieben. Mindestens gibt es Wartungsintervalle oder Störungen, meist aber auch planmäßigen Betrieb bei Teillast oder vollständiger Stillstand, weil beispielsweise Strompreise nicht auskömmlich sind oder Ferienzeit herrscht.

In der Energiewirtschaft werden als Kennzahl für die Auslastung zum Beispiel eines Kraftwerks oder eines Kabels die Volllaststunden oder auch Vollbenutzungsstunden herangezogen. Diese beschreiben die fiktive Dauer, über die das Kraftwerk oder das Kabel mit der technisch möglichen Höchstlast betrieben werden müssten, um dieselbe Menge Strom zu erzeugen oder durchzuleiten, die sie im realen Betrieb über ein ganzes Jahr tatsächlich erzeugen oder durchleiten. Da ein Jahr 8.760 Stunden dauert, liegen die realen Volllaststunden immer unter diesem Wert. Bei Gaskraftwerken im Bereich von 1.000 bis 2.000 Stunden pro Jahr fiktivem Betrieb bei Höchstlast, bei Atomkraftwerken möglichst über 8.000 Stunden pro Jahr. Bei Solaranlagen und Kabel, die ausschließlich Solarstrom transportieren, liegt der Wert in Deutschland um 1.000, bei Windkraftanlagen um die 2.500 bis 3.500.

Wirkungsgrad / Effizienz

Auf dem oben beschriebenen Weg von der Primärenergie über die Endenergie bis zur Nutzenergie entstehen Verluste. Der Wirkungsgrad eines technischen Umwandlungsprozesses zwischen diesen Stufen bezeichnet jeweils das Verhältnis von Output zu Input. Er beantwortet also die Frage: Wie viel Energie in Form von Benzin (Sekundärenergie) erhalte ich aus der hineingesteckten Energie in Form von Erdöl (Primärenergie). Oder eben wie viel Nutzenergie für meine Fahrt aus dem eingesetzten Benzin. Bei dem zuvor genannten Beispiel sind es etwa 85 Prozent in der ersten Stufe vom Öl zum Benzin und gut 20 Prozent in der zweiten vom Benzin zur Fahrt. Die Physik sagt: über 100 Prozent geht nicht.

Quellenverweise und Anmerkungen

1 *Ballmer Laughs at iPhone.* YouTube: s. n., 2007.

2 Wikipedia. [Online] [Zitat vom: 18. 04. 2025.] https://de.wikipedia.org/wiki/Microsoft_Windows_Phone.

3 Mecklenburg-Vorpommern, CDU.

4 ISI, Fraunhofer. *Elektroauto-Verkäufe 2024: Chinesische Hersteller auf dem Vormarsch, Stagnation in Europa.* 2025.

5 Internationale Energieagentur IEA. *Global Energy Investment report.* 2024.

6 Internationaler Währungsfonds IWF. *IMF Fossil Fuels Subsidies Data Update.* 2023.

7 Giant Batteries Are Transforming the Way the U.S. Uses Electricity. New York Times. 2024.

8 Weltbank. *Manufacturing, value added (% of GDP).* 2024.

9 Wissenschaftlicher Dienst des Bundestags. *US-Sanktionen gegen den Bau der Pipeline Nord Stream 2 aus völkerrechtlicher Sicht.* https://www.bundestag.de/resource/blob/794744/5613bf9f65fa52fd7c1d06ec6f52ebb3/WD-2-075-20-pdf-data.pdf : s.n., 2021.

10 M. Bauchmüller, G. Ismar, G. Mascolo, N. Richter. *Die Akte »North Stream 2«.* Süddeutsche Zeitung. https://www.sueddeutsche.de/projekte/artikel/politik/nord-stream-2-gas-russland-merkel-e414131/ : s. n., 2024.

11 (BMWK), Bundesministerium für Wirtschaft und Klima. *Fortschrittsbericht Energiesicherheit.* 2022.

12 Internationale Energieagentur IEA. *A 10-Point Plan to Reduce the European Union's Reliance on Russion Natural Gas.* 2022.

13 (EEX), European Energy Exchange. *Marktdaten der Gas- und Strombörse EEX.*

14 Ebd.

15 Ebd.

16 EUROSTAT. *Exports of goods and services in % of GDP.* 2025.

17 ourworldindata.org, Energy Institute/Vaclav Smil über. ourworldindata.org. [Online] 2025. [Zitat vom: 18. 04 2025.] https://ourworldindata.org/energy-production-consumption.

18 Ebd.

19 Ebd.

20 Ebd.

21 Ebd.

22 Ebd.

23 Ebd.

24 Wikipedia. [Online] [Zitat vom: 18. 04 2025.] https://en.wikipedia.org/wiki/Too_cheap_to_meter. Strauss, L. Remarks prepared by Lewis L. Strauss. *United States Atomic Energy Commission Technical Report*. 16. 09 1954.

25 ourworldindata.org, Energy Institute/Vaclav Smil [Online] 2025. [Zitat vom: 18. 04 2025.] https://ourworldindata.org/energy-production-consumption.

26 Ebd.

27 Ebd.

28 Ebd.

29 Internationale Energieagentur IEA. *World Energy Outlook.* https://iea.blob.core.windows.net/assets/efba04ce-2472-4df1-9873-fb170c055259/WorldEnergyOutlook2024.pdf: s. n., 2024.

30 Ember. *Global Electricity Review 2025.* 2025.

31 https://de.wikipedia.org/wiki/Photometrisches_Strahlungs%C3%A4quivalent?utm_source=chatgpt.com

32 (ACEA), European Automobile Manufacturers' Association. *New car registrations 2024.* 2025.

33 Juurikas, J. EV universe auf Basis Daten CleanTechnica. [Online] 2025. [Zitat vom: 19. 04 2025.] https://www.evuniverse.io/p/evsales2024?utm_campaign=global-ev-sales-report-2024&utm_medium=referral&utm_source=www.evuniverse.io.

34 (EIA), U.S. Energy Information Administration. *In-brief analysis electric and hybrid vehicle sales.* 2024.

35 (ACEA), European Automobile Manufacturers' Association. *New car registrations 2024.* 2025.

36 Hawkins, A. China's share of global electric car market rises to 76 %. *The Guardian.* 03. 12 2024.

37 NEF, Bloomberg. *New Energy Outlook 2025 Dataset.* 2025.

38 ourworldindata.org, Energy Institute/Vaclav Smil über. ourworldindata.org. [Online] 2025. [Zitat vom: 18. 04 2025.] https://ourworldindata.org/energy-production-consumption.

39 NEF, Bloomberg. *New Energy Outlook 2025 Dataset.* 2025.

40 Internationale Energieagentur IEA. *Global Energy Investment report.* 2024.

41 NEF, Bloomberg. *Global Energy Storage Market Records Biggest Jump Yet.* 2024.

42 Internationale Energieagentur (IEA). *Global EV Market Outlook – Moving towards increased affordability.* 2024.

43 Mooney, G. Darstellung auf Basis Daten von BNEF, BP, Ember und RMI. [Online] 2024.

44 Das Gebäude der Battersea Power Station diente in vielen Filmen als Kulisse und Bühne. Musikfans ist es vom Plattencover des Pink-Floyd-Albums »Animals« bekannt.

45 Der European Pressurized Reactor (EPR) ist eine länderübergreifende Gemeinschaftsentwicklung der französischen Unternehmen Framatome, Electricité de France und der deutschen Siemens AG. Technologisch ist er eine Weiterentwicklung des klassischen Druckwasserreaktors. Die Entwicklung folgte neuen Sicherheitszielen und Vorgaben, vor allem der sicheren Beherrschung von Kernschmelzunfällen. Gleichzeitig sollte die Wirtschaftlichkeit durch eine größere Leistung je Kraftwerksblock verbessert werden (1,6 Gigawatt statt zuvor üblicher 1,2–1,4 Gigawatt).

46 Internationale Energieagentur IEA. *World Energy Outlook.* https://iea.blob.core.windows.net/assets/efba04ce-2472-4df1-9873-fb170c055259/WorldEnergyOutlook2024.pdf : s. n., 2024.

47 *Nuclear Engineering International.* https://www.neimagazine.com/ : s. n.

48 *Valves in Nuclear Power: A New Generation.* s. l.: https://www.valvemagazine.com/, 2010.

49 Lewis, J. I. *Coverbild für Cooperating for the climate : Learning from international partnerships in China's clean energy sector.* s. l.: The MIT Press, 2023.

50 Chin, G. T. *China's Automotive Modernization: The Party-state and Multinational Corporations.* s. l.: Palgrave Macmillan, 2010.

51 ourworldindata.org. [Online]

52 Sachverständigenrat Wirtschaft auf Basis Congressional Budget Office (CBO) Projektionen. *The Inflation Reduction Act: How should the EU react?* 2023.

53 *Strong US Clean Energy Growth to Continue Despite Election Headwinds.* 2024.

54 (UBA), Umweltbundesamt. *Methodological Convention 3.2 for the Assessment of Environmental Cost – Value Factors.* Version 10/2024.

55 Ebd.

56 Internationaler Währungsfonds IWF. *IMF Fossil Fuels Subsidies Data Update.* 2023.

57 Gesellschaft für Wirtschaftliche Strukturforschung (GWS) mbH. *Volkswirtschaftliche Folgekosten durch Klimawandel: Szenarioanalyse bis 2050.* 2022.

58 Stöcker, Christian. *Männer, die die Welt verbrennen.* 2024.

59 Global Temperature Reconstruction Over Last 24,000 Years Show Today's Warming »Unprecedented«, University of Arizona 2021https://scitechdaily.com/global-temperature-reconstruction-over-last-24000-years-show-todays-warming-unprecedented/

60 Central, Climate. climatecentral.org. [Online] https://coastal.climatecentral.org.

61 *Greatly enhanced risk to humans as a consequence of empirically determined lower moist heat stress tolerance.* et al., Daniel J. Veciellio. 2023, Environmental Sciences.

62 Die beschriebene Zeit- und Gedankenreise entspricht in ihrer Idee und Ausführung weitgehend einem Vortrag von Prof. V. Quaschning von der HTW Berlin.

63 Stöcker, Christian. *Das Experiment sind wir.* s. l.: Blessing, 2020.

64 Roser, M. *Why did renewables become so cheap so fast?* https://ourworldindata.org/cheap-renewables-growth. [Online] 2020. [Zitat vom: 13. 06 2024.] https://ourworldindata.org/cheap-renewables-growth.

65 *Accelerating Low-Carbon Innovation.* Al., A. Malhotra et. 2020, Joule.

66 Ebd.

67 A. Malhotra, T. S. Schmidt. Joule : CellPress, 2000, Bd. 4.

68 VDMA. *International Technology Roadmap for Photovoltaics (ITRPV).* 2024. 15. Edition.

69 Bellini, E. *Longi achieves 34.85 % efficiency for two-terminal tandem perovskite solar cell.* PV Magazine.

70 Roser, M. *How did renewables become cheap so fast?* ourworldindata.org: s. n., 2020.

71 Die Grafik basiert auf einer Auswertung von Auke Hoekstra von der Uni Eindhoven, der die Prognosen der IEA World Energy Outlooks der Jahre 2006 bis 2018 mit den jeweils erreichten IST-Zubauzahlen im Vergleich hat. Die weiteren Datenpunkte entsprechen den IST-Zubauzahlen gemäß IRENA (Endnote 153).

72 Witsch, K. RWE-Chef sieht Energiewende in Gefahr: *»Wir brauchen jetzt Klarheit«.* Handelsblatt. 04. 12 2023.

73 CAISO. *What the duck curve tells us about.* 2013.

74 Internationale Energieagentur IEA. *Integrating Solar and Wind.*

75 NEF, Bloomberg. *Battery Market Report.* 2024.

76 (USGS), US Geological Surveys. *Lithium Commodity Report 2024.* 2024.

77 Reuters. [Online] 21. 04 2025. https://www.reuters.com/technology/chinese-battery-maker-catl-launches-second-generation-fast-charging-battery-2025-04-21/.

78 Ember. *Global Electricity Review 2025.* 2025.

79 Billig konnte dieser Strom natürlich nur angeboten werden, weil externe Kosten für Umweltschäden wie den Klimawandel bzw. bei Atomkraftwerken die staatlichen Garantien für Finanzierungen, Endlagerung und Übernahme von Risiken nicht eingerechnet wurden. Siehe auch Kapitel 2.1 und Kapitel 5.1.

80 Group, Pacific Steel. Pacific Steel Group. Mojave Micro Mill. [Online] 2025. [Zitat vom: 17. 04 2025.] https://pacificsteelgroup.com/psg-first-california-steel-mill-50-years/.

81 *Estimating the global waste heat potential.* al., Clemens Forman et. Volume 57, Pages 1568 ff., 2016, Bd. Renewable and Sustainable Energy Reviews.

82 *Klimaschutz im Straßengüterverkehr: Die Zukunft ist batterieelektrisch.* DIW Wochenbericht 47/2024
https://www.diw.de/de/diw_01.c.927101.de/publikationen/wochenberichte/2024_47_4/klimaschutz_im_strassengueterverkehr__die_zukunft_ist_batterieelektrisch.html?utm_source=chatgpt.com

83 AISBL, European Federation for Transport and Environment. *Half of new EU city buses were zero-emission in 2024.* 2025.

84 Im Prinzip schließt sich bei der Verbrennung von Biomasse ein Kreislauf: Pflanzen und Bäume nehmen CO_2 bei ihrem Wachstum auf, das bei ihrer Verbrennung dann wieder freigesetzt wird. Doch ganz so sauber ist dieser Kreislauf nicht. Zum einen gibt es auch in dieser Kette Wirkungsgradverluste und zum anderen dauert es Jahre, bis das CO_2 wieder gebunden ist. Anfallende Biomasse kann oft deutlich wirksamer und dauerhaft zur Bindung von CO_2 genutzt werden: als Baustoff (Holz) oder über Verfahren wie die Pyrolyse, an deren Ende der Kohlenstoff nicht wieder in die Atmosphäre gelangt, sondern ebenfalls als Roh- und Wertstoff eingesetzt werden kann.

85 Energiewende, Agora. *Wärmewende 2030.* Berlin: s. n., 2017.

86 Energien, Agentur für Erneuerbare. *Industrieller Wärmebedarf nach Wirtschaftszweigen.* 2017.

87 energy-charts.de. [Online]

88 (bft), Bundesverband freie Tankstellen. [Online] [Zitat vom: 09. 01 2025.] https://www.bft.de/daten-und-fakten/entwicklung-tankstellenanzahl.

89 (KBA), Kraftfahrtbundesamt. Kraftfahrt-Bundesamt. [Online] [Zitat vom: 09. 01 2025.] https://www.kba.de/DE/Statistik/Fahrzeuge/Bestand/bestand_node.html.

90 Bittkau, M. Arbeitsgemeinschaft Energiebilanzen . [Online] 2024. [Zitat vom: 09. 01 2025.] https://ag-energiebilanzen.de/wp-content/uploads/2024/10/Praesentation-en2x-Q1-Q4_2024.pdf.

91 (BNetzA), Bundesnetzagentur. *Monitoringbericht 2024.* Bonn: s. n., 2024.

92 Burger, B. et al. energy-charts.de. [Online] energy-charts.de.

93 ISI, BMWK / conentec / Fraunhofer. *Langristszenarien.* 2024.

94 (EEX), European Energy Exchange. *Marktdaten der Gas- und Strombörse EEX.*

95 Ebd.

96 Grimm, V. et al.. *Stromgestehungskosten von Erneuerbaren sind kein guter Indikator für die zukünftige Stromversorgung.* Technische Universität Nürnberg, UTN. 2024.

97 Diese Zahlen entsprechen den Zuschlagshöhen für Ausschreibungen neuer Solar- und Windkapazität nach Erneuerbarem-Energien-Gesetz.

98 BDEW. *BDEW Strompreisanalyse März 2025.* 2025.

99 ef.Ruhr GmbH. *Abschätzung der Netzausbaukosten und die resultierenden Netzentgelte für Baden-Württemberg und Deutschland zum Jahr 2045.* 2024.

100 BDEW. *Statusreport: Wärme.* 2024.

101 Stöcker, Christian. *Männer, die die Welt verbrennen.* 2024.

102 *The Carbon Dioxide Theory of Climatic Change.* Plass, G.N. 1958, American Scientist.

103 Horning, D. F. et al. *Restoring the Quality of Our Environment.* President's Science Advisory Committee. 1965.

104 Stöcker, Christian. *Männer, die die Welt verbrennen.* 2024.

105 Ebd.

106 (Nabu), Bund für Umwelt und Naturschutz. *Das große Vogelsterben.* 2024.https://langfristszenarien.de/enertile-explorer-de/: s. n., 2024.

107 (ICS), The International Chamber of Shipping. *Shipping's Role in Global Energy Transition.* 2022.https://langfristszenarien.de/enertile-explorer-de/: s. n., 2024.

108 Lithium wird heute nicht mehr nur im klassischen Bergbau gewonnen, sondern durch neue Verfahren wie DLE, »direct lithium extraction«. Dabei werden im Grundwasser vorkommende Lithium-Salze herausgefiltert und das Grundwasser in seine tiefen Schichten zurückbefördert, also nicht dauerhaft entnommen. Dies gilt als deutlich weniger umweltschädlich. Weiterer Vorteil: Mit diesem Verfahren kann Lithium an deutlich mehr Stellen der Erde gewonnen werden. Selbst Deutschland verfügt über ausreichend Vorkommen, um den Bedarf für eine eigene E-Fahrzeugflotte zu decken.

109 Stöcker, Christian. *Männer, die die Welt verbrennen.* 2024.

110 Ebd.

111 RWE, Preussen Elektra. *Wer kritisch fragt, ist noch lange kein Kernkraftgegner.* Anzeigenserie. 1993.

112 Burger, B. et al. energy-charts.de. [Online] [Zitat vom: 17. 01 2025.] energy-charts.de.

113 »Bild« baut Hunderte Stellen ab und schließt zehn Regionalbüros. *Süddeutsche Zeitung.* 2023.

114 Hegenberg, J. *Klima-Bullshit-Bingo.* 2024.

115 Stöcker, Christian. *Männer, die die Welt verbrennen.* 2024.

116 Hüther, G. *Würde. 2022.*

117 Bundesministerium für Umwelt, BMU. Pressemitteilung »Bundesumweltminister Trittin: Wirksamer Klimaschutz und Innovationsmotor für die Wirtschaft«. 2004. https://www.bmwk.de/Redaktion/DE/Publikationen/Industrie/energiewirtschaftliche-projektionen-und-folgeabschaetzungen-2030-2050.pdf?__blob=publicationFile&v=22 : s. n., 2021.

118 Die Summe der Betreiber von EE-Anlagen, die nach dem EEG gefördert werden, wird bei Wikipedia für das Jahr 2021 mit 220 Milliarden EUR beziffert. In den Jahren 2022 und 2023 kamen nach Angaben der Übertragungsnetzbetreiber weitere 20 Milliarden Euro hinzu. Doch auch Steuermittel zur Deckung des sogenannten »EEG-Kontos« sind seit 2021 hinzuzurechnen.

119 Als da wären: das EnWG, EEG, GEG, KWKG, MsbG, StromStG, EnergieStG und das WindSeeG sowie die dazugehörigen Verordnungen StromNEV, StromNZV,

GasNEV, GasNZV, ARegV, KAV, BSI-KritisV, StromStV, EnergieStV und Marktstammdatenregisterverordnung (MaStRV).

120 J. Jaekel, A. Voßkuhle, P. Steinbrück, Th. de Maiziere. *Initiative für einen handlungsfähigen Staat.* Berlin: s. n., 2025.

121 J. Nitsch, J. Luther. *Energieversorgung der Zukunft.* Berlin: Springer, 1990.

122 BNetzA, Bundesnetzagentur. Monitoring des Netzausbaus. 2024.

123 FfE, Forschungsstelle für Energiewirtschaft e. V. *Der Smart Meter Rollout in Deutschland und Europa.* https://www.ffe.de/veroeffentlichungen/smart-meter-rollout-in-deutschland-und-europa/ : FfE, 2023.

124 Energie, Prognos AG im Auftrag des Ministeriums für Wirtschaft und Klimaschutz. *Energiewirtschaftliche Projektionen und Folgeabschätzungen 2030/2050.* https://www.bmwk.de/Redaktion/DE/Publikationen/Industrie/energiewirtschaftliche-projektionen-und-folgeabschaetzungen-2030-2050.pdf?__blob=publicationFile&v=22 : s. n., 2021.

125 Bundesministerium für Wirtschaft und Klimaschutz. Bezeichnung dieses Ressorts in der Bundesregierung der Jahre 2022 bis 2025.

126 Fraunhofer ISI, Consentec, ifeu, TU Berlin. *Langfristszenarien – Wissenschaftliche Analysen zur Dekarbonisierung Deutschlands.* https://langfristszenarien.de/enertile-explorer-de/ : s. n., 2024.

127 (BNetzA), Bundesnetzagentur. *Monitoringbericht 2024.* Bonn: s. n., 2024.

128 Energiewende, Agora. *Ein neuer Ordnungsrahmen für Erdgasverteilnetze.* 2023.

129 Ebd.

130 In dieser Festlegung der Bundesnetzagentur BNetzA des Jahres 2024 werden neue kalkulatorische Nutzungsdauern und Abschreibungsmodalitäten von Erdgasleitungsinfrastrukturen geregelt. Sie ersetzen die zuvor geltende Festlegung KANU 1.0 (»Kalkulatorische Nutzungsdauern von Erdgasleitungsinfrastruktur«) und bereitet die zukünftig erforderliche Stilllegung von Gasnetzen vor, indem die finanziellen Lasten zukünftiger Stilllegungskosten und Abschreibungsbedarfe vorgezogen und so auf den heute noch größeren Kreis von Gasabnehmern verteilt werden können.

131 CDU, CSU & SPD. *Verantwortung für Deutschland – Koalitionsvertrag für die 21. Legislaturperiode.* 2025.

132 Schneider, M. *The World Nuclear Industry Status Report 2024.* 2024.

133 IEA. *Global Energy Review 2025.* 2025.

134 Schneider, M. *The World Nuclear Industry Status Report 2024.* 2024.

135 Rühle, A. *Spät, teuer, aber willkommen.* Süddeutsche Zeitung. 2023.

136 Französischer Rechnungshof. *La Flière EPR: une dynamique nouvelle, des risques persistantes.* 2025.

137 Jack, S. *Hinkley C: UK nuclear plant price tag could rocket by a third.* BBC. 2024.

138 https://de.wikipedia.org/wiki/Kernkraftwerk_Mochovce

139 Administration, U.S. Energy. *Plant Vogtle Unit 4 begins commercial operation.* 2024.

140 Lazard. *Lazard's levelized cost of energy analysis Version 17.* 2024.

141 (EEX), European Energy Exchange. Marktdaten der Gas- und Strombörse EEX.

142 Bei den weiter oben genannten Atomkraftwerken in Flamanville, Olkiluoto, Hinkley Point und Vogtle betragen allein die Kapitalkosten zwischen 100 EUR/MWh bzw. 10 ct/kWh und 140 EUR/MWh bzw. 14 ct/kWh. Die hier getroffene Annahme entspräche also einer Reduktion um 30–50 %.

143 Heinrich-Böll-Stiftung. *Klimakiller Zement.* 2021.

144 (BAFU), Schweizerisches Bundesamt für Umwelt. *Carbon Capture & Storage (CCS) Kostenschätzung für ein CCS-System für die Schweiz bis 2050.* 2023.

145 Langenegger, S. *Sask. Carbon capture plant doubles the price of power.* CBC. 2017.

146 Institute, Global CCS. *GLobal CCS Status report.* 2024.

147 IEA. *Global Hydrogen Review.* Paris : s. n., 2024.

148 Ebd.

149 Französischer Rechnungshof. *La Flière EPR: une dynamique nouvelle, des risques persistantes.* 2025.

150 Johansen, K. et al. *Something is sustainable in the state of Denmark: A review of the Danish district heating sector.* Renewable and Sustainable Energy Reviews. 2022.

151 IRENA, International Renewable Energy Agency. Renewable Capacity Statistics 2025. 2025.

152 Barnard, Michael. CleanTechnica. *Pakistan's 22 GW Solar Shock: How a Fragile State Went Full Clean Energy.* [Online] [Zitat vom: 17. 04 2025.] https://cleantechnica.com/2025/04/04/pakistans-22-gw-solar-shock-how-a-fragile-state-went-full-clean-energy/.

153 ourworldindata.org, Energy Institute/Vaclav Smil über. ourworldindata.org. [Online] 2025. [Zitat vom: 18. 04 2025.] https://ourworldindata.org/energy-production-consumption.

154 Ebd.

155 Clausen, J. *Verbreitung radikaler Systeminnovationen – Fallbeispiel Norwegen.* Borderstep Institut. 2019.

156 Meadows, S. Uruguay's green power revolution: rapid shift to wind show the world how it is done. *The guardian.* 2023.

157 Ebd.

158 (IEA), Internationale Energieagentur. *Uruguay Contry Brief.* 2024.

159 Meadows, S. *Uruguay's green power revolution: rapid shift to wind show the world how it is done.* The guardian. 2023.

160 (IEA), Internationale Energieagentur. *Uruguay Contry Brief.* 2024.

161 Commission, California Energy. California Energy Commission. [Online] 25. 02 2025. [Zitat vom: 05. 02 2025.] https://www.energy.ca.gov.

162 Die Fläche Kaliforniens ist knapp 20 % größer als die Deutschlands, der Stromverbrauch liegt jedoch nur bei 40 % des deutschen Werts.

163 *Giant Batteries Are Transforming the Way the U.S. Uses Electricity.* New York Times. 2024.

164 ourworldindata.org

165 Der Club of Rome ist ein Zusammenschluss von Expertinnen und Experten verschiedener Disziplinen aus mehr als 30 Ländern und wurde 1968 gegründet. Die gemeinnützige Organisation setzt sich für eine nachhaltige Zukunft der Menschheit ein. Im Jahr 1972 veröffentlichte er den Bericht »Die Grenzen des Wachstums« und erlangte dadurch weltweite Bekanntheit und Bedeutung.

166 C. Holler, J. Gaukel, H. Lesch, F. Lesch. *Erneuerbare Energien zum Verstehen und Mitreden.* München : C. Bertelsmann, 2021.